Zu diesem Buch Das Fahrrad ist dabei, verlorenes Terrain in den Städten zurückzugewinnen. Im Gegensatz zur altklugen Zweiradbranche betrachten die neuen Fahrer ihr Fahrrad nicht ausschließlich als Freizeit- oder Sportgerät, sondern vorrangig als praktisches Nahverkehrsmittel.
Nur beim Fahren in der Stadt kann sich die Umweltfreundlichkeit des Fahrrads voll auswirken: Jede Radfahrt an Stelle einer Autofahrt verringert die Schadstoffbelastung der Stadtluft und den Benzinverbrauch. Die Fahrräder auf dem Autodach ins Grüne zu fahren, erhöht dagegen Benzinverbrauch und Umweltbelastung fast auf das Doppelte.
Trotz dieser glasklaren Argumentationslage muß man sehen, daß sich gegen das Radfahren in der Stadt ein ganzes Arsenal von Hemmnissen verschwört, das abzubauen Ziel jeder zukunftsorientierten Stadtplanung und Politik sein muß. Bis aber neue Konzepte greifen, muß jeder beim Umsteigen aufs Fahrrad mit inneren und äußeren Widerständen rechnen, die sich nur durch vorausdenkenden Vernunftgebrauch relativieren lassen.
Dieses Buch will beim Entschluß, wieder mit dem Fahrrad in die Innenstadt zu fahren, eine Hilfe sein. Es behandelt die wichtigsten Aspekte hierzu, von der individuellen Vorbereitung für regelmäßige Pendelfahrten zur Arbeit oder Schule über Größenanpassung und Sicherheitsausrüstung des Fahrrads bis zu einer Zustandsbeschreibung der bundesdeutschen Fahrradkultur und ihrer Weichenstellung.
Das Buch enthält einen umfassenden Katalog solcher Fahrräder, auf die man in guter Kleidung aus dem Auto umsteigen kann. Dies erscheint um so wichtiger, als Industrie und Handel vor allem im mittel- und süddeutschen Raum bislang dem Hollandrad keine Chance gegeben und die Motorseiten der Tagespresse die Velofahrer-Beratung noch nicht mal halbherzig betrieben haben.
Das Buch möchte darüber hinaus versuchen, den emotional besetzten Sprachgebrauch rund ums Fahrrad zu versachlichen. Das «Strampeln» wird ohnehin nur ein Journalist benutzen, der dem Fahrrad nicht wohl will. Nachdem aber «Radfahrer» und «Radfahren» republikweit als Schimpfwort für einen unsozialen Karrieristen gelten, will das Buch eine Lanze für den Gebrauch von «Velofahrer» und «Velofahren» brechen: «Guter Velofahrer» ist eindeutiger als «guter Radfahrer». Außerdem ist «das Velo» besser für «das Auto» austauschbar, wie etwa in den Motti der Internationalen Automobilausstellung: «Mit dem Velo mobil» (1979) und «Das Velo – Partner für alle» (1981).

Die Autoren Hans-Erhard Lessing (* 1938) schreibt seit 1978 zum Thema Fahrrad. Er ist Dozent an der Universität Ulm. Vom gleichen Autor erschien im Rowohlt Taschenbuch Verlag «Das Fahrradbuch» (rororo sachbuch Nr. 7178). Renate Lessing hat sich des Sattelproblems der Frauen angenommen und die meisten Fotos dieses Buchs gemacht.

Hans-Erhard Lessing

# Radfahren in der Stadt

rororo

Rowohlt

Umschlagentwurf: Manfred Waller
(Foto: Renate Lessing)
Redaktion: Jürgen Volbeding
Layout: Edith Lackmann

Originalausgabe
Veröffentlicht im Rowohlt Taschenbuch Verlag GmbH,
Reinbek bei Hamburg, August 1981

Satz Times (Linotron 404)
Gesamtherstellung Clausen & Bosse, Leck
Printed in Germany
980-ISBN 3 499 17365 4

# Inhalt

Mit dem Velo mobil: Albert Einstein, 1932. ▸

«Sein Pferd, es frißt nichts,
trinkt nichts, wird nimmer müde
und geht wie der wirkliche Teufel.»

Türken der Insel Prinkipo 1884 über das Hochrad des amerikanischen Weltumfahrers Thomas Stevens.

# Soll man Fahrrad fahren?

«Ich fahre erst seit letzten Juni, aber ich bin schon viel stärker und genieße das Leben viel mehr als je zuvor. Schmerzen und Ärzte sind verschwunden, ich weiß nicht wohin, und es ist mir auch egal, solang sie nur weg sind und solang ich mein Fahrrad habe und jeden Tag meine kleine Tour machen kann. Es scheint mir neues Leben zu geben, und wenn ich fünf Meilen um die Stadt oder vielleicht durch die Landschaft gefahren bin, fühle ich so eine belebende Erheiterung durch diese prächtige Übung. Es ist ein richtiger Sport, schnelltrabende Pferde hinter sich zu lassen, oder auch die Männer und Frauen, die für jedes Ziel die Straßenbahn nehmen müssen. Und was könnte amüsanter sein, als die ganzen Leute in der Straßenbahn auf eine Seite drängeln zu sehen, bloß um ‹eine Frau auf einem Fahrrad› erblicken zu können.

Ich könnte ohne mein Fahrrad jetzt nicht mehr auskommen. Manchmal komme ich nach einer Ausfahrt lachend heim, und wenn ich dann meinen fünf Jahre alten Sprößling auf den Knien schaukle, sagt er oft: ‹Was ist los? Was ist denn so lustig? Sag's mir!› Und wenn ich seine kleinen Hände nehme und wir im Zimmer umherwirbeln, spüre ich, daß keine Frau auf Erden so glücklich ist wie ich. Manchmal denke ich wirklich, daß mein Fahrrad mich zu jung erhält und ich nicht mit Würde alt werden kann, wie ich sollte.»

Grace E. S., die Schreiberin dieses Leserbriefs, lebte im letzten Jahrhundert, aber ihr Lob des Fahrrads gilt noch heute. Dem Gesundheitsargument fürs Velofahren kann sich kaum jemand entziehen, es soll weiter unten nochmals aufgenommen werden. Nach einer Umfrage der Hamburger Frauenzeitschrift BRIGITTE (s. S. 12/13) unter ihren Leserinnen im Herbst 1979 rangiert aber der Spaß an den Radfahrten noch vor der Gesundheitsüberlegung. Wenn die BRIGITTE-Aktion auch keine Repräsentativ-Befragung der Bevölkerung der Bundesrepublik darstellt, ist sie doch ein erster Gradmesser für die Motive und Hemmnisse bei der Fahrradbenutzung in der Stadt. 90 Prozent der Antwortenden gaben an, Rad zu fahren; die Gruppe der nicht radfahrenden Frauen betrug 10 Prozent. Handelsstatistiken, nach Damen- und Herrenrädern getrennt, liegen nicht vor, aber es wird vermutet, daß 1978 und 1979 zunächst mehr Männer ein neues Fahrrad kauften, während 1980 die Frauen nachzogen. Gehen wir also die Argumente und Gegenargumente der Reihe nach durch.

## Freude

Daß Grace E. S. Freude am Velofahren hatte, ist klar. Aber wie steht es mit den Männern? Henry Miller, Autor des «Wendekreis des Krebses», widmet in seinen Erinnerungen «My Bike & other Friends» einem Fahrrad ein eigenes Kapitel, übergeschrieben: «Mein bester Freund»:
«Ob Sie's glauben oder nicht, das war mein Fahrrad, und zwar dasjenige, das ich am Ende eines Sechstagerennens im Madison Square Garden gekauft hatte. Es kam aus Chemnitz in Böhmen, und der Sechstagefahrer, dem es gehörte, war, glaube ich, ein Deutscher. Was es von anderen Rennrädern unterschied, war sein Oberrohr, das zum Lenker hin abwärts geneigt war.*
Ich hatte zwei andere Fahrräder amerikanischer Hersteller. Die lieh ich gewöhnlich meinen Freunden aus, wenn sie sie brauchten. Aber das eine vom Garden durfte keiner außer mir fahren. Es war wie ein Schoßtier. Und warum auch nicht? Hielt es nicht alle Zeiten des Kummers und der Verzweiflung mit mir durch? ...
Ich führte schweigende Unterhaltungen mit ihm. Und natürlich schenkte ich ihm die größte Aufmerksamkeit. Was hieß, daß ich das Rad nach jedem Nachhausekommen auf den Kopf stellte, nach einem sauberen Lappen suchte und die Naben und Speichen polierte. Dann reinigte ich die Kette und fettete sie frisch ein. Dieser Vorgang hinterließ häßliche Flecken auf den Steinen des Eingangs. Meine Mutter beklagte sich dann und bat mich, Zeitungspapier unter mein Rad zu legen, bevor ich mit dem Putzen anfing. Manchmal wurde sie so zornig, daß sie mir voller Sarkasmus entgegenschleuderte: ‹Mich wundert's, daß du das Ding nicht mit dir ins Bett nimmst!› Und ich gab dann zurück: ‹Das würd ich, hätt ich bloß ein vernünftiges Zimmer und ein genügend großes Bett.› ...
Ich pflegte mein Rad, wie sonst jemand einen Rolls Royce. Wenn eine Reparatur fällig war, brachte ich es immer in den gleichen Laden auf der Myrtle Avenue, der einem Neger namens Ed Perry gehörte. Er faßte das Rad mit Samthandschuhen an, wie man so sagt. Er schaute immer danach, daß Vorder- oder Hinterrad keinen Achter hatten. Oft machte er für mich eine Arbeit ohne Bezahlung, weil er, wie er sagte, noch nie einen so in sein Fahrrad verliebten Menschen gesehen hatte wie mich ...

* Nach alten Katalogen muß es sich um den Bahnrenner «Wanderer» Nr. 8 gehandelt haben.

Nach einiger Zeit, nachdem es mir zur Gewohnheit geworden war, so viele Stunden jeden Tag auf meinem Fahrrad zu verbringen, verlor ich mehr und mehr das Interesse an meinen Freunden. Mein Rad war jetzt zu meinem einzigen Freund geworden. Ich konnte mich auf es verlassen, was ich von meinen Kumpeln nicht immer sagen konnte. Zu schade, daß mich niemand je mit meinem «Freund» fotografierte. Ich würde jetzt alles dafür geben zu wissen, wie wir damals aussahen.»

Die Freude am Fahrrad hat sich Henry Miller ein Leben lang bewahrt: Noch in den dreißiger Jahren in Frankreich euphorisiert ihn eine Radfahrt derart, daß ihm beim Überfahren der Brücke von Sèvres «Tod, wo ist dein Stachel?» entfährt.

Die Freude am Radfahren hat viele Aspekte:

Freude an überschaubarer Technik, an der Leistung des eigenen Körpers, Freude, den Konsumzwängen ein Schnippchen zu schlagen.

In Zeiten, wo in den Vertragswerkstätten der Mann an der Computer-Schreibmaschine aus seinem Kartenstapel die Rechnung für die Wartung des Autos komponiert, wird sich der Mensch bewußt, wieviel von seinem Technik-Verständnis er schon an andere Gewerbetreibende delegiert hat. Technik selbst erfahren im wahrsten Sinne des Wortes und Technik kreativ verbessern kann man heute legalerweise nur noch mit dem Fahrrad. Schon beim Mofa wird technische Kreativität hart bestraft – von den Versicherungsgesellschaften, die den jugendlichen Fahrern nach einem Unfall den Versicherungsschutz verweigern, wenn sich herausstellt, daß am Fahrzeug etwas verändert wurde.

Die technische Ästhetik des Fahrrads ist auch von Literaten nicht unbemerkt geblieben. Besonders in Irland ist es gute Tradition, daß Fahrräder in Theaterstücken auftreten. Und Hugh Kenner bezeichnet in seiner kritischen Studie «Samuel Beckett»* den Velofahrer als «kartesianischen Kentaur» und entschlüsselt beiläufig das «Warten auf Godot» als das Warten auf einen Radrenn-Veteranen der Zeitgeschichte namens Godeau:

«Betrachte den Velofahrer, wie er dahinfährt, den erhabensten Könner, wie er die Fortbewegung verklärt, die selbst des empfindenden Körpers erhabenstes Können ist. In ihm vollendet sich die Entwicklung der Fortbewegung seit den Schnecken und Kriechtieren. Hätte Gulliver diese Erscheinung gesehen, so hätte er sich von den Houyhnhnms abgewandt, und Plato hätte die Möglichkeit, eine Idee zu inkarnieren, noch einmal erwogen. Diese Vereinigung ist undurchschaubar für Freud**, und wäre für Shakespeare ohne sichtlichen Nutzen gewesen. Hier endet alle rationalistische Metaphysik: wie er

* H. Kenner, Samuel Beckett – eine kritische Studie, Deutsche Übersetzung, München 1965.

** Vorsicht, Mr. Kenner, Sigmund Freud fuhr selbst Rad!

## BRIGITTE Untersuchung: Motivation zum Radfahren

Die radfahrenden Frauen gaben in folgender Häufigkeit als Motivation für ihre Radfahrten an:

| | |
|---|---|
| 1. Spaß | 88,3 % |
| 2. Gesundheit | 59,9 % |
| 3. kurze Strecken | 51,6 % |
| 4. Umweltschutz | 35,8 % |
| 5. Geld sparen | 34,3 % |
| 6. keine Parkplatzprobleme | 30,8 % |
| 7. unabhängig von Fahrplänen | 28,4 % |
| 8. Nähe zur Umgebung | 25,5 % |
| 9. weniger Stress | 17,2 % |
| 10. Auto nicht verfügbar | 15,1 % |
| 11. schlechte Verbindung | 12,4 % |
| 12. kann mir kein Auto leisten | 12,4 % |

Sechs dieser Gründe (kurze Strecken, keine Parkplatzprobleme, unabhängig von Fahrplänen, Auto nicht verfügbar, schlechte Verbindung mit öffentlichen Verkehrsmitteln, kann mir kein Auto leisten) waren direkt verkehrsbezogen und sollten Hinweise auf Mangelsituationen bzw. spezifische Fahrradvorteile geben.

Bis auf den Grund «oft nur kurze Strecken», der im eigentlichen Sinne kein Mangelgrund ist, sondern als Hinweis auf intakte Nahversorgung gelten könnte, rangieren die Mangelgründe weit hinten mit relativ schwacher Nennung um 10 bis 15 Prozent. Die spezifischen Fahrradvorteile «Geld sparen, keine Parkplatzprobleme, unabhängig von Fahrplänen» werden jedoch immerhin von einem Drittel der Frauen genannt.

Die Frauen, die nicht radfahren, geben dafür die Gründe in folgender Rangfolge an:

| | |
|---|---|
| 1. Radfahren zu gefährlich | 52,6 % |
| 2. zu viele Hauptstraßen | 47,4 % |
| 3. zu viele Fahrtziele | 34,4 % |
| 4. Abgase der Autos stören | 28,6 % |
| 5. zu wenig Transportkapazität | 28,6 % |
| 6. Autos zu laut | 24,0 % |
| 7. Fahrrad zu langsam | 21,4 % |
| 8. Fahrrad zu wetterabhängig | 20,4 % |
| 9. Lieber mit dem Auto | 18,8 % |
| 10. keine Abstellmöglichkeiten | 16,7 % |
| 11. Lieber mit Bus und Bahn | 5,7 % |
| 12. zu unbequem | 4,7 % |
| 13. Kleidung und Frisur könnten leiden | 4,2 % |
| 14. Kann aus gesundheitlichen Gründen nicht radfahren | 2,1 % |

An erster Stelle werden Gründe genannt, die auf mangelnde Verkehrseinrichtungen für Radfahrer schließen lassen. Die typischen «Nachteile» des Fahrrads (zu wenig Transportkapazität, zu langsam, zu wetterabhängig) werden jeweils zu etwa einem Fünftel (Mehrfachnennungen) der Nichtradfahrerinnen genannt. Die Unbequemlichkeit, Kleidung und Frisur, spielen für die Teilnehmerinnen der Aktion bzgl. ihrer Entscheidung, nicht mit dem Rad zu fahren, keine große Rolle.

vorbeiradelt und Kolbenbewegungen ständig in Drehbewegung umsetzt. Dieser verklärte Körper ist die höchste kartesianische Errungenschaft, ein Erzeugnis des reinen Verstandes, der ihm in der Zeit voranging und es nun im Betrieb beherrscht. Er wird weder wachsen noch (bei vernünftiger Pflege) zerfallen. Hier kommt Euklid in Bewegung: Kreis, Dreieck, Rhombus, die klaren und deutlichen Formen des kartesianischen Wissens. Hier wetteifert die Stabilität des Kreisels mit dem alten Paradox vom ruhenden Punkt und der Felge um Aufmerksamkeit. (Er radelt mit undurchdringlicher Würde, sitzend und gehend zugleich, sedendo et ambulando, der Herrscher-Philosoph.) Die unendliche Vollkommenheit der Kette zu betrachten, deren Glieder sich andauernd um das Kettenrad legen, ist ein ewiges Vergnügen; darüber nachzudenken, daß ein bestimmtes Kettenglied abwechselnd relativ zum Kettenrad stehen bleibt und sich dann relativ zum selben Kettenrad fortbewegt, ohne Unterbrechung zwischen den beiden Zuständen, bedeutet, sich in jene Art von tröstlichem Mysterium zu versenken, das man sein Leben lang überdenken kann, ohne es je zu begreifen. Die Räder sind ein Wunder; das Ungetüm bewegt sich auf Luft, gehalten durch ein Netz von Drähten, die nicht gegen die Schwerkraft, sondern gegeneinander verspannt sind. Die Ahnenreihe der Maschinenelemente begleitet seine Fahrt: Hebel, Rolle, Rad und Achse verwirklicht bei den Pedalen, der Kette, den Rädern. Die Schraube, verwirklicht in der Rücktrittbremse. Der Keil findet sich im Gußkonus, der den Lenkerschaft sichert. Und der Höhepunkt ist von transparenter Subtilität: infolge der Neigung der vorderen Radgabel wird das Fahrrad, wenn das Vorderrad nach rechts oder links ausschwenkt, wieder auf den geraden Kurs zurückgelenkt durch den Eingriff eines unsichtbaren sechsten Maschinenelements, der schiefen Ebene; denn sobald es nicht einer geraden Linie folgt, wird es gestört durch das Gefühl, bergauf zu fahren, und das tut es freiwillig lieber nicht. Dies ist die Fixierung eines Kindheitstraumes, dies ist die Erfüllung erster Mannesjahre. Alle menschlichen Fähigkeiten wirken zusammen, und alle menschlichen Muskeln, vielleicht mit Ausnahme des Herzvorhofs. So erfüllt sich, was die Schlange Eva versprach: ‹Und ihr werdet sein wie Gott›; und es trifft zu, daß, während diese Worte geschrieben werden, ein Veteranen-Radrennfahrer, von Samuel Beckett zeitweise mit Interesse verfolgt, quer durch Frankreich fährt, kahlköpfig, ein ‹Stayer›, oft auf guten Plätzen in lokalen und nationalen Meisterschaften, Vorname nebensächlich, Familienname Godeau, natürlich nicht anders ausgesprochen als Godot.»

## Gesundheit

«Gesundheit ist zwei Räder gut und vier Räder schlecht», so könnte man frei nach George Orwell sagen, ohne das Motorrad zu meinen. Natürlich gibt es

Die «Weißen Fahrräder» werden von der holländischen Herzstiftung per Sattelschlepper von Ort zu Ort gebracht, um durch kostenlosen Verleih die Holländer noch mehr zu gesunden Radfahrten zu animieren.

eine Vielzahl milder Trainingsarten für lebenslange Gesundheit: Radfahren, Gymnastik, Dauerlauf, Schwimmen, Tanzen, Rollschuhfahren und so fort. Entscheidende Kriterien sind aber, ob man individuelle Ertüchtigung in den Tagesablauf einbauen und auch bis ins Alter fortsetzen kann.

Zum Velofahren braucht es weder Turnhalle noch Sportplatz, auch muß nicht erst eine Mannschaft oder ein Spielgegner aufgetrieben werden. Wer täglich mit dem Rad von und zur Arbeit fährt, braucht sein Ausdauertraining nicht extra in den Terminplan aufzunehmen – er erledigt es nebenher. Und mit dem Aktenköfferchen auf dem Rücken zum Arbeitsplatz zu joggen, ist nicht jedermanns Sache.

Älterwerden hält keineswegs vom Radfahren ab. Für Leute mit Arthritis in den Gelenken bringt Radfahren sogar Erleichterung gegenüber dem Zu-Fuß-gehen. Wenn Probleme mit der Balance entstehen, kann man immer noch auf ein bequemes Dreirad umsteigen. Und im Gegensatz zu einem Tennisschläger hält ein Fahrrad ein Leben lang.

Die gesundheitlichen Wohltaten täglichen Radfahrens sind die eines milden Ausdauer-Trainings. Am meisten profitieren davon der Herzmuskel und die Blutgefäße. Das Herzinfarktrisiko geht zurück, ebenso wie die Ablagerung

von Cholesterin, das sich aus den vom Streßhormon Noradrenalin freigesetzten Fettstoffen bildet.
Auch der Kopf kommt nicht zu kurz. Kräftiges Training führt zur Ausschüttung von weiteren Hormonen, den Androgenen und Cortisol. Cortisol wirkt euphorisierend und Androgene erhöhen den Antrieb, mit dem man eine Aufgabe anpackt.
Der britische Kardiologe Malcolm Carruthers hat die Charakterisierung SAFE für jedes Trainingssystem geprägt, das Herz und Blutgefäße schützt, und das Radfahren daran gemessen:
«S steht für SICHER. Wenn jemand nicht wirklich krank ist oder bei einer leichten Übung (wie dem Herauftragen des Fahrrads aus dem Keller) zu Brustschmerzen, Atemnot oder Unwohlsein neigt, ist er mit aller Wahrscheinlichkeit soweit in Ordnung, sein Fahrrad zu fahren. Wie bei allen Trainings- und Sportarten ist es nur vernünftig, die Intensität der Ertüchtigung über zwei oder drei Monate hin allmählich zu steigern. Training sollte einen nämlich nicht schlauchen um gutzutun (wie man es vielleicht in der Schule gelernt hat), sondern sicherheitshalber eben gerade nicht. Wer also an regelmäßiges Training oder Sport nicht gewöhnt ist, beträchtliches Übergewicht, Herzbeschwerden oder hohen Blutdruck hat, sollte langsam tun und schrittweise steigern.
A steht für AKZEPTABEL. Man kann eine regelmäßige Fahrradfahrt leicht ins tägliche Leben einplanen, ob für die Fahrt zur Arbeit oder abends und wochenends zum Einkaufen. Die Wirkung des Trainings macht sich in etwa drei Monaten bemerkbar, und wenn man aufhört, verliert sie sich auch in etwa derselben Zeit. Das mobile Fahrrad ist natürlich den stationären Heimfahrrädern überlegen, denn es bringt einen wohin und verhilft zu einem Leben auf geschmierten Rädern – und das, ohne daß man ihm extra Zeit widmen muß, um seine Wirkung zu verspüren.
F steht für FIT. Die Vorzüge eines Fitnesstrainings springen immer wieder ins Auge, handle es sich nun um 40 Minuten Gymnastik pro Woche, Kenneth Coopers ‹Anaerobes Training›, das 5BX-System der kanadischen Luftwaffe oder eine regelmäßige Radfahrt. Nicht nur wird der Ruhepuls langsamer, sondern es kann auch mehr körperliche Arbeit getan werden, ohne daß die Herztätigkeit zu schnell wird und man außer Atem kommt. Auch sinkt der Blutfettspiegel, Cholesterin eingeschlossen, weil die Muskeln etwas vergrößert werden und auch weil sie mehr Enzyme enthalten, die Fett und Zukker verbrennen helfen. Letztere wirken genauso wie die Enzyme in den biologischen Waschmitteln. Sie ‹waschen› also die Fettflecken aus dem Blutstrom rascher heraus, besonders nach einer längeren Streßperiode. In dieser Hinsicht kann man das Radfahren als Wundermittel gegen Ölverpestung nicht nur in der Umwelt, sondern gleich im eigenen Körper bezeichnen!
E steht für ECONOMY, also Wirtschaftlichkeit. Radfahren ist die richtige

Art von Training, die in kürzester Zeit dem Körper eine Menge Gutes tut, und in diesem Sinne also wirtschaftlich ist. Ohnehin ist es ein preiswertes Hobby, denn ein Fahrrad kann ein Leben lang halten, man braucht keinen Trainer, um es zu erlernen, und bis heute gibt es auch noch keine Fahrradsteuer!»

Man kann auch drastischer argumentieren, wie es der amerikanische Schriftsteller Daniel Behrmann in seinem Buch «The Man Who Loved Bicycles» (Erinnerungen eines Autophoben) tut:
«Eine Zeitlang geht alles gut: Rauchen, Autofahren, Essen, Trinken. Aber eben nicht in alle Ewigkeit! Der Ofen zieht nicht mehr, wir schaufeln weiter den Brennstoff hinein, aber der verbrennt nicht. Bremsen Sie also bei den Süßigkeiten, nehmen Sie lieber Zyklamate; nein, halt, wieder zurück zu Saccharin oder meinetwegen zu allem, was das süße Gefühl bewahrt, daß Brennstoff durch die Kehle rinnt, ohne daß wir ihn in Arbeit umsetzen müßten. Probieren Sie die Trinkerdiät, probieren Sie die Autofahrerdiät!
Hier ist die eigentliche Leibfeindlichkeit des Autos. Die Unfallkrüppel und Verkehrstoten sind nur die Spitze des Eisbergs, denn auch die schleichend Vergifteten gehören mit ins Bild. Der wirkliche Verlierer ist der Erfolgsmensch, der wie mein verstorbener lieber Vater nie einen Unfall hat, nie angefahren wird, sondern bloß in den Fahrersitz sinkt und immer unförmiger wird, erst im Willys-Overland, dann im LaSalle, wobei über die Jahre die Motoren mehr und mehr PS bekommen, während er selbst immer schlaffer wird. Der zweite Herzinfarkt hat dann meinen Paps geschafft. Nach dem ersten achtete er noch sorgfältig auf das Cholesterin, gab das Rauchen auf und nahm ab, bis er wieder Zuversicht bekam. Dann fing er wieder an autozufahren, zu schlemmen und für die vier Blocks bis zum Büro ein Taxi zu nehmen. Er glaubte, er sei wieder in Ordnung ...»

Der Nachweis, daß schon Radfahrten von 40 km pro Woche das Herzinfarktrisiko halbieren können, wurde 1979 im Rahmen der nun dreißigjährigen Framingham Heart Study des amerikanischen Gesundheitsministeriums belegt. Die Bevölkerung eines Vororts von Boston, eben Framingham, wird als repräsentativ betrachtet und der Blutfettspiegel in den verschiedenen Bevölkerungsgruppen messend verfolgt. In der neueren Forschung gilt das Verhältnis der Konzentration von Gesamt-Cholesterin zu HDL-Cholesterin als die entscheidende Größe. HDL ist die Abkürzung für high-density-lipoproteins, also solche Blutfettbestandteile, die sich in der Ultrazentrifuge als spezifisch schwerste erweisen. Erfreulicherweise betätigt sich dieses HDL-Cholesterin als «gutes» Cholesterin, das den letztlich zum Tode führenden Verschluß der Herzkranzgefäße durch Ablagerung der übrigen Cholesterine stoppen oder sogar umkehren kann. Je mehr vom gesamten Cholesterin also «gutes» HDL-Cholesterin, d. h. je kleiner das Verhältnis gesamt zu HDL ist, um so kleiner ist das Infarktrisiko. In den dreißig Jahren der Framingham-Herz-Studie hat sich gezeigt, daß das Standardrisiko für Frauen bei einem kleineren Verhältniswert liegt als für Männer, Vegetarier noch unter dem halben Standardrisiko liegen, während für Marathonläufer ohne besondere Diät das halbe Standardrisiko zutrifft. Kleinerer Verhältniswert bedeutet prozentual mehr «gutes» HDL-Cholesterin. Je kleiner der bei einer Blutprobe gemessene Verhältniswert, desto kleiner das Infarktrisiko. Wo liegen nun die Cholesterinwerte der Mitglieder eines Fahrradclubs, die sicher in besserer körperlicher Verfassung sind als der lethargische Durchschnittsamerikaner, die aber sicher essen, was ihnen gefällt und keine hundertfünfzigprozentigen Athleten sind? Der Framinghamer Club, die Charles River Wheelmen, wurden im Rahmen der Framingham-Studie untersucht. An einem Sonntagmorgen wurden sechs Frauen und zehn Männer um die vierzig nach 35-km- und 53-km-Radfahrten Blut entnommen und zentrifugiert. Der mittlere Verhältniswert war nicht weit von dem der Marathonläufer entfernt, bei den Frauen war er erwartungsgemäß besser als bei den Männern.

$$\text{Verhältniswert} = \frac{\text{mg Gesamt-Cholesterin}}{\text{mg HDL-Cholesterin}} \text{ in \%}$$

| *Anhaltswerte* | | *Fahrradclub* |
|---|---|---|
| Vegetarier | 2,8 % | 3,0 % Frauen (40 km)* |
| halbes Standardrisiko | 3,4 % | 3,6 % Mittelwert (124 km) |
| Bostoner Marathonläufer | 3,4 % | 3,9 % Männer (173 km) |
| Standardrisiko – Frauen | 4,4 % | |
| Standardrisiko – Männer | 5,0 % | |
| Koronorarinsuffizienz-Opfer | 5,4 % | |
| doppeltes Standardrisiko – Frauen | 7,1 % | |
| doppeltes Standardrisiko – Männer | 9,6 % | * wöchentliches Radfahrtpensum |

(mit frdl. Genehmigung von Alex Mowlton)

Diese Ergebnisse stützen die wachsende Erkenntnis, daß bescheidenes aber regelmäßiges Ausdauertraining wesentlich zu einem gesunden Herzen und längeren Leben beiträgt. Obwohl noch mehr Blutproben von Velofahrern zu sammeln sind (was geplant ist) um sicherzugehen, ist doch der Schluß erlaubt, daß Radfahrten von nur 40 km pro Woche das Infarktrisiko fast genauso senken wie der anstrengendere und zeitraubendere Weg zum Marathon-Jogger. Oder in anderen Worten: Ohne vegetarisch zu essen, kommt man durch Velofahren an die Gesundheit der Vegetarier heran.

## Kurze Strecken

Dahinter verbirgt sich die ausführlichere Antwort: «Weil ich oft nur kurze Strecken fahren muß» auf die Frage: «Warum fahren Sie Rad?» der BRIGITTE-Umfrage. Wenn alle Voraussetzungen stimmen, ist das Fahrrad auf

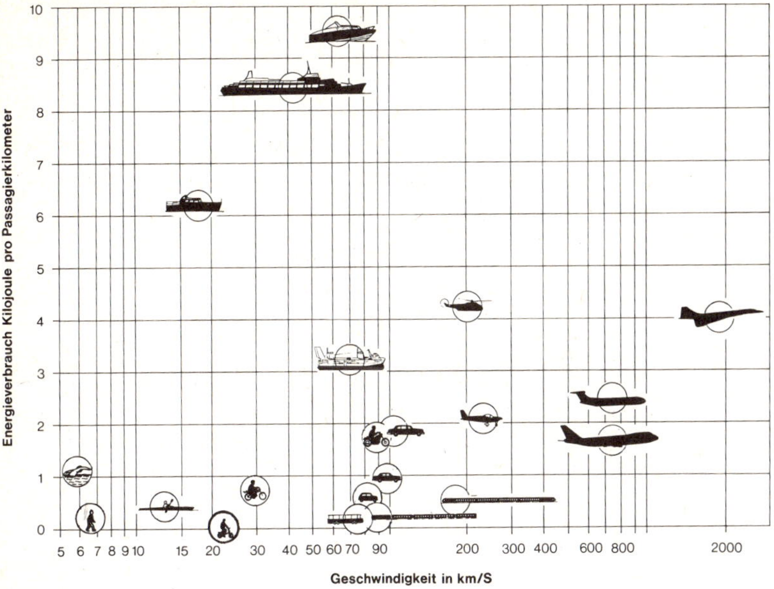


kurzen Strecken kaum zu schlagen – selbst oder gerade im Straßengewühl. Die Durchschnittsgeschwindigkeit mit dem Auto überschreitet ja in Stadtmitte selten Tempo 20. Haltestellendichte und Fahrtfrequenz von Bussen und Bahnen können im Nahbereich kaum konkurrieren. Voraussetzung sind natürlich halbwegs annehmbares Wetter und eine mäßig legere Haltung gegenüber Kleidungsvorschriften. Die Autokultur und die Werbung der chemischen Reinigungen haben – vor allem im Geschäftsleben – einen Kleidungsstandard herbeigeführt, wie er eigentlich nur noch von bewegungslosen Kleiderpuppen erbracht werden kann. Nur das rundum verkleidete Hollandrad erlaubt es bei gutem Wetter, dieser Norm des Wie-aus-dem-Ei-gepellt-Seins zu entsprechen. Es ist denn auch das bevorzugte Fahrzeug der Geschäftsleute in England und Holland und modebewußter Frauen und wird uns im folgenden noch weiter beschäftigen. Für die 1978er Studie «Fahrrad im Nahverkehr» des Bundesministeriums für Raumordnung, Bauwesen und Städtebau wurden Radfahrten in Bremen ausgezählt: 64 Prozent waren länger als ein Kilometer, 20 Prozent sogar länger als vier Kilometer. Der Mittelwert aller Radfahrten lag bei 2,5 Kilometer. Selbst längere Strecken sind für den einmal ans Fahrrad Gewöhnten kein Schreckgespenst mehr. Wenn die Voraussetzungen stimmen und eine halbwegs streßfreie Route ausgemacht ist, spielen ein paar Kilometer mehr oder weniger keine Rolle. Es wird argumentiert, Besuche von Stadtrand zu Stadtrand seien mit dem Fahrrad nicht möglich. Im Prinzip doch, möchte man mit Radio Eriwan sagen. Natürlich erscheint einem, wenn man gerade den Zündschlüssel zu solch einer Fahrt einsteckt, der Vorschlag, das Vorhaben auf dem Fahrrad abzuwickeln, absurd. Wer aber schon tägliche Trainingsfahrten mit dem Fahrrad macht, wird auch die Herausforderung einer solchen Fahrt mit mehr sportlichem Ehrgeiz angehen – selbst wenn er ein Stück mit der Stadtbahn fahren muß.

## Umweltschutz

Neben dem Luftschiff und der Schienenbahn ist das Fahrrad das wirtschaftlichste Verkehrsmittel der Welt, wenn man den Energieverbrauch pro Kilometer und Passagier berechnet. (Und dabei ist der Verzehr der Luftschiff- oder Bahnpassagiere nicht eingerechnet. Denn zieht man die Nahrungsaufnahme ab, fährt das Fahrrad natürlich zum Nulltarif!)
Bei Schienenbahn und Luftschiff ist natürlich Vollbesetzung Voraussetzung, ohnehin wäre es ein gewisser Overkill, die Hose mit dem Luftschiff zur Reinigung zu bringen. Der Fahrschein für die Stadtbahn kostet ein Vielfaches ihrer reinen Energiekosten, denn Gehälter und Bahnkörper wollen auch bezahlt sein, bei der Eisenbahn sogar auch noch die Autobrücke über den Bahnkörper. Für den Individualverkehr steht das Fahrrad mit seiner Wirtschaftlichkeit konkurrenzlos da.
Folgen wir der fächerübergreifenden Argumentation eines weiteren britischen Arztes, Dr. Williams: «Unsere Patienten, das seit langem leidende und generell untertrainierte britische Publikum, hat immer noch erschreckend wenig Ahnung von den vielen Vorteilen des Fahrrads, so daß es fast zur Pflicht eines jeden Therapeuten wird, diese saubere, schnelle, ruhige und zivilisierte Maschine dem Sauerstoff-schluckenden und die Luft verschmutzenden Energieverschwender – meinem treuen Automobil – gegenüberzustellen. Ich meine wirklich treu und zuverlässig, alles andere wäre in der Tat taktlos, und nur mit großem Zögern rücke ich die Unvollkommenheiten eines Familienfreunds ins Licht der Öffentlichkeit. Aber schon verdüstert sich das Bild des Verbrennungsmotors, wie wir ihn bisher benutzten, und wir sind gezwungen, nach weniger verschwenderischen Arten der Fortbewegung Ausschau zu halten. Denn ein Auto nützt nur 20 Prozent des Energieinhalts seines Treibstoffs zur Fortbewegung aus: 4 Prozent verschwinden in unvermeidlichen Hilfsgeräten wie Getriebe, Lichtmaschine, Ventilator und Wasserpumpe, aber mehr als 75 Prozent gehen als Wärme verloren – 40 Prozent durch den Auspuff und das meiste der übrigen 35 Prozent durch Wärmeleitung und Konvektion über den Kühler. Der Velofahrer ist da in jeder Hinsicht viel maßvoller. Vom physikalischen Standpunkt ist er eigentlich überhaupt keine Wärme-Kraftmaschine, sondern ein Energiewandler bei kon-

## Als Geschäftsmann Benzin sparen

Eine bemerkenswerte Aktion wird vom Präsidenten Thomas McLaughlin der Graphic Art Supply Inc., einem Lieferanten für Druckereibedarf in Rochester (N. Y.), in der Branchenzeitschrift Graphic Arts Monthly (Februar 1980) beschrieben. Seine Firma nimmt jeden Juli ihre Verkäufer von der Straße und führt die Geschäfte per Telefon und Fahrrad weiter: «Die meisten unserer Verkäufer hatten Zehngangräder und fuhren daher letztes Jahr den ganzen Juli damit zur Arbeit. Ich selber fuhr eins und radelte damit zur Bank. Es war eine recht erfrischende Erfahrung und zugleich eine großartige Methode, einige Viertel unserer Stadt in neuem Lichte zu sehen, denen ich vom Auto aus nie groß Aufmerksamkeit gewidmet hatte.
Viele unserer Verkäufer fuhren mit dem Fahrrad täglich bis zu fünfzehn Kilometer zu den Kunden. Den ganzen Juli durch erfolgten die Kundenkontakte per Telefon oder Fahrrad, kein einziges Mal mit dem Auto. Einige Verkäufer fuhren ihre Räder sogar durch die Lagerhalle direkt zum Büro des Kunden. Einen Verkäufer durch ein riesiges Betriebslager fahren zu sehen, war ein echter Blickfang und ein guter Aufhänger fürs Kundengespräch. Außerdem arrondierten wir unser Verkaufsgebiet, um den Benzinverbrauch für den Rest des Jahres zu senken und unseren Service effizienter zu machen. Wir werden jetzt diesen Verzicht auf Autoabhängigkeit jedes Jahr zu einer Aktion machen – vielleicht sogar länger als einen Monat.»
Den Angaben McLaughlins zufolge, sparte die Aktion rund 10000 Liter Benzin. Er hofft, daß «Andere im Druckereigeschäft und verwandten Bereichen mit uns mitziehen, Energie zu sparen».

stanter Temperatur ähnlich der Brennstoffzelle. Und sein Beitrag zum Entropiezuwachs (dem Streben zum Wärmetod) unseres Sonnensystems ist lobenswert klein. Sein Energieverbrauch ist gemessen am Benzinverbrauch des Autos ein Fünftelliter pro 100 Kilometer in der Stadt. Und was ihn noch engelsgleicher macht, er hinterläßt die Luft sauberer als er sie antrifft, weil er eingeatmete Staubteilchen auf der mucösen Schicht seiner Nase und Bronchien einfängt!
In den letzten drei Jahren habe ich 10000 Kilometer auf meinem Fahrrad zurückgelegt, die ich sonst mit dem Auto gefahren wäre – durchschnittlich 13 Kilometer pro Arbeitstag. Die Zeitersparnis belief sich auf unzählige Stunden, die Benzinersparnis auf mehr als 1100 Liter, und der Atmosphäre blieb

ein Gasaustausch von rund 2000000 Litern Sauerstoff gegen 1300000 Liter Kohlendioxid und 300000 Liter Kohlenmonoxid (unter Normaldruck und -temperatur) erspart. Nun klingen 2000000 Liter Sauerstoff nach ganz schön viel, aber jemand könnte erwidern: ‹Wen kümmert's? Die Erde ist groß und ihre Atmosphäre kilometerdick; 2000000 Liter sind ja bloß 2000 $m^3$ reinen Sauerstoffs, also nicht mehr als das doppelte Fassungsvermögen des Long Room bei Lord's (908 $m^3$; hier gibt's die Getränke in Dr. Williams' Cricket-Klub). Alles, was man in drei Jahren Velofahren sparen kann, ist der Sauerstoffgehalt von elf ‹Long Rooms›! Und er hätte recht. Aber diese Gasmengen entsprechen dem Fahrweg eines einzigen Automobils. Für eine ganze Stadt aufsummiert, sind sie wirklich aufrüttelnd. Für ganze Kontinente stimmen sie sehr nachdenklich.›

Den öffentlichen Verkehrsmitteln Fahrgäste abspenstig zu machen und aufs Fahrrad zu setzen, bringt keine Umweltentlastung; erstere fahren ja trotzdem weiter. Die Hoffnungen der geplagten Stadtbewohner richten sich daher auf das Umweltbewußtsein der Leute, die sowohl ein Auto als auch ein Fahrrad zur Verfügung haben: mögen sie sich weise mal für das eine, mal für das andere Verkehrsmittel entscheiden! In den USA wurde 1971 errechnet, daß der Ölverbrauch im Stadtverkehr und damit die Umweltbelastung um 2 Prozent zurückgegangen wären, wenn 10 Prozent der Autostrecken mit dem Fahrrad zurückgelegt worden wären. 1971 wären das 2 Milliarden Liter Öl oder 800 Millionen Dollar gewesen.

## Geld sparen

Mit dem Nulltarif des Fahrrads können nur noch Skateboard und Rollschuhe konkurrieren. Auch das Parken von Fahrrädern ist noch kostenfrei, während die Parkuhren von Motorrad- und Autofahrern neuerdings ja bis zu zwei Mark schlucken dürfen – von Parkhäusern ganz zu schweigen.

Der Ottomotor arbeitet im Kurzbetrieb ausgesprochen unwirtschaftlich, ganz im Gegensatz zum Dieselmotor. Lassen wir hierzu einen Motorjournalisten der Frankfurter Allgemeinen zu Wort kommen:

### Short Story

heg. Frau A. wohnt auf dem Land. Jeden Morgen fährt sie mit ihrem Wagen zur Post, denn sie hat ein Postfach. An schönen Tagen geht sie die etwa 900 Meter auch gerne zu Fuß, doch bei Schnee und Matsch, Kälte oder Regen fährt sie lieber das kurze Stück. Zwei- oder dreimal in der Woche ist ihr Vehikel eine Art Einkaufswagen. Dann fährt sie zum Supermarkt. Entfernung: 1,2 Kilometer hin, 1,2 Kilometer zurück. Das Dorf, in dem sie sonst noch so allerlei zu besorgen hat (Bank, Metzger, Friseur), ist einen guten Kilometer entfernt.

In den Wintermonaten fährt Frau A. nicht gern Auto und vermeidet längere Fahrten. Sie beschränkt sich auf die kurzen Trips zur Post, zum Supermarkt oder ins Dorf. «Man soll ja auch Benzin sparen», wie ihr Mann immer sagt. Mit der

letzten Tankfüllung (37,5 Liter) kam Frau A. genau 118 Kilometer weit. Sie traute erst ihren Augen und dann ihrem Auto nicht. Über 30 Liter je 100 Kilometer? Der Wagen ihres Mannes mit doppelt soviel Zylindern und dreimal soviel PS braucht ja nur die Hälfte! Dabei war ihr Kleinwagen vom Hersteller doch als besonders sparsam empfohlen worden! Vielleicht ein Schaden am Motor oder ein Loch im Tank?
Frau A. braucht sich nicht weiter zu wundern. Der Motor ist in Ordnung und der Tank auch. Hätte sie zum Beispiel ein Gerät zur laufenden Anzeige des Benzinverbrauchs in ihrem Wagen, wie ihn etwa Talbot in seinen Modellen Horizon und 1510 SX anbietet (siehe unseren Fahrtbericht «Heinzelmännchen an Bord»), dann könnte sie jeden Morgen nach der Fahrt zur Post von ihrem Bord-Computer ablesen, wieviel Benzin auf der kurzen Strecke geblieben ist. Hochgerechnet auf den Durchschnittsverbrauch je 100 Kilometer vielleicht 40 oder gar 50 Liter, so viel, wie sonst ein Formel-1-Wagen braucht, um über seine schnellen Runden zu kommen.
Kaltstarts an kalten Tagen treiben den Verbrauch in solch ungewöhnliche Höhen, wenn dem Motor anschließend keine Chance gegeben wird, sich auf längeren Strecken richtig warmzulaufen. In der Kürze liegt die Würze, sagt man. In dieser «Kurzgeschichte» sind es vor allem gepfefferte Verbrauchsrechnungen. Dagegen hilft nur eins: auch ohne Auto mobil zu werden, möglichst kurzfristig auf allen kurzen Strecken.

aus: FAZ vom 13. Februar 1980, Nr. 37/Seite 31.

Bliebe noch nachzutragen, daß der Ottomotor natürlich genauso viel verbrennt, wenn ein Mann solch kurze Strecken fährt. Daß Frauen das mühsam erworbene Auto möglicherweise als Emanzipationspfand betrachten, macht ihnen aber das Umsteigen auf andere Verkehrsmittel wahrscheinlich schwerer als den Männern. Ein Dreirad für 500 Mark schafft jedenfalls den Großeinkauf zum Nulltarif und amortisiert sich – je nach Auslastung – schon nach einem Jahr.

## Unabhängig von Fahrplänen

Haltestellendichte und Fahrplanfolge der öffentlichen Verkehrsmittel stellen immer einen Kompromiß zwischen dem Wünschenswerten und dem Machbaren dar. Da kann es nicht wundern, daß das Fahrrad für viele Stadtbewohner eine echte Alternative darstellt – bei erträglichem Wetter – versteht sich. Obwohl dadurch die Umweltbelastung durch den ÖPNV nicht geringer wird, hat die Entscheidung fürs Velofahren nach Richard Ballantine gute philosophische und moralische Gründe. Warum, begründet der Londoner Schriftsteller so: «Weil es etwas ist, das man selbst tut, nicht etwas, das mit einem gemacht wird ... Natürlich wird es immer Leute geben, die sagen, daß sie die Dinge, so wie sie sind, gut finden. Sie finden die ‹Tube› (Londoner U-Bahn) wirklich interessant, obgleich die Züge überbesetzt, schmutzig, unpersönlich und *lärmig* sind ... Der wichtigste Effekt solcher Einrichtungen ist, daß sie Bewußtheit vereiteln. Bewußtheit, Selbstachtung und Fortentwicklung sind die Voraussetzungen für ein lebenswertes Leben. Betrachten

Nachdem die öffentlichen Verkehrsmittel nichts Eiligeres zu tun hatten, als das Besteigen mit Rollschuhen zu verbieten, bleibt nur noch das Fahrrad als Nahverkehrsmittel für Rollschuhträger – in den Autoverkehr sollte man sich damit aber sicherheitshalber nicht stürzen. Hier die Rollgleiter von Bahmüller mit Rücktrittsperre und Bremse für Bergabfahren, die wie Langlaufskis gefahren werden. Bezugsquellen-Nachweis: Bahmüller GmbH, Postfach 280, 7067 Plüderhausen. Foto: Renate Lessing.

Sie jetzt einmal, was auf einem Fahrrad mit Ihnen vorgeht. Es ist unmittelbar und direkt. *Sie* treten die Pedale. *Sie* treffen Entscheidungen, *Sie* empfinden den Geschmack der Luft und den Kraftaufwand, während Sie die Straße vor Ihnen schlucken. Sie spüren Belebung. Während Sie dahinflitzen, erleben Sie voll den prächtigen Tag, den Sonnenschein, die Wolken, jede Brise. Sie leben, Sie fahren wohin, *Sie* machen das. Ihre Wachheit wächst und wird von Tag zu Tag wichtiger für Sie. Mit Ihrer sensibilisierten Aufmerksamkeit sehen und bemerken Sie mehr, wodurch Ihre Aufnahmefähigkeit weiter verstärkt wird.
Jedesmal, wenn *Sie sich* in eine Situation einbringen, machen *Sie* eine Erfahrung. Wehren Sie sich gegen Entfremdung und Unpersönlichkeit, bauen Sie Bewußtsein und Identität auf. Sie versuchen die Dinge so zu verstehen, wie

sie für Sie wichtig sind, und diese Qualitäten durchdringen alles, was Sie tun.»

Und in der Tat ist ja das dumpfe Brüten – vor allem in Bussen, wo Zeitunglesen seekrank macht – der Psyche eher abträglich.

## Nähe zur Umgebung

«Weil ich so Stadt und Umgebung unmittelbarer erlebe als im Auto», kreuzten 26 Prozent der BRIGITTE-Leserinnen als Grund für ihre Radfahrten an. Dies ist die positive Kehrseite der beim Schlagabtausch mit «harten» Autos sich zeigenden «Weichheit» des Velofahrers als Verkehrsteilnehmer. Statt in einem dröhnenden Container bewegt sich der Mensch auf dem Fahrrad frei durch die Lüfte – mit noch besserem Überblick als die Fußgänger. Er stellt plötzlich fest, daß es auch unterwegs in Europa noch Singvögel gibt. Oder daß unter dem Kanaldeckel ein veritables Bächlein fließen muß. Die bemühten Pantomimen hinterm Autofenster zur Begrüßung Bekannter werden überflüssig – akustisch vom Fahrradsattel aus geht's eben besser. Anhalten und nach dem Weg fragen geht viel souveräner – vergessen der Liegestütz auf dem Beifahrersitz bei gleichzeitigem Herunterkurbeln des rechten Wagenfensters. Und man versuche mal aus dem eigenen Auto heraus einer Autofahrerin Feuer zu reichen: es ist nicht praktikabel, von Fahrrad zu Fahrrad dagegen eine Kleinigkeit. Überlassen wir weitergehende Vergleiche lieber einem Londoner Allgemeinarzt, Dr. Kerr: «Moderne Transportsysteme entfremden den Insassen nicht nur vom überquerten Terrain, sondern auch von seinen Bewohnern, deren Gastfreundschaft nur kurz beansprucht wird. Für das hungrige Männchen unserer Species ist es ganz offensichtlich zweckdienlich, das verlockende Weibchen im Fond eines Sportwagens zu beschwatzen – der Fortbestand unserer Species hängt in der Tat von seinem Erfolg ab. Damit die Werbung einen fruchtbaren Abschluß findet, muß das Auto allerdings zum Stand kommen (oder wenigstens fast). Jemandem erst mal den Hof machen, diese aktive menschliche Tätigkeit, geht dagegen vom Sattel eines langsam fahrenden Velos leichter, denn es fördert längeren und besseren Blickkontakt mit der gewünschten Person. Im Ernst, diese sofortige Beziehung zu anderen Fußgängern, Velofahrern und selbst Autofahrern, wenn sie auf den Straßen der Stadt mal längere Zeit festgehalten werden, bedeutet eine weitere humanisierende Dimension des Radfahrens in deutlichem Gegensatz zu der Isoliertheit, in der einen die anderen Verkehrssysteme veröden lassen.» Eine praktische Auswirkung dieses Prinzips findet sich in einem Zitat des Chefinspektors der Polizei von Newport, der gesagt haben soll: «Es geht leichter, von einem Fahrrad zu steigen und eine Rede an das Publikum zu richten, als mit einem Auto erst einen Parkplatz suchen zu müssen, um überhaupt aussteigen zu können!»

Oft soll der Appeal des Autos den eigenen ersetzen. Wer sich von solchen Sorgen frei fühlt, kommt in der heroischen Fahrradhaltung besser zur Geltung, als hinter den Bullaugen des Autos versteckt – Totale statt Kopfbild. Nicht umsonst ist das Fahrrad ein beliebtes Prop (oder Zutat) der Berufsfotografen. Modefotos hinter Autoscheiben sieht man selten, kreative Garderoben kommen da einfach nicht zur Geltung. Selbst Strandschönheiten beiderlei Geschlechts bekommen ja im Autositz zwangsläufig wulstige Bauchfalten, während die Fahrradhaltung den Bauch gespannt läßt.
Schon wer jetzt nur samstags hin und wieder aufs Fahrrad wechselt, weil dann in der Innenstadt keine Parkplätze zu haben sind, kann den herzerwärmenden Effekt direkter Beziehungen zu den Mitmenschen erfahren. Und in den verkehrsgeplagten Innenstädten erfährt ein Mensch zu Rad heute einen beträchtlichen Vorschuß an Wohlwollen, um nicht zu sagen Hochachtung von seiten der Fußgänger. In dem Augenblick, wo der Samstagsverkehr zum Stillstand kommt, wird der velofahrende Stadtbummler auch von neidvollen Autofahrerblicken verfolgt – Neid vor allem auf die innere Freiheit zu tun, was sinnvoll ist.

## Radfahren zu gefährlich

Die nicht velofahrenden Frauen (zehn Prozent) der BRIGITTE-Umfrage geben zur Hälfte diesen Grund als Hemmnis an – fünf Prozent der Befragten. Man könnte hier noch sophistisch unterteilen, ob es sich um Angst vor dem Verkehr oder auch nur um Angst vor dem Fahrrad handelte, aber in der Bundesrepublik ist Velofahren tatsächlich gefährlicher als etwa in Holland, wo die Autofahrer an das massenweise Auftreten von Velofahrern schon immer gewöhnt waren. Den holländischen Standard ohne größeren Blutzoll raschestmöglich einzustellen, ist die vordringlichste Aufgabe der Fahrradförderung, der sich die Verkehrspolitiker stellen müssen. Einen treffenden Situationsbericht gibt Heft 25 der Schriftenreihe «Unfall- und Sicherheitsforschung Straßenverkehr» der Bundesanstalt für Straßenwesen, Köln, der Forschungsbehörde des Verkehrsministeriums. Die Autoren vom TÜV Hannover stellen darin fest:
«Innerstädtische Straßensysteme sind so gestaltet, daß vor allem zwei Gruppen von Verkehrsteilnehmern von ihnen Gebrauch machen können: die Kraftfahrer und die Fußgänger. Radwege sind keineswegs an allen Straßen vorhanden. Daher sind Radfahrer auf die Benutzung der Fahrbahn angewiesen, wenn sie der Straßenverkehrsordnung folgen wollen. Die Fahrbahn ist aber in erster Linie für Kraftfahrer gemacht, Radfahrer sind dort gewissermaßen ‹Fremdkörper›, die den Kraftfahrzeugverkehr stören. Im Hinblick auf die eigene Sicherheit entscheiden sich Radfahrer daher oft für die Benutzung der Gehwege, wo sie dann wieder die Fußgänger stören. Auch wo Rad-

Viele Einrichtungen der Fußgänger- und Autokultur lassen sich auch mit dem Fahrrad nutzen, zumal wenn dort sichere Fahrrad-Abstellmöglichkeiten fehlen. Fotos: Renate Lessing.

wege vorhanden sind, müssen die Radfahrer diese Wege mit anderen Verkehrsteilnehmern teilen: z. B. mit Mofafahrern und gelegentlich auch mit Fußgängern, die an Bushaltestellen oder ampelgeregelten Überwegen auf dem Radweg stehen und warten. Oft sind Radwege auch durch parkende Kraftfahrzeuge blockiert. Nimmt man noch hinzu, daß Kraftfahrer häufig die Vorfahrt von Radfahrern mißachten, so lassen sich erste Vermutungen über das Bild formulieren, das Radfahrer mit der Zeit über die Verkehrsumwelt und ihre Rolle darin entwickeln. Das ‹interne Modell› des Radfahrers über die Verkehrsumwelt dürfte durch den Eindruck geprägt sein, daß er offensichtlich in dieser Verkehrsumwelt gar nicht vorgesehen ist, daß andere Verkehrsteilnehmer seine Rechte mißachten, daß also die Straßenverkehrsordnung ihm wenig einbringt.»
Die Zahl der im Straßenverkehr verletzten oder getöteten Fahrradfahrer blieb 1978 zwar kleiner als bei den motorisierten Zweiradfahrern und betrug nur etwa ein Siebtel der verunglückten Autoinsassen, aber absolute Zahlen können irreführen. Erst wenn man diese Zahlen auf die insgesamt zurückgelegten Fahrradkilometer und die Menge der Fahrer bezöge, hätte man einen Anhaltspunkt für die relative Gefährdung der einzelnen Verkehrsarten.

## Zu viele Fahrtziele

«Ich habe zu viele Fahrtziele, die ich nicht mit dem Rad schaffe», kreuzten umgerechnet drei Prozent aller Befragten an. Es mutet zunächst wie ein Scheinargument an, denn gerade für das Schmetterlingsproblem (von einer Blüte zur andern) erscheint das Fahrrad so ideal, daß in amerikanischen Großstädten sich wieder Botendienste per Fahrrad etablieren. Für bescheidene Gebühr werden den Geschäftsleuten der Innenstadt schnelle Transportdienste angeboten. Der private Paketdienst, der United Parcel Service, wurde von fünf unternehmungslustigen Leuten auf Fahrrädern gegründet. Für Ziele in Fußgängerzonen ist das Fahrrad unschlagbar, die Last des Einkaufs zieht nicht am Arm, sondern wird vom Fahrrad getragen, auch wenn es nur geschoben wird. Allerdings, wenn die Anfahrpunkte zu weit auseinanderliegen oder das Wetter launisch ist, liegt der Griff zum Zündschlüssel nahe. Der Huckepackverkehr mit öffentlichen Nahverkehrsmitteln, also die Mitnahme des Fahrrads, ist eine Lösung, die in der Schweiz schon länger erprobt ist, bei uns aber erst das Versuchsstadium erreicht hat.

## Abgase der Autos stören

Das Argument steht auf tönernen Füßen, denn auch der Autofahrer wird nicht mit Waldluft berieselt. Im Gegenteil, die Lufteinlaßöffnungen liegen dem Auspuffrohr des Vordermanns näher als die Nase des Velofahrers. Eine vom US-Verkehrsministerium finanzierte «Studie der gesundheitlichen Auswirkungen des Radfahrens in einer städtischen Atmosphäre» weist in dieselbe Richtung. Eine private Forschungsfirma untersuchte im Frühjahr 1977 zusammen mit der George-Washington-Universität zehn gesunde Nichtraucher von 23 bis 39 Jahren im Straßenverkehr nach Büroschluß. Sieben der Freiwilligen fuhren Fahrräder, drei Freiwillige fuhren Autos mit Klimaanlage – alle auf Routen unterschiedlicher Luftverschmutzung zum Endziel Universität. Alle Fahrer wurden vor und nach den Fahrten untersucht. Außerdem wurden Kohlenmonoxid, lösliche Sulfate, lösliche Nitrate, Ozon und Staubteilchen von festen Stationen und auch durch Meßgeräte an den Fahrern (außer Ozon) überwacht. An 11 von den 29 aufgezeichneten Tagen war in Washington Smogalarm.

Das bei der Verbrennung entstehende Kohlenmonoxid ist der besorgniserregendste Bestandteil der Luftverunreinigung. Wenn der Kohlenmonoxidgehalt der Luft 60 ppm (= Teile auf eine Million) überschreitet, gibt es Smog-Alarm und die Luftqualität wird als «sehr ungesund» gekennzeichnet. Der Einsatz der mobilen Kohlenmonoxid-Tester bei den Fahrern brachte eine nicht zu verniedlichende Erkenntnis: Die Leute im Straßenverkehr sind wesentlich höheren Kohlenmonoxidgehalten ausgesetzt als die stationären Meßstationen an den Straßen. Velo- und Autofahrer waren praktisch dem gleichen Kohlenmonoxid-Pegel ausgesetzt, der aber fünf- bis zehnmal höher lag als die Werte der Meßstationen.

Vor und nach der Fahrt wurde der Anteil von Karboxyhämoglobin (der Verbindung des Blutfarbstoffs mit Kohlenmonoxid) im Blut gemessen. Der Spiegel beim Velofahrer stieg 1,9 Prozent, derjenige des Autofahrers auf 2,1 Prozent. Wenn auch der Unterschied zwischen Velo- und Autofahrern zu klein ist, um den Effekt sicher zu beweisen, so darf doch als gesichert gelten, daß Velofahrer weniger Kohlenmonoxid im Blut zurückhalten als Autofahrer – und zwar auf allen Routen, obgleich sie dieselbe Zeitdauer im Straßenverkehr zubrachten. Da die Velofahrer aber eindeutig tiefer durchatmen, ist dies eine überraschende Entdeckung. Eine Erklärung könnte die Mobilität des Fahrrads liefern. Während ein Auto hinter einem schlimmen Luftverschmutzer zum Stehen gezwungen sein kann, um auf das Ampelgrün zu warten, kann sich ein Velofahrer rasch störenden Auspuffschwaden entziehen. Die Kohlenmonoxid-Konzentration hinter einem Auto im Leerlauf oder Schrittempo kann etwa 20000 pm (also 2 Prozent der Luft) betragen. Auspuffrohre sollte man also unbedingt vermeiden. Denn Hämoglobin absorbiert bei höheren Konzentrationen Kohlenmonoxid stärker, was den hohen Karboxyhämoglobinspiegel des Autofahrers erklären könnte.

Bleibt zu ergänzen, daß die übrigen Tests der Lungenfunktion und von Symptomen wie Husten, Keuchen, Kopfweh und Augenreizung kaum höhere Beeinträchtigung der Velofahrer gegenüber den Autofahrern ergaben.

Stärkere Augenreizung ergab sich, wenn keine Brillen getragen wurden. Ansonsten hing sie mit dem Nitrate-Anteil in der Luft zusammen.
Insgesamt sind die Ergebnisse dieser Studie für den Velofahrer im Berufsverkehr also recht ermutigend. Die gesundheitlichen Kurzzeit-Risiken sind für den Velofahrer nicht größer als für den Autofahrer, und sind anscheinend nicht besonders gravierend. Ein gewiefter Velofahrer kann die Einwirkung des Kohlenmonoxidgehalts der Luft gering halten, indem er an den Kreuzungen vor dem Verkehr bleibt oder eine Route auf Nebenstraßen findet. Und natürlich sorgt die eigene Entscheidung für eine Radfahrt anstelle der Autofahrt in die Stadt schon für ein bißchen bessere Luft!

## Fahrrad zu wetterabhängig

Ihrem rauhen Klima verdanken die nördlichen Länder der Erde die staatsbildende Motivation ihrer Bürger und ihre Stabilität. Wo die Bananen in den Mund wachsen und die Übernachtung im Freien problemlos ist, sind dauerhafte Koalitionen gegen die Unbilden der Natur unnötig und die Staatsgeschicke wechselhaft – Charakteristikum der Bananenrepubliken. Vor die Alternative gestellt: jedes Jahr ein Putsch, aber phantastische Radfahrmöglichkeiten oder mäßig stabile Regierungen, aber hin und wieder ein Regenschauer, wird man feststellen, daß man es alles in allem in Mitteleuropa nicht schlecht getroffen hat. Mit der Wetterempfindlichkeit steht der Velofahrer zwischen Motorradfahrer und Fußgänger. Während die Motorradfahrer

Bei schönem Wetter kommt das Fahrrad heraus – originelles «Wetterhäuschen» auf einem Gebäude in Kopenhagen. Foto: E. Kinneir.

gleich zu wind- und regendichten Monturen greifen (weil sie körperlich untätig sind, und der Fahrtwind sie daher auskühlt), erzeugt ein Velofahrer neben der Arbeit zum Vorwärtskommen eine Menge Wärme, die durch Kühlung abgeführt werden muß. Die ganze Motorrad-Kleidung vom Helm bis zum Stiefel würde auf dem Fahrrad unweigerlich zum Schwitzbad führen. Andererseits kann sich der Velofahrer in Straßenkleidung nicht wie der Fußgänger mit einem voluminösen Schirm vor Niederschlägen schützen. Bekleidungsphysiologisch stellt also der Velofahrer die höchsten Anforderungen an seine Schutzkleidung. Oder man geht eben wie die Holländer vor, die im Tuchmantel, einen Schal um den Hals geschlungen, fahren und sich darauf verlassen, daß die Radfahrt zu Ende ist, bevor sich der Mantel im Nieselwetter vollgesaugt hat.
Wieviel Regentage hat man überhaupt auf dem Weg zum und vom Arbeitsplatz zu erwarten? Der Deutsche Wetterdienst hat für den Zeitraum von 1949 bis 1962 die Wettermeldungen einiger Wetterwarten ausgezählt und daraus ermittelt, wieviel Tage im Jahr es zu einer bestimmten Uhrzeit regnet. Die Statistik ist pessimistischer als die Realität, denn die Wetterwarten sind angewiesen, im Zweifelsfall Regen anzugeben, auch wenn es nur nieselt.
Von örtlichen Besonderheiten abgesehen kann man in Mitteleuropa danach meist mit einem Höhepunkt der Niederschlagshäufigkeit am Vormittag und einem Tiefpunkt in der Nacht rechnen. Ein zweiter Höhepunkt tritt meist am Nachmittag auf (Wärmegewitter) und ein zweiter Tiefpunkt zur Mittagszeit. Nur im Alpenvorland scheint der Mittagstiefpunkt noch ausgeprägter zu sein als der Nachttiefpunkt (Werte der Flugwetterwarte München-Riem). Für die Fahrt zur Arbeit läßt sich ablesen, daß zwischen 6 und 9 Uhr Frankfurt am wenigsten Niederschläge hat (an 44 Tagen im Jahr) und auch nach der Arbeit zwischen 15 und 18 Uhr statistisch nur an 39 Tagen. Nach dieser Statistik in der Bundesrepublik am schlechtesten dran sind die Münchner Berufspendler. Die im rororo-Fahrradbuch (Nr. 7178) angeführte Zahl von 10 Tagen für Regen zwischen 7.00 und 8.00 und 16.00 und 17.00 Uhr muß danach als eine verbundene Regenhäufigkeit – Arbeitstage, an denen es sowohl vor Betriebsbeginn als auch nach Betriebsschluß regnet – gesehen werden.

## Meinungsumfragen können Schaden anrichten

Die Reaktion auf die BRIGITTE-Umfrage ließ nicht lange auf sich warten. «Im Eigenauftrag» hatte die EMNID GmbH & Co im Herbst 1979 befragt und ihre Hauszeitschrift damit garniert – vermutlich um sich Auftraggebern gegenüber als ‹Meinungsfirma mit den vernünftigen Ansichten› darzustellen. Der Eindruck drängt sich auf, daß die

Bielefelder dabei redaktionell munter eigene Meinung verbreiteten: «Der engagierte Verfechter des Fahrrads als optimales Nahverkehrsmittel wird enttäuscht. Die Antworten der Bundesbürger lassen keine große Hoffnung, daß in naher Zukunft ein Meinungswandel hin zum Fahrrad erfolgen, geschweige denn ein derzeitiger sichtbar wird.» Erleichtert mag man in manchem Tiefbauamt aufgeatmet haben: «Also doch alles Spinner!» Gerade die zitierte Aussage kann die Umfrage aber schlecht belegen, denn mangels früherer EMNID-Umfragen mußten sich die Befragten selbst erinnern, ob sie früher öfters aufs Fahrrad wechselten als jetzt – und das im September, wo die meisten Fahrräder sowieso in den Keller kommen.
Vor lauter Schadenfreude wurde beim Nachdruck der Resultate auch noch mit falschen Karten gespielt. Dankbar echoten Nachrichtenmagazine, Verbandsblätter und danach Tageszeitungen: «Die Häufigkeit der Antworten ‹benutze das Auto› macht erneut das Selbstverständnis deutlich, mit dem das Auto präferiert wird» – jeder fünfte sage das. Tatsächlich wurden dazu aber nur die 24 Prozent so-gut-wie-nie-Radler befragt. «Selbstverständlicher Autofahrer» war also nur jeder zwanzigste von allen Befragten, wie man leicht selbst ausrechnen kann (0,20 x 0,24 = 0,048). Bevor das Gerücht Metastasen auf allen Motorseiten setzen konnte, hätte man ein klärendes Wort vom Verband der Fahrrad- und Motorradindustrie e. V. erwartet. Statt aber das Foul zu brandmarken, pickte dessen Pressedienst lediglich die kostenlosen Brosamen aus den EMNID-Informationen.

**Drahtesel – meist im Stall**

Das Fahrrad ist bei den Bundesbürgern nicht so beliebt, wie manche Rad-Lobbyisten es gerne sähen: Jeder vierte der rund 30 Millionen Radbesitzer benützt, wie eine Umfrage des Emnid-Instituts ergab, seine Tretmühle «so gut wie nie». Selbst die Aktiveren unter den Radeignern schwingen sich meist nur zum Sonntagsausflug in den Sattel: Nur 14 Prozent der Bundesbürger betrachten das Fahrrad als optimales Nahverkehrsmittel. «Daß in naher Zukunft ein Meinungswandel zum Fahrrad hin erfolgen wird», halten die Meinungsforscher für unwahrscheinlich. Noch immer bevorzugen 30 Prozent der Deutschen – selbst für kürzeste Strecken – das Auto, jeder fünfte hält Bus oder U-Bahn für die geeignetsten Nahverkehrsmittel.
Quelle: DER SPIEGEL vom 17. 3. 1980.

**Hoch zu Rad ...**

Glaubt man der öffentlichen Diskussion, so scheint dem Fahrrad sogar eine gewisse Bedeutung als Transportmittel im Nahverkehr zuzukommen. Angesichts der Energiesituation soll diese Bedeutung gar noch zunehmen. Dies deckt sich freilich nicht mit den Ergebnissen von Meinungsumfragen, die das Bielefelder Emnid-Institut durchgeführt hat. Lediglich von 14 Prozent der befragten Bundesbürger wird das Fahrrad als günstigstes Nahverkehrsmittel angesehen; das sind ungefähr so viele Bundesbürger, die das «Zu-Fuß-Gehen» als «Nahverkehrsmittel» betrachten. An der Spitze liegt mit 30 Prozent immer noch das Kraftfahrzeug; es folgen Bus (22 Prozent), U-Bahn, S-Bahn mit 18 Prozent. Das Emnid-Institut kommentiert: «Der engagierte Verfechter des Fahrrades als optimales Nahverkehrsmittel wird enttäuscht. Die Antworten der Bundesbürger lassen keine große Hoffnung, daß in naher Zukunft ein Meinungswandel hin zum Fahrrad erfolgen, geschweige denn ein derzeitiger sichtbar wird.» Im Durchschnitt besitzt nach diesen Umfragen heute schon jeder zweite Bundesbürger ein Fahrrad und weiteren acht Prozent steht zumindest ein Rad zur Verfügung. Tatsächlich hat aber jeder vierte Befragte im Bundesdurchschnitt das Rad daheim gelassen, und 24 Prozent geben an, das Rad «so gut wie nie» zu benutzen. Genutzt wird das Fahrrad auch mehr zur Gestaltung der Freizeit als zur Lösung von Nahverkehrsproblemen. Schließlich haben sich die Meinungsforscher auch erkundigt, weshalb das Fahrrad nicht oder nur selten benutzt wurde. Fast jeder fünfte sagte einfach: Ich benutze das Auto. Kommentar der Meinungsforscher: «Die Häufigkeit der Antworten ‹benutze das Auto› macht erneut die Selbstverständlichkeit deutlich, mit der das Auto präferiert wird. Das Fahrrad ist höchstens Notlösung; solange ein Auto vorhanden ist, wird damit gefahren.»

Quelle: Südwestpresse vom 26. 4. 1980.

# Die individuelle Strategie für einen neuen Anfang

«Also gut, gleich morgen fahr ich los», könnte die Reaktion des Lesers sein, der sich bis hierher durch die Argumente durchgebissen hat. Doch gemach! Der Wechsel vom einen Individualverkehr zum anderen hat so seine Tücken und will einigermaßen vorbereitet sein – etwa so wie ein Wochenendausflug. Soll gar der Weg zur Arbeit und zurück auf Fahrrad umgepolt werden, ist eine Woche oder gar ein Monat Vorbereitung nicht übertrieben und letztlich der Garant dafür, daß der gute Vorsatz nicht am ersten Tag kläglich zu scheitern droht. Man schiebe die Unabhängigkeitserklärung von den anderen Verkehrsmitteln aber auch nicht auf die lange Bank.

## Bereiten Sie sich seelisch vor

Der Wechsel aus den Raumfahrtkapsel-ähnlichen Verkehrsmitteln aufs Fahrrad erfordert schon einige Motivation. Die Zahl der Vernunftgründe für die Radfahrt zur Arbeit sollte größer sein als die Menge der anfänglichen Ängste. Eine beständige Taktik der Selbstermutigung erscheint da unumgänglich. Stehen doch fürs Aufgeben ganze Arsenale von triftigen Ausflüchten bereit: zu steil, zu kalt, zu viele Autos; zu harter Sattel; zu starkes Schwitzen; die Leute lachen usw. Gerade die Reaktion der Mitwelt muß sorgfältig bedacht und passende Antwort parat gehalten werden. Am besten macht man erst mal eine Testfahrt in die Firma, evtl. mit Heimtransport im Auto eines Kollegen. Vorher darüber im Kollegenkreis zu sprechen ist aufschlußreich. Die Reaktion läßt erkennen, ob die Radfahrt zur Arbeit einen zum Firmenclown oder zum Helden der Abteilung macht. Es soll sogar Fahrradfabriken geben, wo niemand mit dem Fahrrad kommt.

Die längste Route zur Arbeit kann die subjektiv kürzeste sein:

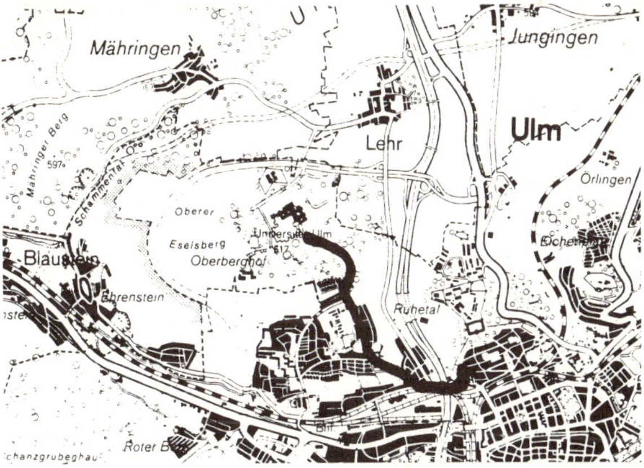


Die Route à la Luftlinie war zu steil: öfters absteigen und schieben. Wird jetzt nur noch zur Heimfahrt benutzt.

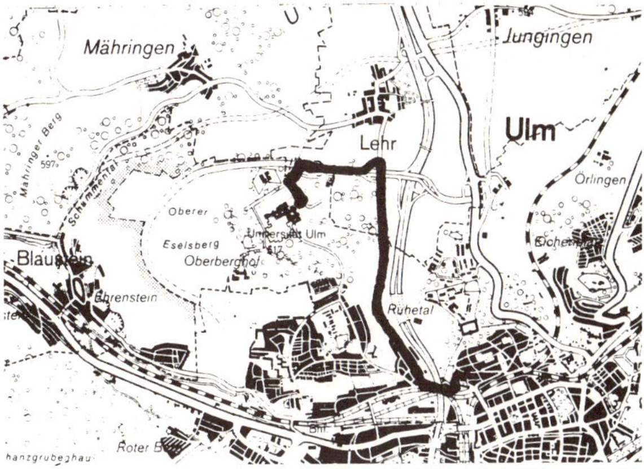


Die nächste Route nahm die 130 Meter Höhenunterschied flacher: aber immer noch schweißtreibend.

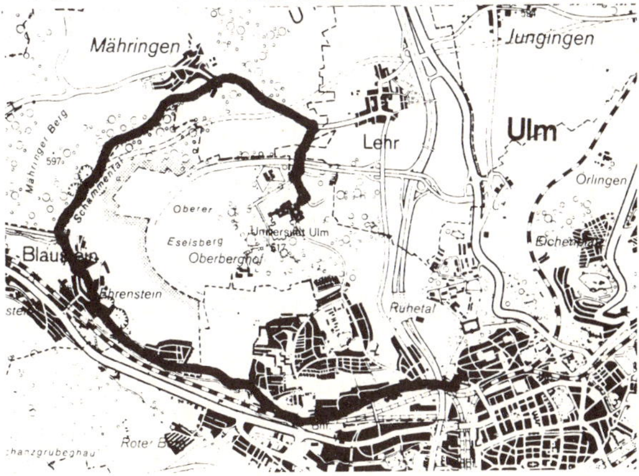


Befriedigendes Endresultat: fast doppelt so lange Strecke, die aber zügig gefahren werden kann.

## Fangen Sie mit Wochenendfahrten an

Ein bißchen spielerische Übung durch samstägliche Fahrten in die City oder Sonntagsausflüge verbessert die Kondition und verkürzt den Praxisschock bei der ersten echten Radfahrt zur Arbeit. Andererseits hindert einen niemand, das Projekt so gemütlich wie möglich anzugehen, statt sich einen neuen Zwang aufzuerlegen. Man nimmt das Rad nur bei erträglichem Wetter, anfangs auch nur an bestimmten Wochentagen, vielleicht dreimal die Woche – vor allem, wenn die Strecke lang ist. Und kein Mensch erwartet, daß die Wintermonate hindurch mit zähem Durchhaltewillen geradelt wird.

## Planen Sie die Route sorgfältig

Jeder Fußwanderer hat die Erfahrung gemacht, daß die kürzeste Verbindung zweier Punkte auf der Karte nicht die Gerade ist. Trotzdem bildet die Luftlinie natürlich den Anfang der Planung. Für die Feinplanung muß jetzt aber als Maxime dienen, daß die Radfahrt nur kurzweilig erscheint, wenn das Fahrzeug halbwegs gleichmäßig dahinrollen kann. Das heißt einmal, lärmige Hauptverkehrsstraßen vermeiden und ruhige Parallelstraßen oder noch besser Radwege – so vorhanden – nehmen, komplizierte Kreuzungen vor allem mit Linksabbiegen vermeiden, ebenso Örtlichkeiten mit knurrenden Hunden und schließlich den Höhenunterschied zwischen Start und Ziel ganz allmählich zu überwinden: bergauf die gleiche Aufgabe, als wenn es eine Eisenbahnlinie zu bauen gälte.

Verchromter Kartenhalter mit Federklappe von Steco. Die Karte wird in ein Transparent-Etui gesteckt, am Rand eingefädelt und dann geklemmt. Hält auch einen Tennisschläger fest. 700 Gramm, 20,– DM. Bezugsquellennachweis: STECO-Metallwarenfabrik, Stroe (Veluwe), Holland. Fotos: Renate Lessing.

Kartenhalter von HAWEG mit regensicherem, abnehmbarem Kartenfach bis 255 × 235 (+) × 8, 340 Gramm, 22,– DM. Auch ein wasserlöslicher Filzschreiber (wie für Overhead-Folien) für abwischbare Markierungen findet noch Platz.

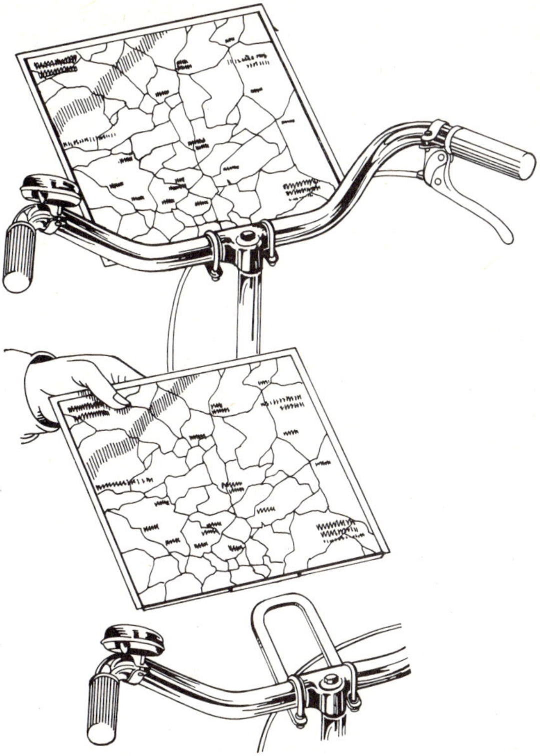

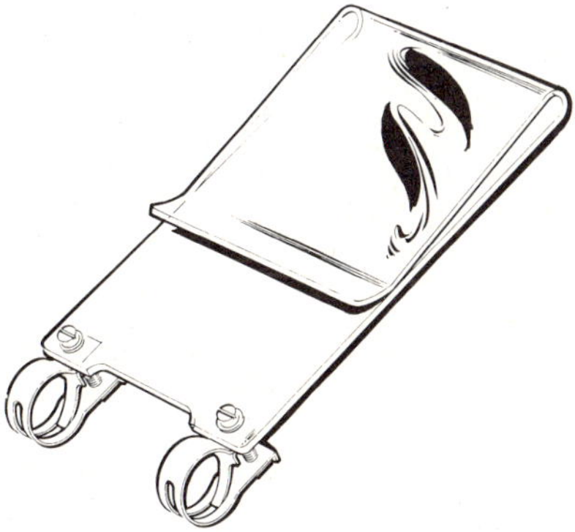

Karten-Clip aus Plexiglas von Andrew Hague, Klammergröße 85 × 150, 120 Gramm, £ 3,–; hält auch eine Postkarte auf dem Weg zum Briefkasten zuverlässig. Andrew Hague Cykles Ltd. Cum Draw Industrial Estate, Ebbw Vale gwent NF 3 5 AE Wales GB.

Ein weiterer Gesichtspunkt ist das Anbinden der Route an die öffentlichen Verkehrsmittel für den Fall, daß das Fahrrad ausfällt. Wenn die Route in der Nähe von Haltestellen verläuft, kann man dann immer noch rechtzeitig am Arbeitsplatz ankommen. Ein Taschenfahrplan gehört zur Notausrüstung des Fahrrads. Gleichzeitig sollte man schon bei den ersten Fahrten im Geiste alle Örtlichkeiten auflisten, an denen man das havarierte Fahrrad gut anschließen kann. Wenn man schon dabei ist, kann man sich auch trockene Plätzchen unter Überdächern etc. merken, wo man bei einem Regenguß schnell unterstehen oder auch mal den gefürchteten Plattfuß durch Ersatz des Schlauchs beheben kann. Es ist sicher kein Fehler, auch gleich noch Fahrradgeschäfte oder Tankstellen zu memorieren, wo man Hilfe bekommen kann.

## Ziehen Sie einen Fahrrad-Pool auf

Zwei oder drei Fahrräder fallen dem Autofahrer besser auf als eines. Schon dieses Sicherheitsarguments wegen sollte man Fahrgemeinschaften anstreben. Aber die Möglichkeiten zur Unterhaltung während der Fahrt sind ein Gewinn und der Weg erscheint kürzer. Außerdem kann man von den anderen unbekannte Routen erfahren. Natürlich schränkt ein Fahrradpool die Unabhängigkeit etwas ein. Man kann sich einigen, daß der eine Partner morgens, der andere abends seinen gewohnten Pfad um der Gemeinsamkeit willen verläßt. Poolpartner findet man im Kollegenkreis, der Ortsgruppe des Allgemeinen Deutschen Fahrradclubs beziehungsweise der lokalen Fahrradinitiative oder – warum nicht? – auch durch Anschlag in der Firma oder der Volkshochschule.

## Ziehen Sie sich zweckmäßig an

Was zweckmäßig ist, fällt in die eigene Entscheidung, ist oft aber durchs vorhandene Fahrrad präjudiziert. In diesem Buch wird eine Lanze für das sogenannte Hollandrad gebrochen, weil es am ehesten die Fahrt in Alltagskleidern ohne Beschmutzung möglich macht – durch Rundum-Kettenschutz und Teilabdeckung der Räder, sogenannte Mantelschoner. In Holland macht sich denn auch niemand die Mühe, sich fürs Fahrrad zu verkleiden. Immerhin sollte man die Wärmekraftmaschine Mensch auf dem Fahrrad nicht in besonders enge Kleidung stecken, die die Ventilation prinzipiell verunmöglicht. Gute Kühlung ist möglich, wenn man nicht in die Ärmel des Jacketts schlüpft, sondern es nur um die Schultern hängt. Ein «selbstgestrickter» Schließmechanismus mittels Kettchen oder Band in der Art eines Serviettenhalters muß dann allerdings dafür sorgen, daß das Jackett während der Fahrt nicht von den Schultern gleitet. Natürlich wird man nur so schnell fahren, daß die Erhitzung erträglich bleibt.

Mit dem Jackett lässig auf den Schultern, aber mit Ventilation unter den Armen zu fahren, geht nicht lange gut. Die Lösung: ein Serviettenhalter hält das Jackett auf den Schultern.

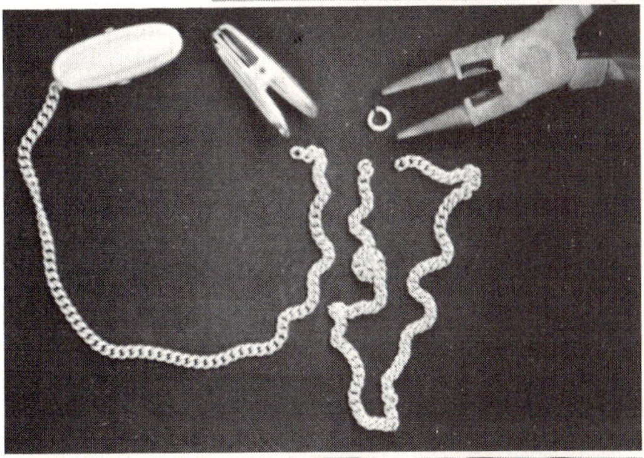

Hier ein käufliches Exemplar, bestehend aus Kettchen und zwei Alligatorklemmen. Am besten gleich auf richtige Länge kürzen. 5,– DM im Kurzwarengeschäft.

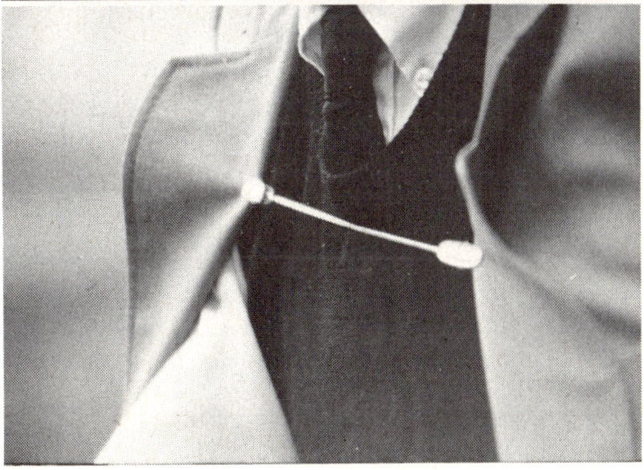

Gegen jeden Luftstoß gefeit: Der zweckentfremdete Serviettenhalter verhindert, daß das Jackett von den Schultern rutscht.
Fotos: Renate Lessing.

Gore-Tex, I love you: der komplizierten Bekleidungsphysiologie des Velofahrers wird das amerikanische Material am ehesten gerecht. Keine Schwitznässe! Anorak und Überhose von K-WAY, 132,– und 90,– DM, im Sporthandel. Farben: rot, blau.

Der Fahrradponcho muß weit herabhängen, wenn er die Knie schützen soll. Hier das Modell aus Nylon von K-WAY, 28,– DM, im Sporthandel. Fotos: Renate Lessing.

Gore-Tex-Parkas mit Kapuze zum Selbernähen, die Nähte werden mit einer mitgelieferten Tube gedichtet. Parka «Zephyr» in himmelblau oder rostrot. Größen klein, mittel, groß. Material mit Nähanleitung $ 63, von Frostline Kits, Frostline Circle, Denver, CO 80241 (verrechnet Eurocard und American Express).

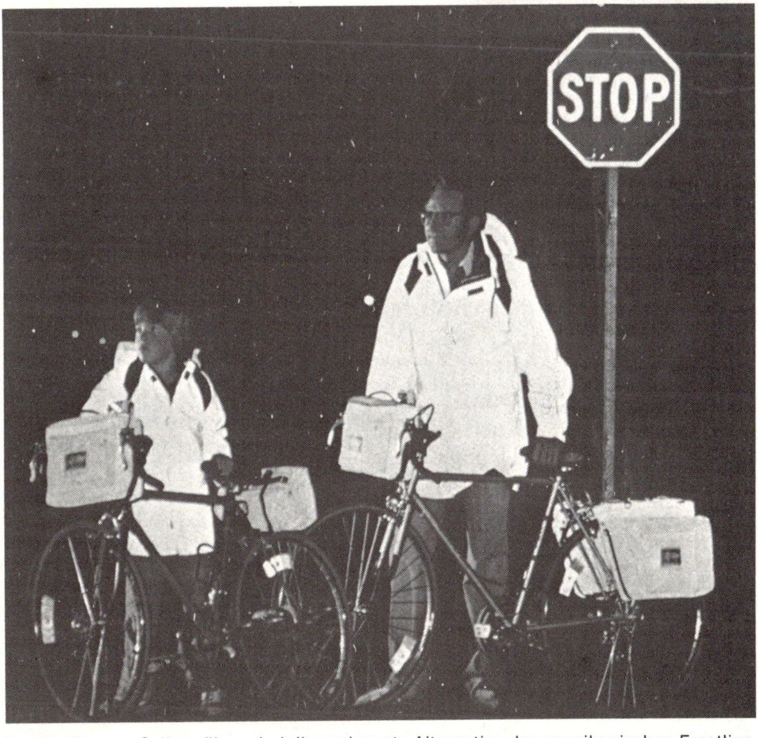


Zuschnitte zum Selbernähen sind die preiswerte Alternative der amerikanischen Frostline Kits, und im Moment die einzige Möglichkeit, hierzulande an das reflektierende Material EARLY WARNING von Scotchlite heranzukommen. Bei Tag schieferblau oder rostfarben, reflektieren die Sachen im Scheinwerferlicht weiß. Erwachsenen-Parka in Größen klein, mittel, groß, extra groß $ 38, Kinder-Parka in drei Größen $ 25, Lenkertasche $ 20,–, Satteltasche $ 15, Packtaschen $ 49. Bei Frostline Kits, Frostline Circle, Denver, CO 80241 (verrechnet Eurocard und American Express).

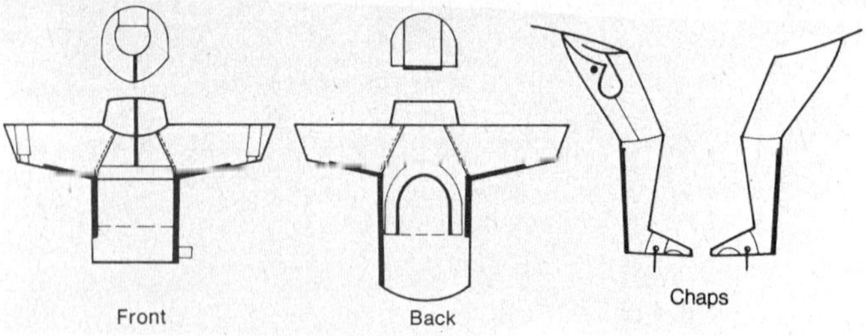


Perfekter Anzug für Velofahrer aus gelbem Gore-Tex von Yakwear: Anorak (450 Gramm) mit siebenfacher Ventilation, z. T. durch Reißverschlüsse einstellbar unter den Achseln und auf dem Rücken (zugleich Tasche), 120 $. Vierfach verstellbare, abnehmbare Kapuze, 17,– $, einzelne Beinlinge (Chaps, 340 Gramm) zum mühelosen Überziehen, auch über die Schuhe (dort verstärkt), zusammen 70,– $. Größen XS, S, M, L, XL, normale oder lange Schrittlänge. Bei Yakworks, 2030 Westlake Avenue, Seattle, WA 98121 (verrechnet Eurocard). Der Fahrradhelm von MSR ist auch lieferbar, in den Größen, S, M, L, XL, 560 Gramm, $ 38.

Die modische Funktionsjacke Rikson-Touring aus Cashmilon macht den Wechsel vom Fußgänger zum Velofahrer auch im Winter kinderleicht: einfach versteckte Kapuze und Handschuhe herausziehen. Atmungsaktive Rückenverarbeitung, Zweiwegreißverschluß, überlegte Taschenorganisation. Lieferbar in drei Größen 44–60, 90–106, 24–29 und in den Farben sand oder schwarz. Bezugsquellennachweis RIKSON, Postfach 1305, 24 Lübeck 1.

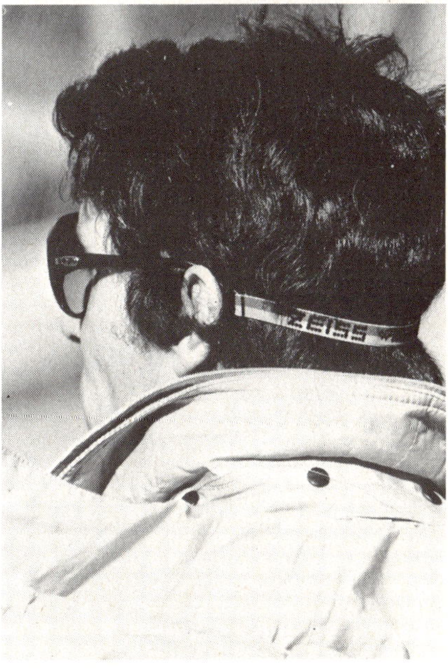


Unter dem Cordkragen sichtbar: die Tasche für die Kapuze. Einige ZEISS-Sonnenbrillen gibt es mit Gurt gegen das Herabfallen während der Fahrt. Fotos: Renate Lessing.

Der Agu-Sport Fahrrad-Anzug ist in den Farben gelb, orange, weinrot und grün sowie in vielen Größen lieferbar. Die Ventilation reicht bei schnellem Fahren allerdings nicht aus – dann hilft nur Gore-Tex.

Was dem Mofa recht ist, ist dem Fahrrad billig: Aufrechtfahrer können ohne weiteres eine Windschutzscheibe installieren, besonders einfach an den Schwanenhalsrädern mit hochgezogenem Lenkerkopf. Deutsche Windschutzscheiben gibt's beim Händler zwischen 50,– und 140,– DM. Die besonders hohe Verkleidung «Windfoiler M-1» macht den größeren Querschnitt durch einen besseren Cw-Wert mehr als wett. Einmal installiert, kann sie in Sekunden abgenommen und wiederaufgesetzt werden. $ 40 bei Jim Blackburn Designs, 1080 Florence Way, Campbell, CA 95008. Fotos: Renate Lessing.

Auf Gummiklotzpedalen kann man mit allen Schuhen fahren, aber die sogenannten Rattrap-Pedale (englisch für Rattenfalle) mit ihrem Metallkäfig lassen Gummi- und Ledersohlen abrutschen. Hier sind Schuhe mit weicheren Sohlen angebracht, oder die Umrüstung auf Gummiklotzpedale (6–8 Mark). Alles Weitere richtet sich nach der Wettervorhersage im Radio, die beim Frühstück zu hören zur zweiten Natur jedes Fahrradpendlers wird.
Der soeben gemachte Vorschlag, unter der Schwitzgrenze zu fahren, übersieht völlig den menschlichen Ehrgeiz. Über kurz oder lang wird man der Versuchung erliegen, es dem übrigen Verkehr mit 60 km/h Spitze gleichzutun oder die Gleichwertigkeit des eigenen Gespanns zu beweisen. Auch nimmt mit zunehmendem Training die Leistungsfähigkeit enorm zu. Kurz: irgendwann ist es soweit, daß man recht erhitzt am Arbeitsplatz ankommt und – ähnlich wie der Taucher bei der Rückkehr an die Oberfläche – Zeit zur «Dekompression» braucht, um auf normales Körperklima zu kommen. Ideal wäre dann eine Duschgelegenheit am Arbeitsplatz. Sie würde eine viel zweckmäßigere Organisation des morgendlichen Aufstehens ermöglichen: Aufstehen – nicht duschen – in Trainingskleidung steigen – komplette Kleidung für den Arbeitsplatz in die Lenkertasche – frühstücken – losfahren und möglicherweise gleich sein tägliches Kreislauftraining damit verbinden* – am Arbeitsplatz warm duschen – in die Tageskleidung steigen.
Duschen am Arbeitsplatz sind keine Selbstverständlichkeit. Beim Kostenvergleich mit den Parkplätzen für Betriebsangehörige würden sie gut abschneiden: Jeder der etwa tausend Parkplätze der Universität Ulm kostet das Wirtschaftsministerium Baden-Württembergs rund 500 Mark. Natürlich geht es nicht um entweder – oder. Daß Duschmöglichkeiten zusätzlich zu Parkplätzen sinnvoll sind und das morgendliche Trimmerlebnis eines Teils der Mitarbeiter zum verbesserten Betriebsklima beiträgt, bedarf schon höherer Einsicht des Arbeitgebers. In den USA sind nach dem Vorbild der dortigen Umweltbehörde schon Programme bei größeren Betrieben angelaufen. Ansonsten bleibt den Velofahrern nur der Weg, ihr Bedürfnis zu artikulieren und mit der Firmenleitung zu argumentieren, wobei ein gewonnener Kollege aus der Beletage von enormem Vorteil sein dürfte.

## Verlegen Sie das Frühstück nicht aufs Fahrrad

Sich nach einem Schluck Kaffee ins Auto zu werfen, um sich dann untätig ans Ziel schleppen zu lassen, ist nicht aufs Fahrrad übertragbar. Wer zu wenig Treibstoff beim Frühstück eingenommen hat, wird bei einer längeren Anfahrt recht ausgehungert am Ziel erscheinen und Treibstoff in Form von Schokoriegeln (oder was immer es gibt) nachtanken. Man findet schnell her-

* Vergleiche «Das Fahrradbuch» rororo 7178, Seite 12.

aus, welche der bisherigen Frühstücks-Nahrungsmittel am Zielort aufgebraucht sind und welche nicht.
Alles in allem: Mit dem Fahrrad zur Arbeit zu fahren, bedeutet eine Umstellung. Belohnt wird man durch das Kennenlernen völlig neuer Seiten der vermeintlich wohlvertrauten Stadt und ein neues Verhältnis zu den Elementen. Oder wie Ann Strong, die übrigens ihr Fahrrad jedem Ehemann nach zweijähriger Ehe vorzog, schon 1894 in Minneapolis zusammenfaßte: «Ruhig gleitet man dahin, geschmeidig und schnell. Erheiterung und Nervenstärkung mischen sich mit der Würze der Gefahr, der Notwendigkeit scharf zu beobachten und der Aussicht auf Abenteuer. Wenn man zur Gesundheitsfrage kommt, ist sicher kein Vergleich zwischen Radfahren und der Ehe!»
Wer nach dem morgendlichen Aufsteigen unwillkürlich nach dem Sicherheitsgurt tastet, hat die Umstellung geschafft.

## Wie man zu Duschen und sicheren Fahrradparkmöglichkeiten am Arbeitsplatz kommt

Während die Installation im Berliner Umweltbundesamt anscheinend unkontrovers vor sich ging, war es in der amerikanischen Umweltbehörde schwieriger und daher sicher für die Situation bei anderen Arbeitgebern repräsentativer. Hier der Bericht von Nina Rowe:
«Mit der für einen Aufstand erforderlichen Chuzpe pflegten wir zu scherzen, daß man die Velopendler an ihrem Geruch erkennt. Glücklicherweise stimmt das nun nicht mehr. In der Environmental Protection Agency in Washington (EPA), wo ich arbeite, genießen die mit dem Fahrrad kommenden Angestellten jetzt das Privileg von 6 Dusch- und Umkleidekabinen und außerdem von 60 Fahrrad-Schließfächern. Obwohl doch der Umweltschutz das Anliegen der Behörde und das Fahrrad ihr liebstes Kind ist, war es keineswegs einfach, diese Einrichtungen zu bekommen. Drei Jahre hartnäckiger und zäher Arbeit waren nötig. Trotzdem sind wir mit dem Erreichten, das wir Fahrradpendler als die schiere Grundvoraussetzung betrachten, anderen Arbeitgebern immer noch um Lichtjahre voraus. Der Hergang sei in den drei Stufen geschildert: Organisieren – Recherchieren – Talentsuche

Sich organisieren!
In der EPA hatten Vorstellungen einzelner lediglich den Erfolg, daß 1973 ein Fahrradständer im Blickfeld des Wachdienstes aufgestellt wurde. Erst nachdem wir 1975 einen Klub BEPA (= *B*ike Commuters of *EPA*) gebildet hatten, bekamen wir Fahrradschließfächer und Du-

schen. Im Juli 1975 legten fahrradinteressierte Angestellte einen Termin und Ort für ein organisatorisches Treffen fest und schrieben alle in Frage kommenden Angestellten einzeln an, die glücklicherweise schon registriert waren, da die EPA für das Mitbringen des Fahrrads in die Behörde einen speziellen Ausweis hat. Außerdem wurde die Veranstaltungsankündigung an auffallender Stelle auf allen schwarzen Brettern und an den Fahrradständern plaziert. Auf dem ersten Treffen wurden Organisation und Ziele besprochen, auf dem nächsten Sprecher gewählt und ein Werbezeichen entwickelt. Satzung und Zuteilungsmodus für die ersehnten Fahrradschließfächer kamen dazu. Um unsere Zahl zu erhöhen, wurde allen Angestellten eine Werbeschrift zugesandt, die einen Fragebogen zur Rücksendung enthielt. Er gestattete uns, das Interesse möglicher Velopendler quantitativ zu erfassen. Obwohl erklärtes Hauptziel der BEPA die Erlangung von Fahrradschließfächern und Duschmöglichkeiten war, hielt der Klub von nun an monatliche Treffen ab zu Themen wie sichere Routen, Kleidungsfragen, Sicherheit, Verkehrsvorschriften. Eine Wegekarte für Velopendler wurde als Hilfe für neu dazukommende Velopendler angefertigt. Ein Flugblatt informierte neue Kollegen über die BEPA. Der Zusammenschluß entbehrte auch nicht der Unterstützung durch den Verwaltungschef der EPA, vielmehr förderte er die Ziele der BEPA und ermutigte die Angestellten, sich anzuschließen. Nachdem die Fahrradschließfächer installiert waren, entwarf die BEPA ein Rundschreiben an die EPA-Regionalbehörden mit dem Vorschlag an die zehn regionalen Behördenchefs, Fahrrad-Schließfächer und Duschgelegenheiten in ihren Ämtern einzurichten. So leistete der Klub aus einer Binnenposition heraus gute Arbeit.

Recherchen und Öffentlichkeitsarbeit

Oft folgt auf den Zusammenschluß die Recherche. Bei der EPA gingen jedoch einige Nachforschungen und Presseaktivitäten dem Zusammenschluß der BEPA voraus. Im Januar 1975 wurden im ‹EPA Journal›, der Hauszeitschrift der EPA, schon die Probleme der Winterfahrer aufgegriffen. In Beantwortung der dort gestellten Fragen: ‹Welche Probleme haben Sie auf dem Weg zur Arbeit?› beklagten sich Velofahrer über unzureichende Abstellmöglichkeiten und Duschgelegenheiten.

Der Aufsatz dürfte die EPA-Beamten, die für die Baulichkeiten verantwortlich sind, in Verlegenheit gebracht haben, denn sie schenkten diesem Problem Beachtung. Sie räumten ein, daß sie über andere Fahrradabstellmöglichkeiten als die ordinären Rohrständer nicht informiert seien. In einem Memorandum vom April 1975 stellten wir das

Fahrrad-Diebstahlsproblem dar, gaben einen Überblick über verfügbare Abstelleinrichtungen und sprachen die Empfehlung aus, daß unsere Behörde Fahrradschließfächer anschaffen solle. Die Schließfächer wurden im August 1975 tatsächlich aufgestellt, aber *erst* nachdem die Velopendler des EPA (eben BEPA) sich organisiert und Verantwortung für die Verwaltung der Schließfächer übernommen hatten. Die Bildung der BEPA war also für den Erfolg ganz entscheidend. Die BEPA entwarf ein Antragsformular mit den Modalitäten für die Zuteilung der Schließfächer; Leute mit mehr Fahrradpendeltagen haben zuerst Anspruch auf ein Schließfach. Jedes Schließfach steht kostenlos zur Verfügung; allerdings müssen 5 Dollar hinterlegt werden für den Fall, daß ein verlorener Schlüssel nachbeschafft werden muß. Die Schließfächer werden jeweils für drei Monate zugeteilt, damit die tatsächliche Auslastung festgestellt werden kann, bevor sie weiter zugeteilt werden.
Als die Schließfächer installiert waren, sandte die BEPA eine Pressemitteilung an die Medien und die EPA fand ihre verdiente Anerkennung in Zeitungen, Fernsehen und im EPA Journal. (Es ist immer gute Politik, der eigenen Firma Anerkennung zukommen zu lassen und Dankeschön-Briefe zu schreiben, wenn die Einrichtungen stehen.)
Als nächstes klemmten sich die BEPA hinter die Duschgelegenheiten. Dazu brauchten wir fast nur noch zu recherchieren, da der Zusammenschluß sich ja schon bewährt hatte und wir Unterstützung von der Spitze hatten.
Wir fanden drei Duschmöglichkeiten im Gebäude vor. Bei der Erbauung hatte der Eigentümer die Wohngebiete-Vorschriften erfüllt, indem er fünf Duschen ohne Wasseranschluß installierte. Die nächste Möglichkeit war im Trimmraum des Prüflabors, wo es eine Dusche gab. Jedoch konnten weibliche Velopendler sie morgens nicht benutzen, da sie für diese Zeit für Männer eingeteilt war. Wir versuchten, die Dusche für 15 Minuten am Morgen freizubekommen, damit sie Frauen benutzen konnten, aber das erwies sich als undurchführbar. Schließlich entdeckten wir eine Pförtners- und Hausmeisterdusche, aber sie befand sich in einer so abgelegenen Ecke, daß die Hausverwalter nicht das Risiko eingehen wollten, daß Frauen dort belästigt werden könnten.
Es stellte sich heraus, daß neue Duschräume gebaut werden mußten. In den Toiletten konnten keine Duschen installiert werden, da baurechtlich eine gewisse Mindestzahl von Toiletten eingehalten werden muß.
Nach vielen Besprechungen mit dem Referat Innerer Dienst (das das Gebäude verwaltet) sandten wir unsere Vorschläge an dessen Vorge-

setzten zur Bewilligung. Die Velopendler der EPA kommen jetzt in den Genuß von sechs Duschen, die bequem im östlichen und westlichen Treppenhaus und in der Promenade untergebracht sind. Jeder Benutzer erhält einen Schlüssel.

Talentsuche
Es ist nicht nur wichtig, die Arbeitstiere herauszusuchen, die sich gern mit einer Gruppe identifizieren und einen Fall vorantreiben. Genauso wichtig ist, die Unterstützung von oben zu gewinnen. Irgend jemand an der Spitze muß glauben, daß die Einrichtungen für Velopendler das erforderliche Geld wert sind.
Wir hatten Unterstützung vom stellvertretenden Verwaltungsdirektor. In der Weisungskette kommt er gleich nach dem Verwaltungschef. Wir trafen uns mit ihm mehrere Male und konnten mit seinen Untergebenen, die die eigentliche Arbeit machten, gute Arbeitsbeziehungen herstellen.

Ergebnisse
Wir haben uns intern zusammengeschlossen, um die Einrichtungen zu bekommen, die wir brauchten. Und weil wir sie selbst und recht sorgfältig planten, sind sie für unsere Bedürfnisse passend gefertigt. Die Schließfächer sind in der Tat ständig in Gebrauch, dazu kommt die Warteliste für weitere Möchtegern-Velopendler.»

Die ausführliche Erfolgsstory kann man anfordern bei:
Nina D. Rowe AW-445
Environmental Protection Agency
Washington, D. C. 20460, USA

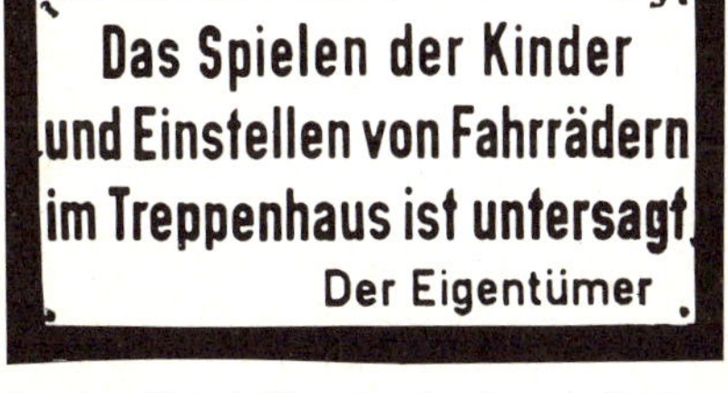

Aus dem Plakat «Oh selig, oh selig – ein Kind noch zu sein» der Gesamthochschule Kassel.

Sehr geehrte Hausbewohner,

endlich ist der Fahrradständer da und ich hoffe, daß wir alle Fahrräder unterbringen können. Bitte, stellen Sie im allgemeinen Kellerraum nur diejenigen Fahrräder ein, die tatsächlich benutzt werden (beschädigte oder ausrangierte! bitte ich im eigenen Kellerabteil abzustellen).

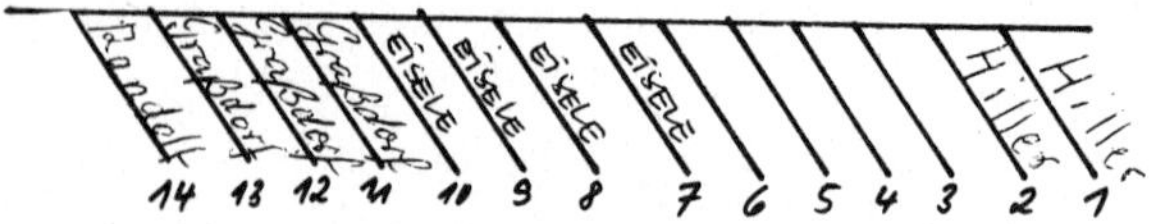


Ich schlage vor, daß jeder Fahrradbesitzer seinen eigenen "Stellplatz" bekommt und sein Fahrrad jeweils an dieser Stelle placiert. Den Kleinen im Hause sollte man die vorderen Plätze zuweisen.

Bitte tragen Sie auf dem Plan Ihren Namen ein - unter Berücksichtigung der Kinder.

Nachdem ich das Meine nun zur Ordnung im Keller getan habe bitte ich nochmals, den allgemeinen Kellerraum von allen "Ablagerungen" (Getränkekisten, Kartons, Abfall etc.) freizuhalten.

Ich danke für Ihr Verständnis und Ihre Unterstützung und bin
mit freundlichen Grüßen

L. Benelberger

17.09.80

Ein gut ausgearbeiteter Vorschlag zur Fahrradabstellung wird vom Hausbesitzer in aller Regel honoriert – die Mieter müssen sich nur einig werden.

Kellergang vor und nach Aufstellung eines Fahrradständers durch den Hausbesitzer. Vorher war der Domino-Effekt an der Tagesordnung.

## Unrad

Go. Am vergangenen Sonntag war der Tag des Fahrrads. Warum auch nicht? Tausende sind dem Ruf gefolgt und haben sich gebückt und tretend, trimmend und singend auf den Weg gemacht. Dem Fahrrad wurde Reverenz erwiesen, und die hat es verdient, denn es zählt trotz Auto und Jet nach wie vor zu den sinnvollsten und schönsten Fortbewegungsmitteln. Wieviel schöner aber wäre es noch, wenn das Fahrrad endlich auch dem Stand der modernen Technik entspräche! In dem Zustand, in dem es sich jetzt präsentiert, ist das nämlich keineswegs der Fall. In mehr als hundert Jahren ist es den Herstellern – sei es aus Unvermögen, Gleichgültigkeit oder was auch immer – nicht gelungen, ein zuverlässiges, wartungsfreies, solides und trotzdem leichtes Fahrrad zu bauen, über das man sich nicht fortwährend ärgern muß. Denn irgend etwas am Gerät ist fast immer kaputt. Natürlich bricht heute kaum noch der Rahmen oder der Lenker. Es sind durchweg die Kleinigkeiten, die aber, summiert, dauernden Mißmut erregen: Schutzbleche klappern, Schrauben fallen ab, die Klingel klingelt nicht, Bowdenzüge reißen, Lager laufen aus, von der elektrischen Anlage gar nicht zu reden, ein Schwachpunkt ohnegleichen. Nach einem Jahr Nutzungszeit, auch bei nur sonntäglicher Beanspruchung, ist ein Fahrrad nur noch selten in all seinen Funktionen einsetzbar. Und für solch eine Antimaschine, solch ein Unrad, bezahlt man heute in der Regel 300 DM, meistens aber mehr. Bei den relativ besonders teuren Kinderfahrrädern gar liegt die technische Nutzung manchmal nur bei einigen Tagen.

Und da behauptet die Industrie, mit dem Anspruch des Absoluten, das Fahrrad sei nicht mehr zu verbessern. Es mag zwar physikalisch, der Ergonomie nach, heute optimal sein. Das heißt, die Form des Rahmens, die Sitzposition und die Art der Kraftübertragung sind im Prinzip kaum noch zu korrigieren. Aber Bremsen, Schaltung, Lichtanlage und das ganze Drumherum entsprechen in ihrer Schlichtheit dem Stand der Jahrhundertwende. Am Fahrrad ist so ziemlich alles zu verbessern, was dran ist. Nur müßte man einmal – mit Phantasie – anfangen, darüber nachzudenken. Anstatt dies zu tun, überlassen es die Fahrradfabriken aber lieber ihren treuen Kunden, mit Schraubenschlüssel und Zange ständig selbst an dem vertrackten Ding herumzubasteln. Das «Selbst ist der Mann» gehört nach ihrer Meinung offenbar unabänderlich zur Philosophie des Fahrradfahrens. Aber das ist ein Irrtum. Wer Spaß am Radfahren hat, braucht noch lange keinen Spaß an schmutzigen Fingern zu finden. Auch Radfahrer haben Anspruch auf technischen Fortschritt.

Quelle: FAZ, 24. Mai 1978, Nr. 106.

# Klar zum Start?

Das jetzt folgende Kapitel können Sie glatt überschlagen, wenn vor Ihrer Haustür ein wohlangepaßtes, fahrbereites und der StVZO entsprechendes Fahrrad steht. Aber wo gibt es das schon? Da die Fahrradtechnik als überschaubar gilt, fehlt auch die Angst, daß bei vernachlässigter Wartung etwas schief gehen könnte, und die Wartung wird oft durch aufrechte Gesinnung ersetzt. Das wartungsfreie Fahrrad – etwa so wartungsfrei wie das Auto – gibt es in Deutschland immer noch nicht, wie Frank Gotta im Kasten darlegt. Die Spitzenmodelle der niederländischen Hollandrad-Hersteller kommen dem Ideal allerdings recht nahe. Aber Sie können natürlich, auch wenn Sie kein Hollandrad Ihr eigen nennen, mit jedem anderen Rad in die Stadt fahren.
Selbst wenn Ihr Fahrrad als perfektes Glitzerding vor der Haustür steht, sollten Sie, wenn Ihnen Ihr Leben lieb ist, vor jedem Aufsteigen die «Bodenkontrolle» durchführen. Damit es Ihnen zum Beispiel nicht wie einem bekannten Flieger geht, der einmal schon beim Start mit seinem Jagdflugzeug in den nächsten Hangar krachte, weil sich ein Bowdenzug im Steuerknüppel verheddert hatte.
Unmittelbar anschließend machen Sie auch gleich die «Flugkontrolle». Das abgestellte Fahrrad ist ja dem Zugriff von Spaßvögeln völlig offen, die z. B. – wie einem Nachbarn in dessen Garage – die Bremsklötze ausbauen können. Die erste Bergabfahrt endete für den Nachbarn, da er nicht mehr bremsen konnte, mit einem Schädelbruch. (Er hätte auch tot sein können.) Oder wenn man gerade Radwechsel hatte, hat man vielleicht vergessen, die Schnellauslösung der Felgenbremsen (nur an Fahrrädern mit Schnellspann-Naben) rückgängig zu machen – der Effekt ist der gleiche! Also kein Start ohne «Boden- und «Flugkontrolle»!
Und dann ist da ja noch die Straßenverkehrszulassungsordnung – kraft derer manches Rennrad ohne Licht und Pedalrückstrahler nicht vor die Ladentür des Händlers gebracht, geschweige denn nach Hause gefahren werden darf. Der Verordnungsgeber möchte eben den Velofahrer vor der Versuchung schützen, nach hereingebrochener Nacht ohne Licht und daher unsichtbar zu fahren und möglicherwise im übrigen Verkehr umgemäht zu werden.

Von schlechter Fahrradtechnik sollte man sich trennen …

… wenn man sie nicht anderweitig verwerten kann.

## Routine-«Bodenkontrolle»

(vor jedem Start durchzuführen!)

○ Schloß entfernt bzw. in Offenstellung arretiert?

○ Lenker frei drehbar?

○ Babyfüße, Gepäckteile oder -gurte sicher vor Einfang durch Speichen? Auch Dynamo nicht locker?

○ Achsmuttern bzw. Schnellspannhebel fixiert, Schnellauslöser der Felgenbremsen arretiert?

○ vorderes Schutzblech fest?

## Routine-«Flugkontrolle»

(sofort nach jedem Start durchzuführen!)

○ Bremsprobe vorn und hinten

○ Klingel hellklingend oder gehemmt?

○ Hosenaufschläge im Einfangbereich von Kette oder Kurbelteilen?

○ Reifen prall?

○ Rücklichter und Scheinwerfer funktionieren? (Falls Rückkehr bei Dunkelheit)

Daher muß das Fahrrad schon bei Tage die Lichtanlage für die Nachtfahrt vorweisen (es sei denn, es ist an einem offiziellen Straßenrennen beteiligt).

Was fordert also die StVZO im einzelnen?
- eine helltönende Glocke (Radlaufglocke nicht zulässig)
- zwei voneinander unabhängige Bremsen
- Lichtmaschine, sonst Dynamo genannt (3 Watt)
- nach vorn wirkender Scheinwerfer für weißes Licht (2,5 Watt)
- Schlußleuchte für rotes Licht (0,5 Watt), meist kombiniert mit rotem Rückstrahler
- Pedale mit nach vorn und hinten wirkenden gelben Rückstrahlern

Wie gesagt, dies ist die absolute Minimalausrüstung, die man auch bei Tage braucht, um das Fahrrad im Straßenverkehr fahren zu dürfen. Selbst dann kann man noch theoretisch vom Polizisten angehalten werden, wenn er nachschauen will, ob alle Rückstrahler und die Teile der Lichtanlage das deutsche Prüfzeichen tragen (bestehend aus Wellenlinie, Großbuchstabe K und einer vierstelligen Zahl). Ist etwas zu bemängeln, zum Beispiel auch verdeckte Beleuchtungseinrichtungen, kann eine Verwarnung ausgesprochen und ein Verwarnungsgeld zwischen fünf und zwanzig Mark erhoben werden.

## Auszug aus der Straßenverkehrs-Zulassungs-Ordnung (StVZO)

(Stand 1980; zur Erklärung: Fahrräder sind *Fahrzeuge*, aber *andere Straßenfahrzeuge*, keine Kraftfahrzeuge.)

### III. Bau- und Betriebsvorschriften

#### 1. Allgemeine Vorschriften

**§ 30. Beschaffenheit der Fahrzeuge**. (1) Fahrzeuge müssen so gebaut und ausgerüstet sein, daß
1. ihr verkehrsüblicher Betrieb niemanden schädigt oder mehr als unvermeidbar gefährdet, behindert oder belästigt,
2. die Insassen insbesondere bei Unfällen vor Verletzungen möglichst geschützt sind und das Ausmaß und die Folgen von Verletzungen möglichst gering bleiben.
(2) Fahrzeuge müssen in straßenschonender Bauweise hergestellt sein und in dieser erhalten werden.
(3) Für die Verkehrs- oder Betriebssicherheit wichtige Fahrzeugteile, die besonders leicht abgenutzt oder beschädigt werden können, müssen einfach zu überprüfen und leicht auswechselbar sein.
**§ 31. Verantwortung für den Betrieb der Fahrzeuge**. (1) Wer ein Fahrzeug oder einen Zug miteinander verbundener Fahrzeuge führt, muß zur selbständigen Leitung geeignet sein.

(2) Der Halter darf die Inbetriebnahme nicht anordnen oder zulassen, wenn ihm bekannt ist oder bekannt sein muß, daß der Führer nicht zur selbständigen Leitung geeignet oder das Fahrzeug, der Zug, das Gespann, die Ladung oder die Besetzung nicht vorschriftsmäßig ist oder daß die Verkehrssicherheit des Fahrzeugs durch die Ladung oder die Besetzung leidet.

**3. Andere Straßenfahrzeuge**

**§ 63. Anwendung der für Kraftfahrzeuge geltenden Vorschriften.**
Die Vorschriften über Abmessungen, Achslast, Gesamtgewicht und Bereifung von Kraftfahrzeugen und ihren Anhängern (§§ 32, 34, 36 Ab. 1) gelten für andere Straßenfahrzeuge entsprechend ...

(hierzu die relevanten Bestimmungen für Kraftfahrzeuge:)

**§ 32. Abmessungen von Fahrzeugen und Zügen.** (1) Bei Kraftfahrzeugen und Anhängern beträgt die höchstzulässige

| | |
|---|---|
| 1. Breite über alles | |
| a) allgemein | 2,5 m |
| e) bei Anhängern hinter Krafträdern | 1,0m. |
| 2. Höhe über alles | 4,0 m |
| 3. Länge über alles – ausgenommen Außenspiegel – | |
| a) bei Einzelfahrzeugen – ausgenommen Sattelanhänger – | 12,0 m |
| d) bei Zügen (unter Beachtung der Vorschriften über die Einzelfahrzeuge) | 18,0 m. |

(3) Am Umriß der Fahrzeuge dürfen keine Teile so hervorragen, daß sie den Verkehr mehr als unvermeidbar gefährden.
**§ 32a. Mitführen von Anhängern.** Hinter Kraftfahrzeugen darf nur ein Anhänger mitgeführt werden. ...
**§ 36. Bereifung und Laufflächen.** (1) Maße und Bauart der Reifen müssen den Betriebsbedingungen, besonders der Belastung und Geschwindigkeit entsprechen. ...
Reifen oder andere Laufflächen dürfen keine Unebenheiten haben, die eine feste Fahrbahn beschädigen können; eiserne Reifen müssen abgerundete Kanten haben. Nägel müssen eingelassen sein.

(§ 32 Abs. 3 [3] könnte als anti-Abstandskellen-Lex verwendet werden. Mindest-Profiltiefe von 1 mm wird erst in § 36 Abs. 2 gefordert, der aber nicht mehr für andere Straßenfahrzeuge gilt! Also bei Vorhaltungen kein Verwarnungsgeld bezahlen! – dennoch ist natürlich zu wenig Profiltiefe gefährlich).

**§ 64. Lenkeinrichtung, sonstige Ausrüstung und Bespannung.**
(1) Fahrzeuge müssen leicht lenkbar sein. § 35a Abs. 1, Abs. 2 Satz 1 und 4 und § 35d Abs. 1 sind entsprechend anzuwenden, soweit nicht die Beschaffenheit der zu befördernden Güter eine derartige Ausrüstung der Fahrzeuge ausschließt.
**§ 35a. Sitze, Sicherheitsgurte, Rückhaltesysteme.** (1) Der Sitz oder Stand des Fahrzeugführers und sein Betätigungsraum sowie die Einrichtungen zum Führen des Fahrzeugs müssen so angeordnet und beschaffen sein, daß das Fahrzeug – auch bei angelegtem Sicherheitsgurt oder Verwendung eines anderen Rückhaltesystems – sicher geführt werden kann.

(2) Die Sitze, ihre Lehnen und ihre Befestigung müssen sicheren Halt bieten und allen im Betrieb auftretenden Beanspruchungen standhalten. ... Rückenlehnen müssen so beschaffen sein, daß für die Insassen Verletzungen nicht zu erwarten sind.

**§ 35d. Einrichtungen zum Auf- und Absteigen, Fußboden.** (1) Die Beschaffenheit der Fahrzeuge muß sicheres Auf- und Absteigen ermöglichen.

(letzteres ist beim derzeitigen Herrenfahrrad nicht immer gewährleistet)

**§ 64a. Einrichtungen für Schallzeichen.** Fahrräder und Schlitten müssen mit mindestens einer hell tönenden Glocke ausgerüstet sein; ausgenommen sind Handschlitten. Andere Einrichtungen für Schallzeichen dürfen an diesen Fahrzeugen nicht angebracht sein. An Fahrrädern sind auch Radlaufglocken nicht zulässig.

**§ 65. Bremsen.** (1) Alle Fahrzeuge müssen eine ausreichende Bremse haben, die während der Fahrt leicht bedient werden kann und ihre Wirkung erreicht, ohne die Fahrbahn zu beschädigen. Fahrräder müssen zwei voneinander unabhängige Bremsen haben. Bei Handwagen und Schlitten sowie bei land- oder forstwirtschaftlichen Arbeitsmaschinen, die nur im Fahren Arbeit leisten können (z. B. Pflüge, Drillmaschinen, Mähmaschinen), ist eine Bremse nicht erforderlich.

(2) Als ausreichende Bremse gilt jede am Fahrzeug fest angebrachte Einrichtung, welche die Geschwindigkeit des Fahrzeugs zu vermindern und das Fahrzeug festzustellen vermag.

(Schwachstelle der StVZO zum Fahrrad: Keine Mindest-Verzögerungswerte vorgeschrieben!)

**§ 66. Rückspiegel.** Lastfahrzeuge müssen einen Spiegel für die Beobachtung der Fahrbahn nach rückwärts haben. Dies gilt nicht, wenn eine zweckentsprechende Anbringung des Rückspiegels an einem Fahrzeug technisch nicht möglich ist, ferner nicht für land- oder forstwirtschaftliche Maschinen.

(Sind Transporträder oder Dreiräder Lastfahrzeuge? Der folgende § 66a gilt nicht speziell für Fahrräder, enthält aber Informationen über Anhänger:)

**§ 66a. Lichttechnische Einrichtungen.** (1) Während der Dämmerung, bei Dunkelheit oder wenn die Sichtverhältnisse es sonst erfordern, müssen die Fahrzeuge

1. nach vorn mindestens eine Leuchte mit weißem Licht,
2. nach hinten mindestens eine Leuchte mit rotem Licht in nicht mehr als 1500 mm Höhe über der Fahrbahn

führen. Beim Mitführen von Anhängern genügt es, wenn der Zug wie ein Fahrzeug beleuchtet wird; jedoch muß die seitliche Begrenzung von Anhängern, die mehr als 400 mm über die Leuchten des vorderen Fahrzeugs hinausragen, durch mindestens eine Leuchte mit weißem Licht kenntnlich gemacht werden.
...

(2) Die Leuchten müssen möglichst weit links und dürfen nicht mehr als 400 mm von der breitesten Stelle des Fahrzeugumrisses entfernt angebracht sein.

Paarweise verwendete Leuchten müssen gleichstark leuchten, nicht mehr als 400 mm von der breitesten Stelle des Fahrzeugumrisses entfernt und in gleicher Höhe angebracht sein.
(4) Alle Fahrzeuge müssen an der Rückseite mit mindestens einem Rückstrahler (§ 53 Abs. 4) ausgerüstet sein. Absatz 2 gilt entsprechend. Der untere Rand des Rückstrahlers darf nicht mehr als 700 mm von der Fahrbahn entfernt sein.
§ 53 (4) Kraftfahrzeuge müssen an der Rückseite mit 2 roten Rückstrahlern ausgerüstet sein. Anhänger müssen mit 2 dreieckigen roten Rückstrahlern ausgerüstet sein; die Seitenlänge solcher Rückstrahler muß mindestens 150 mm betragen, die Spitze des Dreiecks muß nach oben zeigen. Rückstrahler dürfen nicht mehr als 400 mm (äußerer Rand) von der breitesten Stelle des Fahrzeugumrisses entfernt und höchstens 700 mm (unterer Rand) über der Fahrbahn angebracht sein. Ist wegen der Bauart des Fahrzeugs eine solche Anbringung der Rückstrahler nicht möglich, so sind 2 zusätzliche Rückstrahler erforderlich, wobei ein Paar Rückstrahler so niedrig wie möglich und nicht mehr als 400 mm von der breitesten Stelle des Fahrzeugumrisses entfernt und das andere Paar möglichst weit auseinander und höchstens 700 mm über der Fahrbahn angebracht sein muß. Krafträder ohne Beiwagen brauchen nur mit einem Rückstrahler ausgerüstet zu sein. An den hinter Kraftfahrzeugen mitgeführten Schneeräumgeräten mit einer Breite von mehr als 3 m muß in der Mitte zwischen den beiden anderen Rückstrahlern ein zusätzlicher dreieckiger Rückstrahler angebracht sein. Fahrräder mit Hilfsmotor dürfen mit Pedalrückstrahlern (§ 67 Abs. 6) ausgerüstet sein. Dreieckige Rückstrahler sind an Kraftfahrzeugen nicht zulässig.
(5) Leuchten und Rückstrahler dürfen nicht verdeckt oder verschmutzt sein; die Leuchten dürfen nicht blenden.

**§ 67. Lichttechnische Einrichtungen an Fahrrädern.** (1) Fahrräder müssen für den Betrieb des Scheinwerfers und der Schlußleuchte mit einer Lichtmaschine ausgerüstet sein, deren Nennleistung 3 W beträgt.

(2) An Fahrrädern dürfen nur die vorgeschriebenen und die für zulässig erklärten lichttechnischen Einrichtungen angebracht sein. Als lichttechnische Einrichtungen gelten auch Leuchtstoffe und rückstrahlende Mittel. Die lichttechnischen Einrichtungen müssen vorschriftsmäßig und fest angebracht sowie ständig betriebsfertig sein. Lichttechnische Einrichtungen dürfen nicht verdeckt sein.

(3) Fahrräder müssen mit einem nach vorn wirkenden Scheinwerfer für weißes Licht ausgerüstet sein. Der Lichtkegel muß mindestens so geneigt sein, daß seine Mitte in 5 m Entfernung vor dem Scheinwerfer nur halb so hoch liegt wie bei seinem Austritt aus dem Scheinwerfer. Der Scheinwerfer muß am Fahrrad so angebracht sein, daß er sich nicht unbeabsichtigt verstellen kann. Die Anbringung eines nach vorn wirkenden weißen Rückstrahlers ist zulässig.

(4) Fahrräder müssen an der Rückseite mit einer Schlußleuchte für rotes Licht und mit einem roten Rückstrahler ausgerüstet sein. Der niedrigste Punkt der leuchtenden Fläche der Schlußleuchte darf nicht weniger als 250 mm, der höchste Punkt der leuchtenden Fläche dieses Rückstrahlers darf nicht höher als 600 mm über der Fahrbahn liegen. Schlußleuchten und Rückstrahler dürfen zu einem Gerät vereinigt sein. Die Anbringung zusätzlicher roter Rückstrahler ist zulässig. Beiwagen von Fahrrädern müssen mit einem roten Rückstrahler ausgerüstet sein; Satz 2 gilt entsprechend.

(5) Fahrräder dürfen an der Rückseite mit einer zusätzlichen, auch im Stand wirkenden Schlußleuchte für rotes Licht ausgerüstet sein. Diese Schlußleuchte

muß unabhängig von den übrigen Beleuchtungseinrichtungen einschaltbar sein.

(6) Fahrradpedale müssen mit nach vorn und nach hinten wirkenden gelben Rückstrahlern ausgerüstet sein, nach der Seite wirkende gelbe Rückstrahler an den Pedalen sind zulässig.

(7) Die Längsseiten müssen nach jeder Seite mit

1. mindestens zwei um 180° versetzt angebrachten, nach der Seite wirkenden gelben Speichenrückstrahlern an den Speichen des Vorderrades und des Hinterrades oder
2. ringförmig zusammenhängenden retroreflektierenden weißen Streifen an den Reifen des Vorderrades und des Hinterrades kenntlich gemacht sein. Zusätzlich zu der Mindestausrüstung mit einer der Absicherungsarten dürfen Sicherungsmittel aus der anderen Absicherungsart angebracht sein. Werden mehr als zwei Speichenrückstrahler an einem Rad angebracht, so sind sie am Radumfang gleichmäßig zu verteilen.

(8) Zusätzliche nach der Seite wirkende gelbe rückstrahlende Mittel sind zulässig.

(9) Der Scheinwerfer darf nur zusammen mit der Schlußleuchte nach Absatz 4 einschaltbar sein.

(10) In den Scheinwerfern und Leuchten dürfen nur die nach ihrer Bauart dafür bestimmten Glühlampen verwendet werden.

(11) Rennräder sind für die Dauer der Teilnahme an Rennen von den Vorschriften der Absätze 1 bis 10 befreit.

Die Bestimmung für die seitliche Kenntlichmachung (Abs. 7) tritt am 1. 1. 1982 für die von diesem Tage an in den Verkehr kommende Fahrräder in Kraft. (Demnach bräuchten alle älteren Fahrräder nicht seitlich gesichert werden; an der Füllung dieser Verordnungslücke wird von den Interessierten gearbeitet. Ein Fabrikschild mit Baujahr ist ja beim Fahrrad gar nicht vorgeschrieben – also auch nicht vorzufinden. Bei jeder Neuerung im § 67 lassen sich Nachrüstteile in Millionen-Stückzahlen verkaufen, bei denen andere Branchen vor Neid erblassen. Dieser Aspekt erklärt größtenteils die Änderungsfreudigkeit bei diesem Paragraphen)
Eine Bauartgenehmigung für gelbe und weiße Rückstrahler sowie retroflektierende Reifen wird erst am 1. 1. 1981 erforderlich. (Hierzu muß man wissen, daß das Kraftfahrtbundesamt die lichttechnischen Fahrradteile prüfen läßt und den genehmigten ein Prüfzeichen erteilt, das die Hersteller ins Metall eingravieren oder im Streukörper einprägen. Es besteht aus einer Wellenlinie, dem Großbuchstaben K und einer fünfstelligen Zahl. Hierzu noch aus der StVZO:)

**§ 22a. Bauartgenehmigung für Fahrzeugteile.** (1) Die nachstehend aufgeführten Einrichtungen, gleichgültig ob sie an zulassungspflichtigen oder an zulassungsfreien Fahrzeugen verwendet werden, müssen in einer amtlich genehmigten Bauart ausgeführt sein.

...22. Lichtmaschinen, Scheinwerfer, Schlußleuchten, rote, gelbe und weiße Rückstrahler, Pedalrückstrahler und retroflektierende Streifen an Reifen für Fahrräder (§ 67 Ab. 1 bis 7) ...

(Mit den gelben Rückstrahlern sind hier die Speichenrückstrahler gemeint. Bevor wir weiter im Text des § 22a gehen, schnell noch die Übergangsvorschrift zu dieser seiner Nummer 22:)

§ 22a Abs. 1 Nr. 22 (gelbe und weiße Rückstrahler, retroflektierende Streifen an Reifen von Fahrrädern) gilt nicht für gelbe und weiße Rückstrahler und für retroflektierende Streifen an Reifen, die vor dem 1. Januar 1981 in Gebrauch genommen worden sind

(Und jetzt also weiter im Text von § 22a:)

(2) Fahrzeugteile, die in einer amtlich genehmigten Bauart ausgeführt sein müssen, dürfen zur Verwendung im Geltungsbereich dieser Verordnung nur feilgeboten, veräußert, erworben oder verwendet werden, wenn sie mit einem amtlich vorgeschriebenen und zugeteilten Prüfzeichen gekennzeichnet sind. Die Ausgestaltung der Prüfzeichen und das Verfahren bestimmt der Bundesminister für Verkehr; insoweit gilt die Verordnung über die Prüfung und Kennzeichnung bauartgenehmigungspflichtiger Fahrzeugteile (Fahrzeugteileverordnung).
(3) Die Absätze 1 und 2 sind nicht anzuwenden auf
1. ... (Erprobungsfahrten) ...
2. Einrichtungen – ausgenommen Glühlampen –, die in den Geltungsbereich dieser Verordnung verbracht worden sind, an Fahrzeugen verwendet werden, die außerhalb des Geltungsbereichs dieser Verordnung gebaut worden sind, und in ihrer Wirkung etwa den nach Absatz 1 geprüften Einrichtungen gleicher Art entsprechen.

(Demnach dürften Rückstrahler, Leuchten etc. ohne Prüfzeichen nicht verkauft werden. Die Erfahrung zeigt aber, daß es beim Fahrradhändler meist eine Billigversion gibt, auf der man das Prüfzeichen vergeblich sucht. Also sich beim Kauf unbedingt das Prüfzeichen zeigen lassen, denn irgendwann wird die Polizei auch nachschauen, ob auch wirklich am Fahrrad nur Reflektoren mit Prüfzeichen verwendet werden. Denn Absatz 2 verbietet auch das Verwenden. Im Notfall hülfe allerdings die Schutzbehauptung, das beanstandete Teil 1980 gekauft zu haben. Nach Absatz 3 ist dagegen das Importrad z. B. mit Nabendynamo, ausgenommen, darf also verwendet werden, auch wenn der Nabendynamo nicht das Prüfzeichen hat. Hier noch der im Fahrradhandel offensichtlich nicht so heiß gehandelte § 23 des Straßenverkehrsgesetzes:)

**§ 23. (Feilbieten nicht genehmigter Fahrzeugteile)** (1) Ordnungswidrig handelt, wer vorsätzlich oder fahrlässig Fahrzeugteile, die in einer vom Kraftfahrt-Bundesamt genehmigten Bauart ausgeführt sein müssen, gewerbsmäßig feilbietet, obwohl sie nicht mit einem amtlich vorgeschriebenen und zugeteilten Prüfzeichen gekennzeichnet sind.
(2) Die Ordnungswidrigkeit kann mit einer Geldbuße bis zu zehntausend Deutsche Mark geahndet werden.

(3) Fahrzeugteile, auf die sich die Ordnungswidrigkeit bezieht, können eingezogen werden.

(Doch zurück zu den Vorschriften des § 67. Hier noch die offiziellen Begründungen zu den einzelnen Absätzen:)

Durch den neuen Absatz 1 soll sichergestellt werden, daß die für die Beleuchtung erforderliche elektrische Leistung nur von einer Lichtmaschine geliefert wird. Batterieanlagen sind wegen ihrer begrenzten Betriebsdauer und ungenügenden Überwachungsmöglichkeit der ausreichenden Funktion durch die Benutzer als alleinige Fahrradbeleuchtung ungeeignet bzw. nur als zusätzliche Einrichtungen brauchbar

(Die Rennfahrer trainieren großenteils mit Batterielicht, um die empfindlichen Reifen und auch die Gabelscheiden nicht durch den Dynamo zu verschrammen. Jetzt brauchen sie einen Dynamo zum Vorzeigen.)

**Absatz 3 letzter Satz und Absatz 4 Satz 4**
Durch die Zulassung eines nach vorn wirkenden weißen Rückstrahlers und von mehr als einem nach hinten wirkenden roten Rückstrahler wird Fahrradfahrern eine Möglichkeit geschaffen, sich für andere Verkehrsteilnehmer noch besser erkennbar zu machen.

(Der weiße Frontstrahler ist in USA schon lange Vorschrift: so wird ein stehendes Fahrrad auch von vorn besser erkannt. Der zweite Rückstrahler ist in Holland Vorschrift. Außerdem werden dadurch die Abstandshalter mit rotem Rückstrahler und weißem Frontstrahler erst zulässig, während bisher z. B. nur ein einziger roter Rückstrahler, meist schom im Rücklicht vorhanden, zulässig war.)

**Absatz 5**
Die zusätzliche batteriebetriebene Schlußleuchte ist zugelassen worden, um die Sicherheit der Radfahrer, insbesondere im Stand und bei langsamer Fahrt zu erhöhen.

(Da liegt ein Mißverständnis von seiten des verfassenden Beamten vor: Die nachleuchtenden Schlußleuchten von VARTA und DAIMON, für die dieser Absatz geschneidert wurde, sind nicht *zusätzlich* zum vorhandenen Rücklicht gedacht, sondern *ersetzen* es. Das Non-Stop-Light von DAIMON läßt übrigens auch den Scheinwerfer nachleuchten. Davon weiß die Verordnung nichts. Demnach hat VARTA für den Text antichambriert. Im alten Absatz [5] stand noch: «Die Anbringung von Fahrtrichtungsanzeigern für gelbes Licht ist zulässig.» Die im Handel erhältlichen Blinker waren allerdings so schwach, daß sie bei Tage nur der Fahrer, dagegen sonst kein Mensch bemerkte.

Besonders Kinder hatten dann ein unrealistisches Sicherheitsgefühl. Um bei Tage gesehen zu werden, braucht man eine Mofa-Blinkanlage)

**Absatz 7**
Die Ausrüstung der Fahrräder mit nach den Seiten wirkenden rückstrahlenden Mitteln ist vorgeschrieben worden, weil Fahrräder bei Dunkelheit, insbesondere im kreuzenden Verkehr, zur Seite hin nicht gesichert sind und kaum von anderen Verkehrsteilnehmern erkannt werden können. Versuche haben gezeigt, daß die an den Speichen angebrachten Rückstrahler wegen ihrer Relativbewegungen während der Fahrt auffälliger und wirksamer sind als fest angebrachte Rückstrahler mit gleichen Rückstrahlwerten. Die Versuche haben aber auch gezeigt, daß die retroreflektierenden Streifen an den Reifen trotz kleinerer spezifischer Rückstrahlwerte durch ihre Symbolwirkung auch bei haltendem Fahrrad außerordentlich wirksam sind.

(Semantisch ungeschickt, die Reflektoren in den Speichen nicht als «Seitenstrahler» zu bezeichnen: sie strahlen nun mal nicht zurück, sondern zur Seite – aus der Sicht des Fahrers. Auch uneinheitlich ist, daß die Reflex- oder «Leucht»-Reifen weiß, die vorgeschriebenen Speichenreflektoren aber gelb zur Seite strahlen. Wie gesagt, seit dem 1. 1. 1981 kann die Polizei jeden in Verlegenheit bringen, dessen Speichenreflektoren oder Reflexreifen nicht die Wellenlinie mit dem K haben.)
Abschließende Würdigung der Fahrradpassagen der StVZO: Fahrräder sind, zusammen mit Pferdefuhrwerken, Schlitten, Handwagen und Mähdreschern, «andere Straßenfahrzeuge», die eigentlichen Straßenfahrzeuge sind also die Kraftfahrzeuge. Entsprechend kann sich der Verordnungsgeber nur für die passive Sicherheit des Fahrrads erwärmen: es soll als Verkehrshindernis von den Fahrern der eigentlichen Straßenfahrzeuge gut auszumachen sein.
Dagegen ist die aktive Sicherheit des Velofahrers weitgehend vernachlässigt. Für die Bremsen sind keine verbindlichen Verzögerungswerte vorgeschrieben. Für die zu erwartenden Bremswege ist die Lichtstärke des Scheinwerfers unterdimensioniert. Während fürs Mofa ein Dauerabblendlicht vorgeschrieben ist, das 25 m vor der Scheinwerfermitte noch 1 Lux Beleuchtungsstärke haben darf bei einer Nennleistung der Glühlampe von 15 Watt, wird beim Fahrrad einfach die Nennleistung auf 2,5 Watt festgeschrieben (plus Rücklicht 0,5 Watt = 3 Watt insgesamt). Die Vorschrift zwingt also dem Velofahrer ein sechsmal schwächeres Scheinwerferlicht auf, obwohl er gleichschnell wie das Mofa fahren kann und seine Bremsen noch nicht mal die fürs Mofa vorgeschriebene Verzögerung von 2,5 m/sec$^2$ haben müssen. Dabei sind in Japan Fahrraddynamos bis 10 Watt erhältlich

und zugelassen. Die StVZO sieht also noch nicht mal Chancengleichheit für Velofahrer und Mofafahrer auf dem gemeinsam benutzten Radweg vor – der Verordnungsgeber kann schließlich nicht dauernd mit dem Grundgesetz unterm Arm herumlaufen. Willkürlich auch die totale Einengung der Schallzeichen auf die dünne Fahrradklingel. Allein die Radlaufglocke – durch Reibrad vom Reifen angetrieben – könnte eine der Hupe vergleichbare Schallintensität aufbringen. Sie wird dem erwachsenen Velofahrer (wohl abhebend auf unvernünftige Kinder) verboten. Sicherheit gegen Fahrraddiebstahl wird nicht gewährt: Fabrikschild und Fahrgestellnummer sind fürs Fahrrad nicht vorgeschrieben und werden daher von den meisten Herstellern eingespart (Vorbildlich hier Hercules und Kettler).

Für nach dem 1. 1. 1982 in den Verkehr kommende Fahrräder ist Vorschrift – oder man installiert eben freiwillig schon jetzt aus Überzeugung:

- mindestens zwei um 180 Grad versetzt angebrachte, nach der Seite wirkende gelbe Speichenrückstrahler in Vorder- und Hinterrad
- oder ringförmig zusammenhängende retroreflektierende weiße Streifen an den Reifen des Vorderrades und des Hinterrades

Es ist also der Ästhetik des einzelnen überlassen, ob er Seitenstrahler oder Reflexstreifen installieren will. Letztere haben den Vorteil, auch im Stand zwei leuchtende Ringe zu präsentieren.
Ein weiteres sinnvolles Zubehör, das aber nicht vorgeschrieben ist, sondern im Gegenteil vom Kraftfahrtbundesamt anfangs abschätzig beurteilt wurde, ist der sogenannte *Abstandshalter*, -zeiger oder -kelle. In Berlin hat ihn der für Verkehr zuständige Wirtschaftssenator empfohlen, in Finnland ist er seit 1978 gesetzlich vorgeschrieben. Er wird links am Gepäckträger befestigt und während der Fahrt ausgeklappt – außer auf Radwegen mit Gegenverkehr oder gemeinsamen Rad- und Gehwegen. Die nach links erweiterte Silhouette führt – durch finnische und schweizerische Untersuchungen belegt – tatsächlich dazu, daß andere Verkehrsteilnehmer mehr Abstand vom Velofahrer halten. Dies auch nachts, wo nach hinten sein roter Rückstrahler, nach vorn sein weißer Frontstrahler die Silhouette angeben. Ungeübte klappen ihn schon vor dem Aufsteigen heraus, wenn er auch beim Herrenfahrrad das Überschwingen des rechten Beins recht behindert. Wer sich's zutraut, greift nach dem Aufsteigen während der Fahrt nach hinten und dreht dann erst den Abstandhalter heraus. Die Wahrscheinlichkeit, daß einem ein torkelnder Fahrer seinen Abstandhalter beim Überholtwerden in die Speichen steckt, darf man gering schätzen. Mantelschoner am eigenen Fahrrad garantieren da

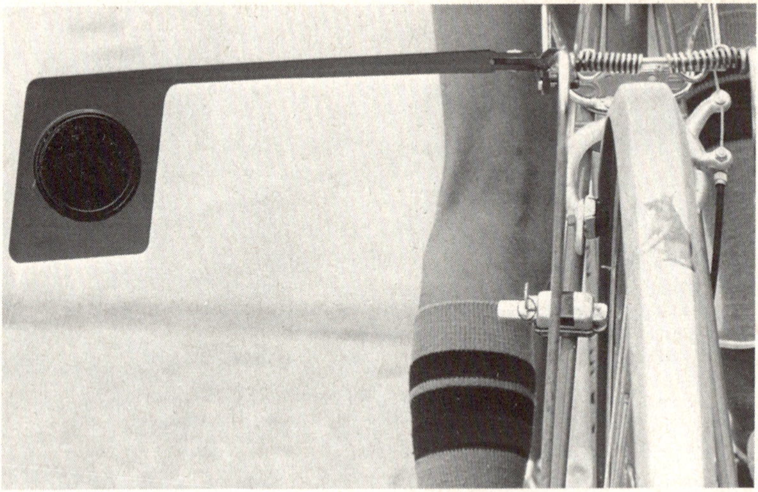

Der originale finnische Abstandhalter von VERMA. Abplatzende Rückstrahler können mit Polystyrokleber wieder zusammengeklebt werden. Rastung in Warnstellung leiert bald aus. Noch kein deutsches Prüfzeichen, etwa 6,– DM.

Die norwegische Version des Abstandhalters wird am Ende des Gepäckträgers montiert. Die eigentliche Kelle wird herausgezogen, beziehungsweise auf Radwegen mit Gegenverkehr oder Fußgängern eingeschoben. Das Material nimmt ein paar Abknickungen nicht krumm. 7,– DM. Bezugsquellen-Nachweis: fasi-Vertriebs GmbH, Lerchenweg 1, 3410 Northeim. Noch kein deutsches Prüfzeichen.

## Vorläufige Richtlinien für Abstandskellen

(Verkehrsblatt, Heft 23, 1978, Seite 479)

Abstandsmarkierer an Fahrrädern müssen folgenden Bedingungen entsprechen:

1. Abstandsmarkierer dürfen nur an Fahrrädern an der linken Fahrzeugseite verwendet werden.
2. Die an Abstandsmarkierern angebrachten nach vorn wirkenden weißen und nach hinten wirkenden roten Rückstrahler müssen in amtlich genehmigter Bauart ausgeführt und mit einem amtlich vorgeschriebenen und zugeteilten Prüfzeichen gekennzeichnet sein. Es wird für vertretbar gehalten, wenn diese Rückstrahler abgeklappt werden können.
3. Abstandsmarkierer sollen nach allen Richtungen hin, mindestens aber in horizontaler Richtung, bei Berührung mit Personen oder Gegenständen nachgeben, ohne daß Verletzungen oder Beschädigungen auftreten können. Bei Bruch des Abstandsmarkierers dürfen auch bei tiefen Temperaturen keine die Verkehrssicherheit beeinträchtigenden gefährlichen Splitter entstehen.
4. Die Länge des Abstandsmarkierers soll die Breite des Lenkers nicht überschreiten.
5. Jedem Abstandsmarkierer muß eine Montageanleitung beigegeben sein; eine unvorschriftsmäßige Anbringung muß durch die Konstruktion weitgehend ausgeschlossen sein.
6. Auf gemeinsamen Rad- und Gehwegen und auf Radwegen, die durch besondere Kennzeichen in beiden Richtungen befahren werden dürfen, dürfen Abstandsmarkierer nicht verwendet werden.

absoluten Schutz. Beim Kauf darauf achten, daß die roten und weißen Rückstrahler des Abstandhalters das amtliche Prüfzeichen (Wellenlinie – Großbuchstabe K – vierstellige Zahl zwischen 10101 und 10199: merken Sie sich das mal!) haben; bei Erwerb eines neuen Fahrrads ab 1981 erforderlich. Es gibt auch ausländische Prüfzeichen, z. B. mit Großbuchstabe E, die helfen aber nicht. Große europäische Harmonisierung scheint hier noch nicht stattgefunden zu haben. Mit dem deutschen Prüfzeichen hat man immerhin die Gewähr, daß die Lichteinrichtungen am eigenen Fahrrad gewisse Mindestanforderungen erfüllen, was natürlich beim Billigprodukt ohne Prüfzeichen fraglich ist. Also Augen auf beim Zubehör- oder schon beim Fahrradkauf! Hat man einen ohne solches Prüfzeichen angedreht bekommen, hilft nur die Schutzbehauptung, man habe den Abstandhalter schon 1979 gekauft und benutzt. Wenn man Ärger hatte, kann man ja ab 1981 seinerseits den Verkäufer verpfeifen. (Siehe Kasten: Straßenverkehrszulassungsordnung, Übergangsbestimmung zu § 22a und § 67.)

Doch statt weiterer Schwarzmalerei noch ein paar Hinweise zum Kauf einer Abstandskelle, es gibt mittlerweile viele Versionen:

- Rückstrahler sollen durch Kunststoffwulst eingefaßt sein. Es gibt eine ohne-Version (z. B. VERMA), bei der beim Verbiegen die Rückstrahler abplatzen. Sie lassen sich allerdings mit Polystyrolkleber (nicht Alleskleber!) wieder zusammenkleben.
- Zwei Drehgelenke an der Montageschelle sind bei problematischer Anbringung am besten. Diese Version läßt sich statt am Gepäckträger auch an der schrägen linken Hinterstrebe befestigen (bei Radsportversand Brügelmann). Notfalls kann man auch die Version mit nur einem Drehgelenk in der Mitte erhitzen (z. B. Lötkolben) und dann verdrillen, bis die Rückstrahler wieder senkrecht stehen.
- Die Versionen mit Drehgelenk sollten in Betriebsstellung einrasten. Sonst dreht sie der Fahrtwind ständig nach hinten weg. Gleich beim Kauf prüfen.
- Für die Befestigungsschelle sollte Material für Beilagen dabeisein, damit man die Rohrstärke des eigenen Gepäckträgers spannen kann.

Zusammenfassend läßt sich sagen, daß der Besitzer eines Importrades kein deutsches Prüfzeichen auf seinen lichttechnischen Teilen zu haben braucht: § 22a, Absatz 3, Satz 2. Ausnahme vielleicht, wenn ersichtlich ist, daß z. B. der Abstandhalter nachträglich angebracht wurde (Schutzbehauptung: «vor 1981»). Allerdings empfiehlt es sich wohl, die StVZO in der Werkzeugtasche mitzuführen, um vor dem Polizisten den Finger auf den entscheidenden Text legen zu können.
Anders liegt der Fall beim Besitzer eines deutschen Fahrrads: Wird es 1982 in Gebrauch genommen, muß es alle lichttechnischen Einrichtungen mit Prüfzeichen haben. Schutzbehauptung «vor 1982» ließe durch, daß Seitenstrahler oder Reflexreifen ganz fehlen. Sind letztere dran, würde die Schutzbehauptung «vor 1981» wenigstens das Fehlen des deutschen Prüfzeichens decken. Keinerlei Schutzbehauptung hilft allerdings, wenn beim deutschen Fahrrad das deutsche Prüfzeichen auf Scheinwerfer, Lichtmaschine, Rückleuchte und (kombiniertem) Rückstrahler und den Pedalrückstrahlern fehlt. Andererseits ist im bayrischen Bußgeldkatalog bis jetzt noch kein Verwarnungsgeld für *unzulässige* lichttechnische Einrichtungen am Fahrrad vorgesehen. Wer solche verkauft, kann dagegen nach § 23 StVG mit einer Geldbuße bis zehntausend Mark belegt und die Konterbande eingezogen werden (siehe StVZO-Kasten).

Eine gute Tat ist es, statt der Schülermützen, die doch nach ein paar Tagen nicht mehr aufgesetzt werden, Abstandshalter an die Schulkinder zu verteilen. Viele örtliche Initiativen haben das getan, manchmal auch die Deutsche Verkehrswacht, z. B. im Regierungsbezirk Weser-Ems.

## Auszug aus dem bayrischen Bußgeldkatalog, die Straßenverkehrszulassungsordnung betreffend

2. Zuwiderhandlungen gegen die StVZO

| Tatbestand | §§ der StVZO | Verw.-geld DM | Geldbuße DM | Bemerkungen | Punkte |
|---|---|---|---|---|---|
| *Teilnahme am Verkehr im allgemeinen* (Als Fahrzeugführer) Am Straßenverkehr teilgenommen | | | | | |
| – trotz körperlicher Mängel | 21 | – | 50–300 | TB konkretisieren | 1 |
| – trotz geistiger Mängel | 21 | – | 50–300 | TB konkretisieren | 1 |
| Als Verantwortlicher nicht die nötige Vorsorge getroffen, um eine Verkehrsgefährdung durch eine zu beaufsichtigende Person auszuschließen | 21 | 20 | 50–150 | TB konkretisieren | 1 |
| *Beschaffenheit des Fahrzeugs – Grundregel* | | | | | 1 |
| Unvorschriftsmäßig gebautes Fahrzeug in Betrieb genommen | 30 | 30 | 50–300 | TB konkretisieren Nur anwendbar, soweit nicht Sonderbestimmungen eingreifen | |
| Unvorschriftsmäßig ausgerüstetes Fahrzeug in Betrieb genommen | 30 | 30 | 50–300 | wie vorher | 1 |
| *Lenkvorrichtung* Fahrzeug mit Mangel an der Lenkvorrichtung geführt, | | | | | |
| – (ohne/mit geringfügiger Beeinträchtigung der Verkehrssicherheit) | 38 I | 40 | – | TB konkretisieren | |

| Tatbestand | §§ der StVZO | Verw.-geld DM | Geld-buße DM | Bemerkungen | Punkte |
|---|---|---|---|---|---|
| – der die Verkehrssicherheit erheblich beeinträchtigt | 38 I | – | 100 | TB konkretisieren | 3 |
| *Sonstige Straßenfahrzeuge* (Sonstiges) Straßenfahrzeug geführt unter Nichtbeachtung der Vorschriften über | | | | | |
| – die Abmessungen | 63, 32 | 20 | 50 | TB konkretisieren | 1 |
| – die Bereifung | 63, 36 | 20 | 50 | TB konkretisieren | 1 |
| Vorrichtung für Schallzeichen fehlt | | | | | |
| – an Fahrrad | 64a | 5 | – | | |
| Vorrichtung für Schallzeichen ist nicht vorschriftsmäßig | | | | | |
| – an Fahrrad | 64a | 5 | – | | |
| (Nichtmotorisiertes) Fahrzeug geführt | | | | | |
| – ohne Bremsen | 65 I, II | 20 | 50 | TB konkretisieren | 1 |
| – mit unvorschriftsmäßigen Bremsen | 65 I, II | 20 | 50 | TB konkretisieren | 1 |
| An Fahrrad | | | | | |
| – fehlt Scheinwerfer | 67 I | 5 | – | TB konkretisieren | |
| – fehlt Schlußlicht | 67 II | 5 | – | TB konkretisieren | |
| – fehlt Rückstrahler | 67 II | 5 | – | TB konkretisieren | |
| – fehlen Rückstrahler in den Pedalen | 67 III | 5 | – | TB konkretisieren | |
| An Fahrrad ist Beleuchtungseinrichtung | | | | | |
| – nicht vorschriftsmäßig angebracht | 67 IV | 5 | – | TB konkretisieren | |
| – nicht ständig betriebsbereit | 67 IV | 5 | – | | |
| – verdeckt | 67 IV | 5 | – | | |
| – verschmutzt | 67 IV | 5 | – | | |

Die Masse der Radfahrer-Ordnungswidrigkeiten wird gegenwärtig durch «Verwarnung» erledigt, Bußgeldbescheide sind wohl Ausnahmen. Im letzteren Falle werden dann im Kraftfahrt-Bundesamt Flensburg die Punkte registriert. TB heißt Tatbestand. Andere Bundesländer haben praktisch gleiche Kataloge.

Die Auswahl der Zuwiderhandlungen mag subjektiv sein. Der exakte Wortlaut, auch die Straßenverkehrsordnung, ist im dtv-Taschenbuch «Straßenverkehrsrecht» abgedruckt.

Die letzte Verwarnung ist hinfällig: Verschmutzung kommt im neuen § 67 nicht mehr vor.

## Straßenverkehrs-Zulassungs-Ordnung über die Teilnahme am Verkehr

### A. Personen

#### I. Teilnahme am Verkehr im allgemeinen

**§ 1. Grundregel der Zulassung**. Zum Verkehr auf öffentlichen Straßen ist jedermann zugelassen, soweit nicht für die Zulassung zu einzelnen Verkehrsarten eine Erlaubnis vorgeschrieben ist. Als Straßen gelten alle für den Straßenverkehr oder für einzelne Arten des Straßenverkehrs bestimmten Flächen.

**§ 2. Eingeschränkte Zulassung**. (1) Wer sich infolge körperlicher oder geistiger Mängel nicht sicher im Verkehr bewegen kann, darf am Verkehr nur teilnehmen, wenn in geeigneter Weise – für die Führung von Fahrzeugen nötigenfalls durch Einrichtungen an diesen – Vorsorge getroffen ist, daß er andere nicht gefährdet. Die Pflicht zur Vorsorge obliegt dem Verkehrsteilnehmer selbst oder einem für ihn Verantwortlichen, z. B. einem Erziehungsberechtigten.
(2) Wie in geeigneter Weise Vorsorge zu treffen ist, richtet sich nach den Umständen; Ersatz fehlender Gliedmaßen durch künstliche Glieder, Begleitung durch einen Menschen oder durch einen Blindenhund kann angebracht sein, auch das Tragen von Abzeichen. Körperlich Behinderte können ihr Leiden durch gelbe Armbinden an beiden Armen oder andere geeignete, deutlich sichtbare, gelbe Abzeichen mit drei schwarzen Punkten kenntlich machen; die Abzeichen sind von der zuständigen örtlichen Behörde oder einer amtlichen Versorgungsstelle abzustempeln. Die gelbe Fläche muß wenigstens 125 mm × 125 mm, der Durchmesser der schwarzen Punkte, die auf den Binden oder anderen Abzeichen in Dreiecksform anzuordnen sind, wenigstens 50 mm betragen. Die Abzeichen dürfen nicht an Fahrzeugen angebracht werden.

Spezielle Zusatzeinrichtungen für Invalide gibt es bei den dem Großhandelsring «Zweirad-Ring» angeschlossenen Fahrradhändlern. Bezugsquellennachweis und Beratung bei: Johann Thodt, Schwanenwik 12/14, 2000 Hamburg 76, 040-2209480; weiteres Zubehör, auch komplette Fahrzeuge für Invalide oder Bewegungstherapie: Friedrich Hauenstein GmbH & Co KG, Postfach 2146, 8000 München 66; Walter Haverich, Postfach 3726, 4800 Bielefeld 1; Heinz W. Henke, Steegwaldstr. 2, 6472 Altenstadt; Karl Wulfhorst, Postfach 3410, 4830 Gütersloh 1.

| DM | Beschreibung | Orig.-Nr. |
|---|---|---|
| | *Radfahr-Hilfsgerät* für Kunstbeinträger bestehend aus: Fußraste und Zugvorrichtung zum Anbringen an die verkürzte Tretlagerkurbel (ohne Hilfskurbel), silberfarbig | |
| 104,90 | Satz links | 400 |
| 104,90 | Satz rechts | 400 rechts |
| 5,60 | Stück Ersatzfeder | 4150 |
| | 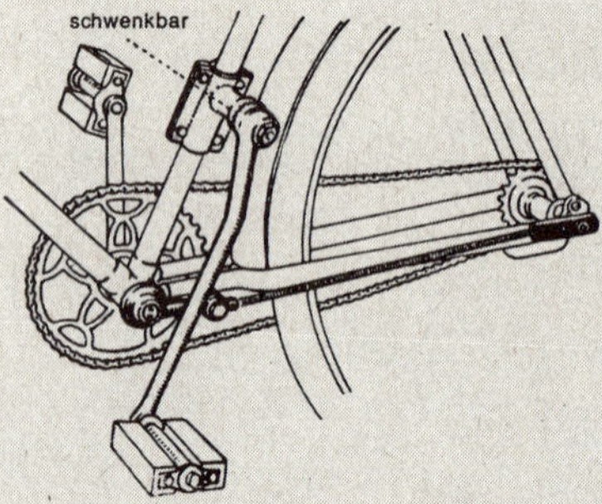  | |
| | *Invaliden-Kurbel* einstellbar für jeden gewünschten Hub durch Versetzen des Pedales und Verschiebung des Bockes auf dem vorhandenen Kurbelarm | |
| 95,40 | Stück links | 101 links |
| 95,40 | Stück rechts | 102 rechts |
| | Die untenstehende Abbildung zeigt eine Fahrradtretkurbel für Radfahrer mit einem kurzen Bein oder mit einem Bein, das nicht die volle Beweglichkeit hat. Es wird dem Radfahrer durch die Benutzung dieser Kurbel die Möglichkeit gegeben, beide Beine für den | |
| | 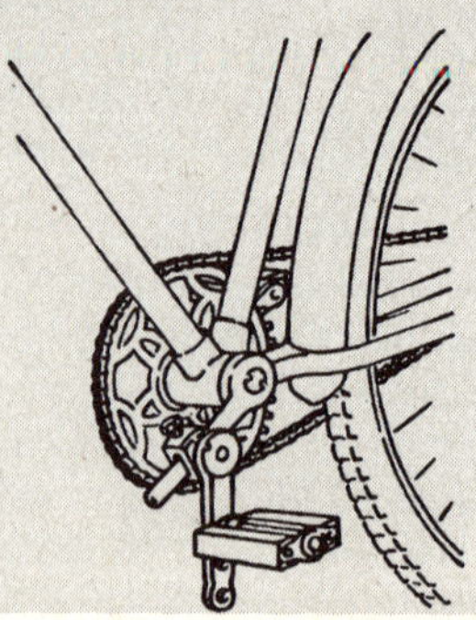 | |

| DM | Beschreibung | Orig.-Nr. |
|---|---|---|
| | Antrieb seines Fahrrades auszunutzen und gleichzeitig die Vorzüge eines Freilaufs beizubehalten. Durch die ständige Pendelbewegung des kranken Beines werden auch die Muskeln und Sehnen heilkräftig beeinflußt. | |
| | *Hilfskurbel*<br>Das auf dem untenstehenden Bild angedeutete Kettenrad sowie die angedeuteten Federn gehören nicht zum Lieferumfang | |
| 17,70 | Hilfskurbel rechts | 450 |
| 15,60 | Hilfkurbel links | 445 |
| | 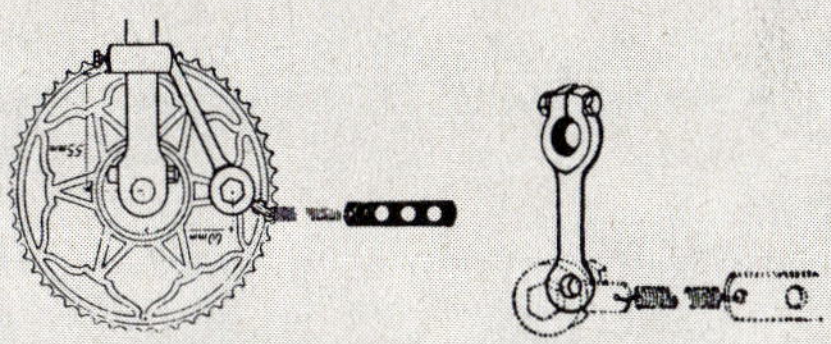 | |
| | *Stock- und Krückenhalter*<br>Garnitur (zwei Halter für einen Stock oder Krücke) | |
| 23,– | 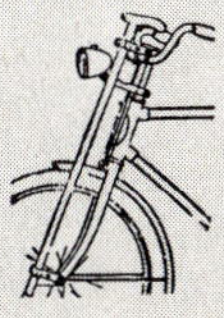 | 99 |
| | *Wichtig*<br>Bei Tretlagerachsen ohne Vierkantenden, also auch bei Keil-Tretlagern, wird zusätzlich die Hilfskurbel 450 oder 445 gebraucht. Quelle: Johann Thodt. | |

Wie möchten Sie zum Treffen kommen?
(oder wie schlechte Fahrradtechnik den Fahrer zum Clown macht)

So natürlich – aber das kann nur der glückliche Halter eines Hollandrads mit keillosen Kurbeln

schon schlecht, auch Mephisto hatte einen Pferdefuß! Hosenspange gegen knabbernden linken Kurbelkeil eines Hollandrads

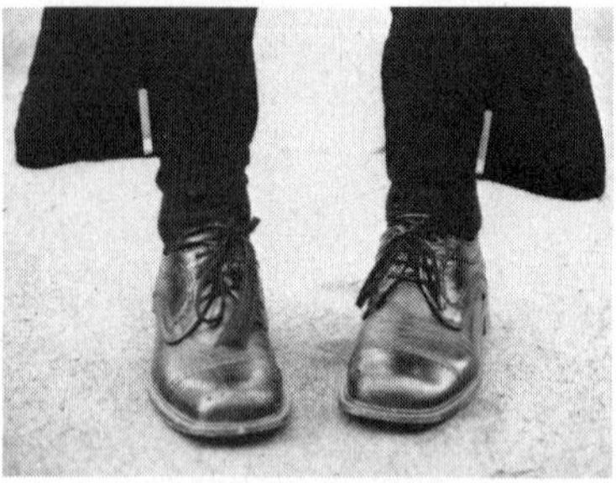

sehr spanisch – beidseitig die clowneske Hosenklammer! Läßt auf Kurbelkeile und fehlenden Kettenschutz eines billigen Zehngangrads schließen

wenig origineller: zwei Pferdefüße durch zwei Hosenspangen – selbes Fahrrad

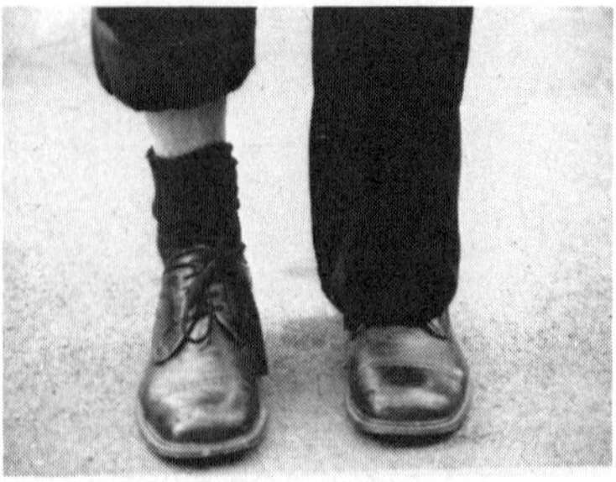

Ausweg für Zerstreute – besseres Zehngangrad: zwar ohne Kettenschutz, aber mit keillosen Kurbeln

kaum seriöser: Hosenbein in die Socke gestopft – gleiches Fahrrad. Fotos: Renate Lessing.

Der Kurbelkeil mit seiner Mutter hat Kanten von weniger als 3 mm Radius und ist daher nicht normgerecht (DIN 79100, 3.10). Trotzdem kleben Hersteller auf Fahrräder mit Keilkurbeln die DIN-Plakette!

Während auf der rechten Seite der Kettenkasten den Hosenaufschlag vom Kurbelkeil abweist, kann er links leicht auf den Kurbelkeil fallen. Verhakt sich der Kurbelkeil, reißt er den Fuß vom Pedal auf die Fahrbahn (Sturz!), glimpflichenfalls zerfranst er den Hosenaufschlag. Fotos: Renate Lessing.

Das gibt es durchaus: Keillose Vierkant-Stahlkurbeln von THUN. Beim Fahrradkauf darauf achten! Leichtmetallkurbeln sind übrigens meist keillos.

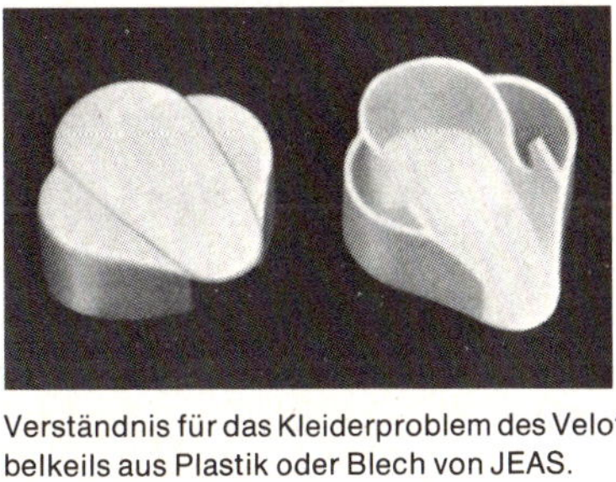

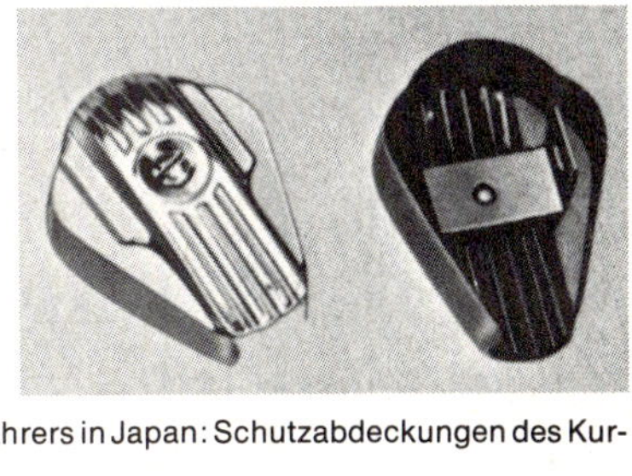

Verständnis für das Kleiderproblem des Velofahrers in Japan: Schutzabdeckungen des Kurbelkeils aus Plastik oder Blech von JEAS.

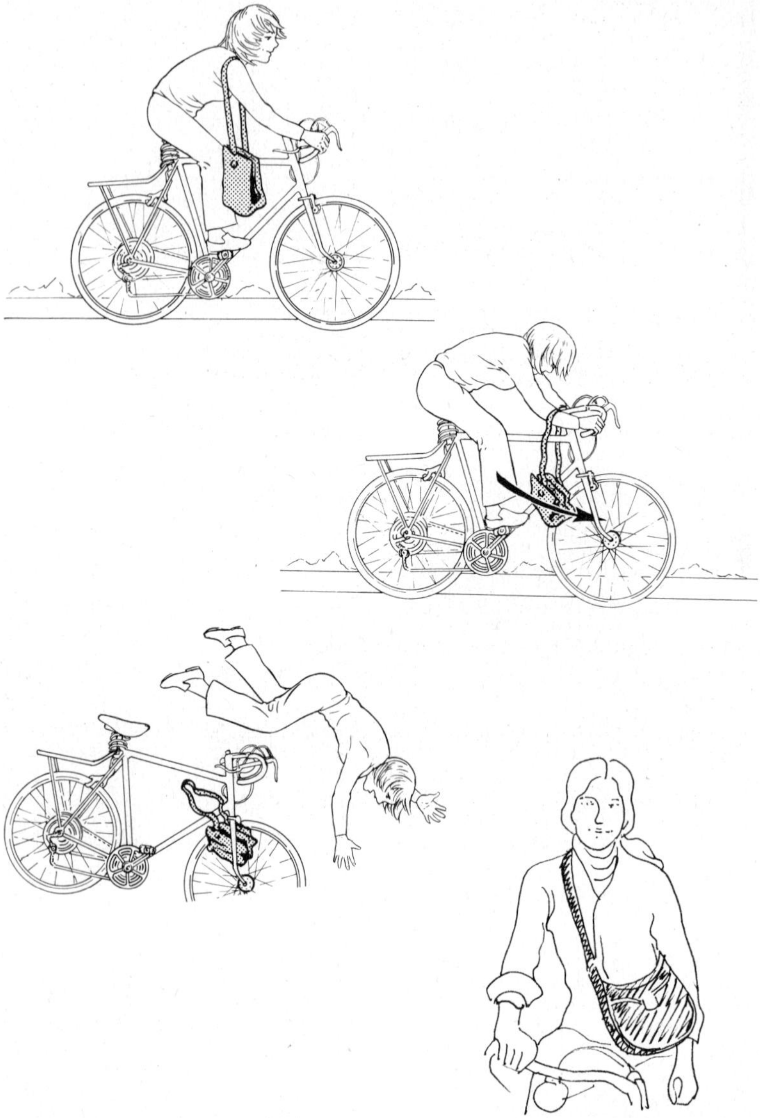

Gefahrenherd Nr. 1 beim Fahrrad ist das unabgedeckte Vorderrad. Schultertaschen unbedingt diagonal umhängen, da sie sonst beim Bremsen zu leicht das Vorderrad blockieren und einen bösen Sturz verursachen können (aus D. W. Furnas, JAMA 236, 2318 1976].

Der zusätzliche weiße Frontreflektor macht das Fahrrad für den Gegenverkehr besser sichtbar – vor allem wenn der Velofahrer anhält und der Scheinwerfer erlischt.

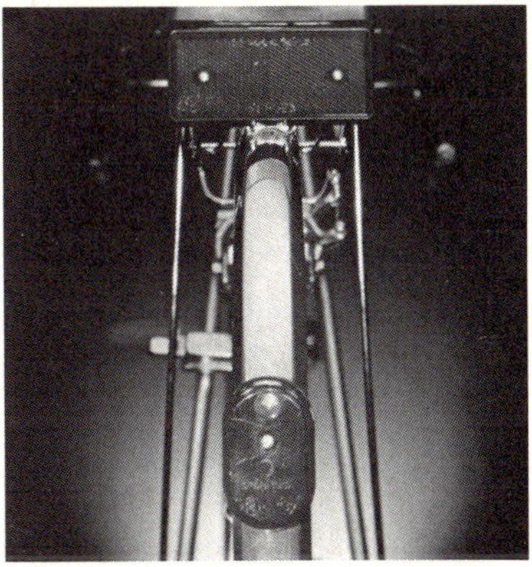

In Holland Vorschrift, in Deutschland seit der Neufassung der StVZO wenigstens nicht mehr untersagt: zusätzlicher rechteckiger Rückstrahler von Spanninga-Metaal, etwa 6,– DM.

Zuschriften der Velofahrer landen in der Zweiradbranche überwiegend im Papierkorb. Nicht so der Brief eines Pfarrers an einen schwäbischen Zweiradelektrik-Hersteller: er gab Anlaß zur Entwicklung des DAIMON Non-Stop-Lights. Ein Kästchen unterm Sattel schaltet Batterien zu, sobald der Dynamo keinen Strom mehr liefert: Scheinwerfer und Rücklicht leuchten drei Minuten weiter und machen so das Anhalten bei Nacht – vor allem an Kreuzungen – weniger gefährlich. Einschließlich Babyzellen etwa 40,– DM.

Das Non-Stop-Light-Kästchen wird am Sattelklemmbolzen befestigt. Es enthält neben der Elektronik-Platine vier Babyzellen oder Akkus à 1,5 Volt. Kritikpunkt: Die Rändelmuttern für die Anschlüsse können verlorengehen und sind schlecht zu ersetzen, da das Gewinde unüblich ist.
Akkubetrieb mit wiederladbaren Mignon-Zellen (müssen selbst eingepaßt werden!)

Die ursprüngliche Werbung für das Non-Stop-Light befolgte die Stereotypen der Branche: ein Rennfahrer mußter her. Daß Kinder selbst nicht in Sicherheit investieren, die Eltern aber nicht wollen, daß der Sohn es im Großstadtverkehr Rudi Altig gleichtut, wurde hier ignoriert; außerdem hat Rudi Altigs Rad überhaupt kein Licht. Die Sicherheitsinformation war briefmarkengroß, und der Absatz deshalb bis jetzt recht stokkend. Foto: Renate Lessing.

Das deutsche Prüfzeichen ∿∿ K 00000 auf einem Scheinwerfer, Rücklicht, Dynamo und Pedal oder dessen gelben Rückstrahlern muß auch Ihr Fahrrad aufweisen (es sei denn, es handelt sich um ein Importrad). Gleich mal nachprüfen! Fotos: Renate Lessing.

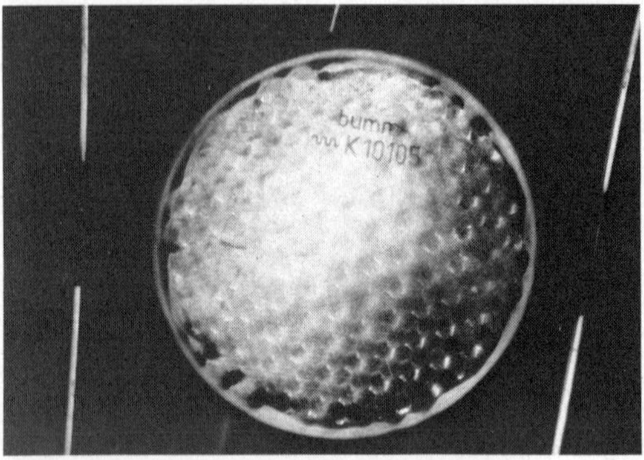

1981 in Betrieb genommene gelbe Speichenrückstrahler müssen das Prüfzeichen haben, und ab 1982 müssen neue Fahrräder damit ausgerüstet sein.

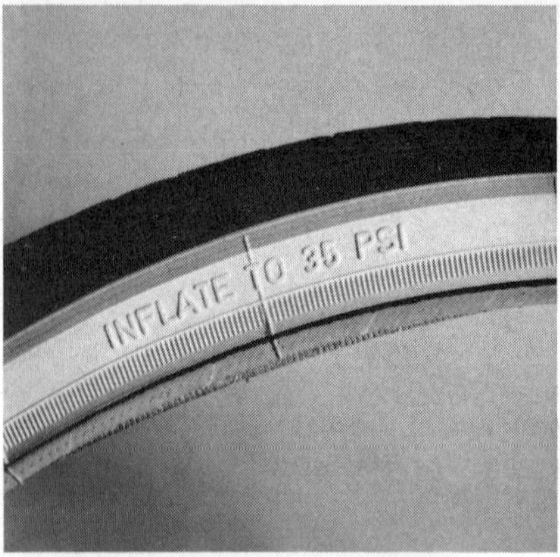


Reflexstreifen mit deutschem Prüfzeichen konnten noch nicht fotografiert werden, müssen es aber beim Kauf 1981 haben. Der retroreflektierende Streifen oberhalb der Schrift sieht wie Silberbronze aus.

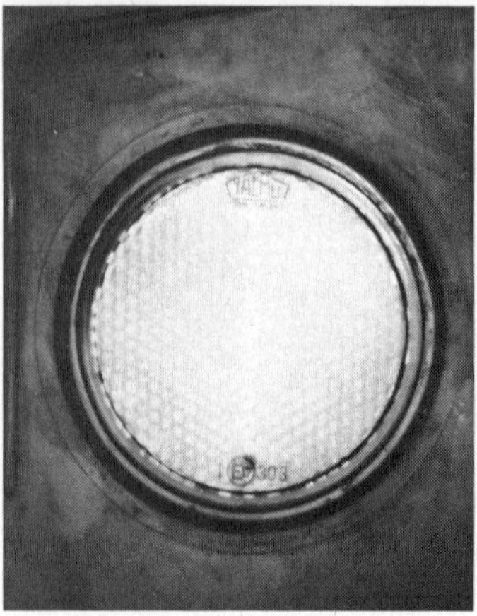

Ein Abstandhalter mit deutschem Prüfzeichen auf dem roten Rückstrahler oder dem weißen Frontstrahler war nicht aufzutreiben. Ab 1981 in Betrieb genommene müssen es aber haben, sonst hilft nur die Schutzbehauptung, daß sie eben 1980 in Betrieb genommen wurden. Den abgebildeten Abstandhalter beim Kauf zurückweisen. Fotos: Renate Lessing.

# Sie sind selbst der Motor

Im Auto sitzt man einigermaßen untätig hinter dem Steuer und füllt nur gelegentlich den Tank. Trotzdem ist die Ergonomie des Menschen am Steuer nach allen Himmelsrichtungen untersucht und optimiert. Auf dem Velo übernehmen Sie auch noch die Rolle des Motors – um die Ergonomie hinterm Lenker müssen Sie sich selber kümmern. Und das Fahren ist noch nicht mal die einzige Betriebsart: Sie können Ihr Fahrrad auch schieben oder Treppen hinauf- oder heruntertragen. Dieses sogenannte Handling ist mindestens genauso wichtig wie das Fahren selbst.

Was Sie selbst verbessern können, ist schnell aufgelistet:
- Sattelhöhe einstellen, notfalls längere Sattelstütze nachkaufen,
- Sattelneigung einstellen,
- Sattel vor- und zurück-verstellen,
- Lenkerhöhe einstellen, notfalls längeren Lenkerschaft nachkaufen,
- Griffposition einstellen.

Für angenehmes Handling des Fahrrads spielt das Schieben eine große Rolle. Hier, wie es nicht sein sollte: Lenker zu tief, die gebückte Haltung ist unangenehm und strengt unnötig an.
Übrigens: Bei Dunkelheit das Fahrrad grundsätzlich auf der rechten Straßenseite schieben, damit der Rückstrahler gesehen wird.

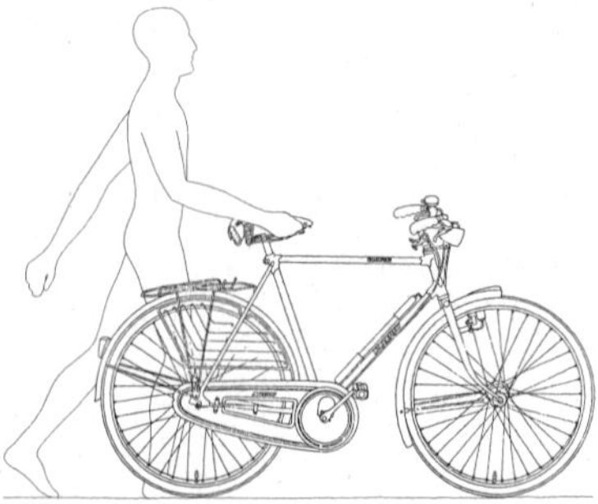

Aufrechte Haltung beim Schieben trotz niedrigen Lenkers gestattet der Trick der alten Hasen: am Sattel schieben und durch Kippbewegungen das Vorderrad auf Geradeauskurs halten. Kippen nach links: das Vorderrad dreht sich nach links. Kippen nach rechts: das Vorderrad dreht sich nach rechts. Mit einer Tasche am Lenker ist der Trick nicht mehr zu schaffen, weshalb er den meisten Frauen unbekannt ist.

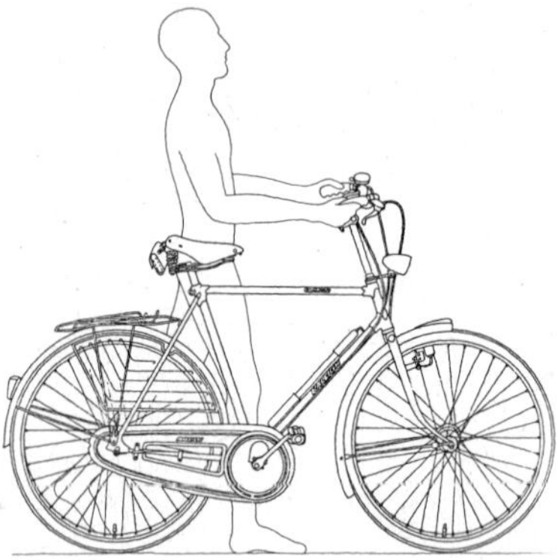

Das einzig Wahre: völlig aufrechtes Schieben mit dem Lenker in Ellbogenhöhe. Diese Höhe ist auch nachher beim Fahren besonders angenehm. Bei den Nostalgie-Damenrädern, deren Steuerkopf extra hochgezogen ist, geht das sogar ohne Lenkerschaft-Wechsel. Ansonsten hilft nur der Gang zum Händler, der von den überholten Klapprädern her besonders hohe Lenkervorbauten hat.

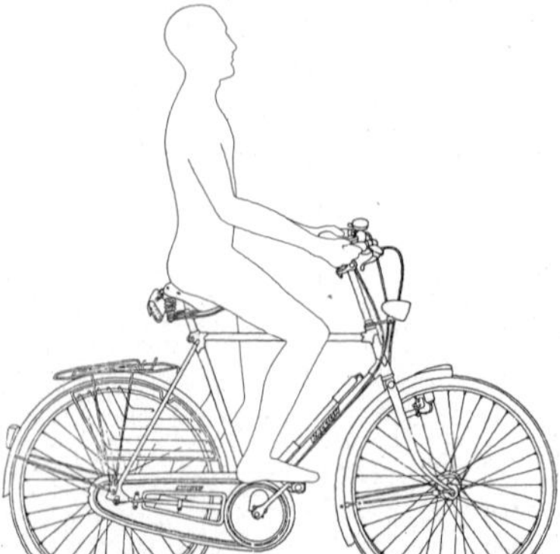

Ein völlig neues Fahrradgefühl, das Aufrechtfahren mit dem hohen Lenker. Nur die Draisine war insofern noch bequemer, als die Unterarme auf einem Polsterbänkchen ruhten.

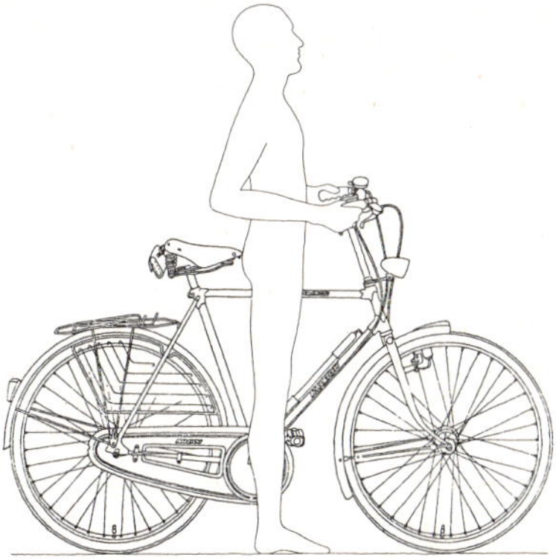

Natürlich darf man kein zu hohes Herrenrad besteigen. Beim Stehen sollte man nicht auf dem Oberrohr aufsitzen, sonst geschieht das beim Abspringen auch – und zwar schmerzhaft!

Hat man die Sattelhöhe ergonomisch richtig – nämlich mit durchgedrücktem Knie und *Absatz* auf *tief*stehendem Pedal – eingestellt, wird man feststellen, daß man den Boden nur noch mit den Zehenspitzen erreicht. Dieser «Spitzentanz» ist erklärtermaßen der Fahrradkonstrukteure letzte Weisheit: das Fahrrad sei ja angeblich ausentwickelt.
Zeichnungen: Elspeth Kinneir.

## Das Sattelproblem

Velofahren ist eine sitzende Tätigkeit. Dennoch ist der Sitz des Velos von allen anderen Führersitzen verschieden, auf denen die Fahrer mehr oder weniger untätig hocken: Die Beinarbeit kompliziert die Ergonomie des Sattels erheblich. Darüber hinaus soll er auch noch die den Velofahrern von den Herstellern hartnäckig verweigerte Federung des Fahrrads ersetzen. Dabei haben Wissenschaftler der Technischen Universität Berlin nachgewiesen, daß der Velofahrer mehr Erschütterungen erfährt, als nach einer EG-Verordnung für Schlepperfahrer erlaubt ist.
Wer nun glaubt, das Fahrrad im Laden sei bereits mit dem zu den eigenen Fahrgewohnheiten passenden Sattel ausgerüstet, erliegt einem Irrtum. Das

Sattelproblem wird von den meisten Sattelherstellern nicht mehr zur Kenntnis genommen und praktisch ausschließlich nach fertigungstechnischen Gesichtspunkten optimiert – mit oft unglaublichen Resultaten. Im wahren Doppelsinne des Wortes haben wir hier den wundesten Punkt beim Fahrer und beim Fahrrad überhaupt. Wer nicht beschwerdefrei sitzt, hat nichts vom Velofahren.

Daß dieser zentralen Fahrradkomponente nicht die gebührende Aufmerksamkeit geschenkt wird, hat viele Gründe. Einmal den wirtschaftlichen: Der deutsche Fahrradhersteller suchte bislang den billigsten Sattel, der den Preis des Fahrrads nicht nennenswert erhöht – also her mit dem one-size-fits-all-Kunststoffschaum-Sattel. Auch drängt sich der Verdacht auf, daß vom Sattelhersteller bis zum Zweiradhändler die Fahrradsättel von Autofahrern beurteilt werden – längere Probefahrten auf einem neuen Sattelmuster sind zeitaufwendig und daher kein Thema. Schließlich muß auch noch ein gerüttelt Maß an Genierlichkeit mitspielen – auch bei den Kunden. Obwohl es mehr als hundert Jahre her ist, daß man sich über die Zumutung des Professors Karl von Drais mokierte, sich mit den Weichteilen auf ein Gefährt niederzulassen und dabei unanständige Beinbewegungen zu machen, muß es noch vielen Zeitgenossen psychische Pein bereiten, über den Sattel und sein menschliches Gegenstück sachlich zu sprechen. Oft wird dann die Flucht nach vorn in eine Deftigkeit angetreten, die zur Lösung des Sattelproblems auch nichts beiträgt.

Dabei war das Sattelproblem im letzten Jahrhundert Gegenstand ausführlicher Betrachtungen im damaligen Standardwerk der Anatomie von Pfeiffer und weitgehend verstanden. Es blieb unserem Jahrhundert vorbehalten, die spottbilligen Marterinstrumente hervorzubringen, die beispielsweise die Leihfahrräder der Bundesbahn dekorieren und dadurch vielen Journalisten bei irgendwelchen damit veranstalteten Good-will-Fahrten zu einem völlig falschen Eindruck vom Fahrrad verhelfen. Solange bei den Fahrradherstellern der Preis das einzige Sattel-Kriterium ist, muß jeder Fahrradbenutzer sein eigener Ergonom sein. Wer nicht bereit ist, bis zu hundert Mark für einen angenehmen Fahrradsattel auszugeben, sollte sich mal im Reit-Zubehörgeschäft nach den Preisen für Pferdesättel erkundigen.*

* Vollends scheiden sich die Geister bei der Daumenprobe. Es gibt kaum einen Fahrradkäufer, der sie nicht macht. Vielleicht finden die Anthropologen noch heraus, daß selbst die Affenmenschen eine Daumenprobe machten, bevor sie sich setzten. Die Sattelhersteller argumentieren verzweifelt dagegen an: Der Velofahrer säße nachher ja nicht auf seinen zwei Daumen, sondern auf seinen beiden Sitzknochen. Und unter dem Körpergewicht sei dann Weichheit oder Federweg am Anschlag und danach käme dann nichts mehr. Ein Sattel müsse unterm Daumendruck hart sein, wenn seine Charakteristik unterm Körpergewicht dann gut sein soll. Oder wie die Gütersloher Firma Mertens im Prospekt schreibt: «‹Druckmittel› sind immer ungeeignet. Erst recht, wenn der Daumen Kauf-Entscheidungen treffen soll, die nur von der Vernunft her bestimmt werden können. Über Qualität sagen Daumenproben bei der Sattelprüfung absolut

Was wußte man schon im letzten Jahrhundert? Bei aufrechter Sitzhaltung ruht das ganze Körpergewicht auf den Sitzknochen (Ischia) bzw. wenn der Sattel zu schmal ist, auf dem Damm, damals Mittelfleisch genannt. Hören wir dazu den Bad Nauheimer Kurarzt Dr. Fressel 1897 in «Der Radfahrsport in Bild und Wort» (Reprint s. Bücherverzeichnis):

«Die Schmerzen, welche der Sattel auf der Fahrt verursacht, sind dreierlei verschiedener Art und Herkunft.

Die Betrachtung des knöchernen Beckens lehrt, daß die Last des ganzen Körpers beim aufrechten Sitzen auf den beiden stumpfkegelig hervorragenden Knochenvorsprüngen ruht, welche ‹Sitzbeinhöcker› genannt werden. Die beim Radeln eintretende ungewöhnliche, dauernde Belastung läßt Schmerzen in ihnen und der sie bedeckenden Haut auftreten, Schmerzen, welche gewöhnlich am ersten Tage einer längeren Tour innerhalb der ersten 30–50 Kilometer auftreten und so heftig werden können, daß sie den Reiter stöhnend und thränenden Auges zum zeitweiligen Absitzen zwingen.

Zweitens kann sich die hintere Sattelkante durch Eindrücken in die Haut und Muskulatur sehr lästig fühlbar machen, zumal, wenn bei falscher Sattelstellung die unterste Spitze der Wirbelsäule, das Steißbein, – gleichfalls gedrückt wird. Letztere Klasse von Beschwerden läßt sich durch die später genauer zu besprechende Sattelstellung und durch strafferes – nicht, wie es öfter geschieht, loseres – Anspannen der ledernen Sitzfläche beseitigen.

Von hohem sanitären Interesse ist die Frage nach der Entstehung und Verhütung des durch den schnabelförmigen Sattelfortsatz ausgeübten Druckes auf das Mittelfleisch, den Beckenboden und seine Organe. Aus der Betrachtung der beiliegenden Zeichnungen (Fig. a + b) geht ohne weiteres hervor, daß die Gebilde des Mittelfleisches nur dann einem Drucke unterworfen sind, wenn die Sitzfläche schmäler ist als die Entfernung beider Sitzbeinhöcker voneinander beträgt. Dies ist der Fall, wenn der Körper auf dem Sattel nach vorne gleitet, wie es durch die Eigenart der Radfahrbewegung auch bei horizontal gestelltem Sattel geschieht, so daß dann die Sitzbeinhöcker durch das von oben wirkende Körpergewicht unter das Niveau der Sattel-Oberfläche gedrückt werden. Daß in diesem Falle ein schädlicher Druck auf das Mittel-

nichts aus. Vertrauen Sie deshalb sachlichen Qualitätsbeweisen und Fakten: usf.» Vertrauen ist gut – Kontrolle ist besser, sagen sich da die Fahrradkäufer. Wenn denn Härte unterm Daumen eine notwendige Bedingung für Sitzkultur sein soll, so ist es doch keine hinreichende: Es könnte ja immerhin auch beim Draufsitzen der Sattel hart bleiben. Bleibt also wieder nur die amerikanische Weisheit seeing is believing, abgewandelt in feeling is believing. Und zwar unter den Bedingungen, unter denen man das Rad nutzen wird. Für die Fahrt zum Briefkasten genügte wohl auch ein Sperrholz-Sitzbrett. Andererseits sind die Härte-Advokaten meist Tourenfahrer und dringen vielleicht nur deshalb durch, weil über die Samstagsfahrt zur Fußgängerzone niemand Aufsätze schreibt, wohl aber über die Afrika-Tour. Also das Argument, daß unter Last mit der Weichheit Schluß ist, ist schon bestechend, aber erspart eben nicht den individuellen Dauertest.

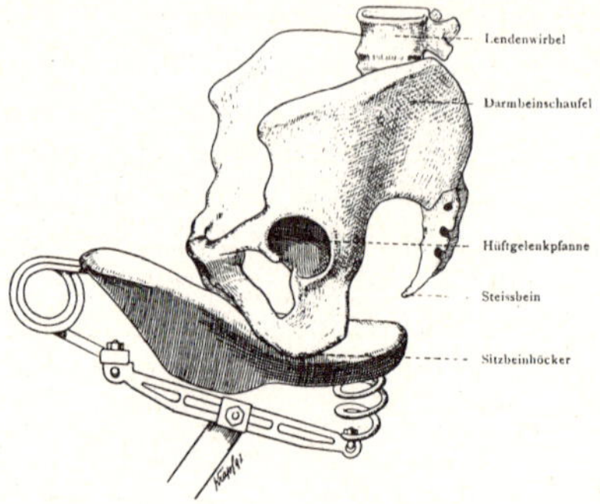


Normale Fixierung des Beckens auf dem Sattel. Der Sattel ist vorn gehoben. Die Sitzbeinhöcker sind links und rechts circa 5 cm vom Sattelrand entfernt. Die Zeichnung markiert dies zu wenig. Mittelfleisch und Steißbein sind druckfrei.
(im Text Figur a)

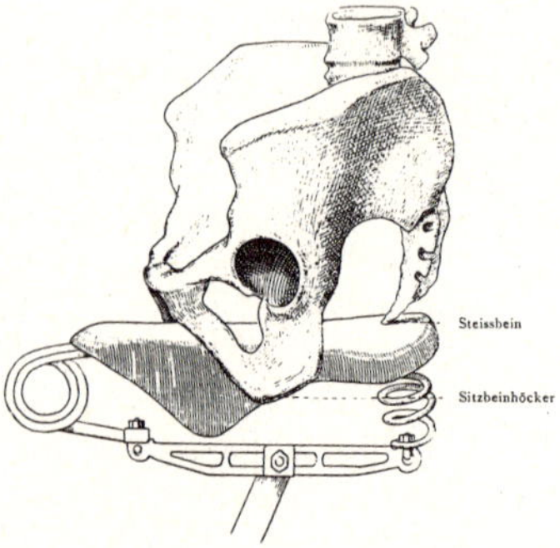


Falsche Sattelstellung, falscher Sitz. Vor- und Hinabgleiten des Beckens bei horizontal gestelltem Sattel und dadurch bedingten schädlichen Satteldruck.
(im Text Figur b)

fleisch ausgeübt werden muß, leuchtet um so mehr ein, da die betreffenden Weichteile durch das knöcherne Beckendach verhindert sind, nach oben auszuweichen. Sie werden vielmehr zwischen dieses und den von unten eindringenden Sattel wie von einem Schraubstock zusammengepreßt.
Daß die ganze Gefahr vermieden ist, wenn das Becken mit seinen beiden Sitzbeinhöckern auf der breiten eigentlichen Sitzfläche des Sattels ruht, geht unwiderleglich aus Fig. a hervor, welche außerdem anschaulich macht, daß selbst bei einer beträchtlichen Hebung des Sattelschnabels bei dieser Position ein Druck auch seitens des erhobenen Sattelschnabels auf den Beckenboden ganz unmöglich ist.»
Die dritte Schmerzquelle bleibt den Frauen reserviert (s. S. 101).
Die phantastische Vielfalt der Sättel um die Jahrhundertwende ist der Großserie zum Opfer gefallen. Für Aufrechtfahrer gibt es aber auch heute noch einige geeignete Sättel – aber es ist schon ein seltener Glücksfall, solch einen Sattel auf dem eigenen Fahrrad vorzufinden. Im Gegensatz zu den Rennfahrern braucht der Aufrechtfahrer ja eine gute Federung, da sein volles Kör-

pergewicht auf dem Sattel lastet. Welche Satteltypen sind geeignet? Die Sättel werden nach der Gestaltung der Satteldecke klassifiziert, wobei für jeden Typ noch die Ausführung des Sattelgestells variieren kann.

– *Hammock-Sättel.* Hammock heißt Hängematte, hammock chair Liegestuhl, und genauso soll sich die Lederdecke beim Hammock-Sattel der Sitzfläche anpassen. Soll sich anpassen – hier fängt der Unterschied der Firmenphilosophien an. Während TI Brooks die Sattelfläche so dünnledrig macht, daß der Hängematteneffekt sofort zu spüren ist, findet man bei neuen Idéale-Sätteln als Sattelfläche ein steifes, dickes, unnachgiebiges Lederformstück, das erst nach tagelangem Walken oder schmerzhaftem Einfahren sich zum Dienst als Hängematte bequemt. Die Firma bietet zwar auch von Hand vorgewalkte (rodée main) Sättel an – aber nur die schmalen für Rennfahrer. Während man die Brooks-Sättel möglicherweise früher nachspannen muß, weil sie eher durchhängen, wird bei den Idéale-Sätteln wohl mit Blick auf längere Standzeit bis zum Nachspannen oder schlicht aus Unsensibilität der ganze Weichmacherprozeß dem Velofahrer aufgelastet. Gefederte Leder-Hammocksättel aus deutscher Produktion gibt es nicht mehr. Nachteilig kann sich auswirken, daß das zur Pflege oder auch zum Weichmachen benutzte Pflegemittel (Rinderklauenfett, z. B. Brooks «Proofhide») bei zu reichlicher Anwendung an die Kleider kommt oder gar die schwarze Lederfarbe abfärbt. Solche Probleme vermeidet die im Reitsportgeschäft erhältliche Lederseife (Lexol; Williams). Ledersättel sind nässe-empfindlich – also entweder von unten her mit dem Mittel behandeln oder – am besten – beim Parken oder beim Transport auf dem Autodach eine Plastiktüte drüberziehen (und festbinden).

Dennoch ist der Hammock-Sattel aus Leder, wenn er dann als Hängematte funktioniert, wohl immer noch der beste Sitz für den Aufrechtfahrer – bei ausreichender Federung. Die sichtbaren großen Spiralfedern heißen Hinterfedern, weil man auch das sonstige Gestell als Federgestell bezeichnet, wenn es aus ähnlich dickem Draht gemacht ist wie die Hinterfedern. So betrachtet sind die Rennsättel alle Einfeder-Sättel (wobei man eine Federwirkung des Gestells vergessen kann), und nur zum Einfeder-Gestell (die Engländer sagen hierzu treffender Zweidrahtgestell) passen die feinverstellbaren Patentsattelstützen und auch der feineinstellbare Sattelkloben No. 3 von Idéale. In Deutschland hat sich das Schienengestell durchgesetzt, gelegentlich auch noch als Flachdraht-Untergestell bezeichnet. Hierfür gibt's keine Patentsattelstütze, aber wenigstens einen feinverstellbaren Sattelkloben No. 4 von Idéale. Für die Zweifeder-Sättel (Brooks, Idéale), die in England Vierdraht-Sättel heißen, und Dreifeder-Sättel (Brooks) gibt es keine Alternative zum mitgelieferten Sattelkloben. Dafür gibt es bei ihnen ausgeklügelte Hinterfedern und sogar noch Vorderfedern unter der Sattelnase. Die wie bei einer Sicherheitsnadel aussehende Drehfeder wirkt aber mehr als Drehgelenk.

## Größenanpassung
## Fotoroman: Jeden Tag eine gute Tat!

1 Hallo, Sie da, halten Sie mal an – Sie verschwenden Energie!

2 Sie sitzen zu tief! Schon 1937 hat Professor Müller* in Dortmund entdeckt, daß solche Satteltiefe bald die doppelte Energie fordert.

3 Also, ich mach mal die Schraube locker.

4 Und jetzt setz ich Ihren Absatz aufs Pedal, und Sie stehn dann drauf!

*Prof. Dr. Erich A. Müller (1898–1977), Kaiser-Wilhelm-Institut für Arbeitsphysiologie

5 Jetzt schieb ich den Sattel hoch: So recht?

6 Das ist aber noch nicht alles. Jetzt checken wir, ob Sie zu weit vorn oder hinten sitzen. Wo find ich einen Stein?

7 Hab ich mir doch gedacht: Viel zu weit vor dem Pedal das Senklot!

8 Da müssen wir den Sattel runtermachen ...

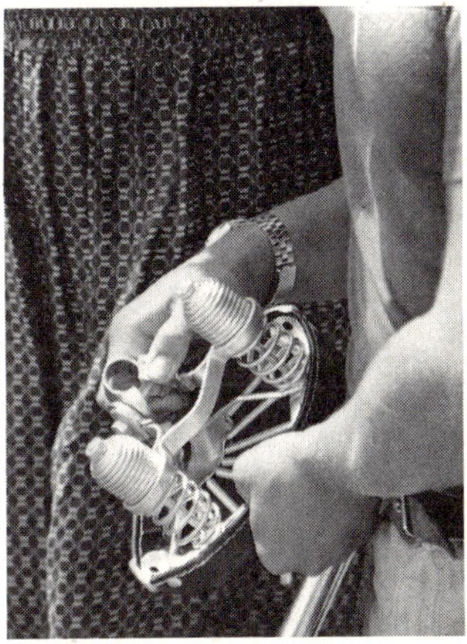

9 ... und den Sattelkloben umlegen, damit Sie weiter nach hinten rutschen.

10 Zur Anprobe bitte! Ja, so schwebt das Knie richtig über der Pedalachse.

11 Der Lenker ist jetzt natürlich auch viel zu tief. Wo wollen Sie ihn haben?

12 Dazu müssen wir den Klemmbolzen losdrehen, der Lenker klemmt aber trotzdem noch.

13 Den verklemmten Gußkonus bekommen wir durch Schlag auf den Bolzen locker.

14 Sehen Sie selbst: runtergeplumpst!

15 Das Bremsgestänge will auch losgemacht sein.

16 Höher geht's nimmer, sonst bleiben nicht die vorgeschriebenen 65 Millimeter im Gabelschaft.

17 Also machen wir's fest...

18 ...und die Bremsstange auch, sonst stürzen Sie noch in ein Abenteuer.

19 Jetzt die Testfahrt gleich unter erschwerten Bedingungen*: Besser? Sie wissen gar nicht, wie Sie mir danken sollen? Trinken wir einen Kaffee! (*Mitfahren nach der StVO verboten: § 21 (3)! Verwarnungsgeld 5,– DM)

20 (Denkt:) Dank Müller habe ich wohl einen Stein im Brett.

Alle Fotos: Renate Lessing.

## Projekt: Bau eines Stoffsattels

Dan Henry, ein amerikanischer Ex-Kapitän, demonstriert seit 1950, daß das historische Sattelkonzept, bei dem man wie auf einem Pferd sitzt, nicht das alleinseligmachende ist. Sein Stoffsattel orientiert sich am Klappstuhl und wurde von ihm seither auf 150000 Fahrradkilometern mit bestem Erfolg erprobt. Tatsächlich hätte ihn eine amerikanische Firma nachgebaut, wenn sie dafür hätte noch Patentschutz erlangen können. Wegen der frühen Publizität der Idee bleibt einem gegenwärtig nichts anderes übrig, als das Ding selbst zu bauen. Benötigt wird ein extrabreiter Rennlenkerbügel (ca. 450 mm), je nach Fahrergewicht aus Aluminium oder aus Stahl, Polstergurtstoff und eine abgewinkelte Sattelstütze, wie sie nur noch in Indien oder China käuflich ist. Die Sattelstütze muß daher unter Verwendung der Lenkermanschette eines alten Vorbaus geschweißt oder gelötet werden. Bei Verwendung eines verstellbaren Vorbaustücks kann man sogar eine Vor- und Zurückverstellung realisieren. Das restliche Projekt läßt sich im Do-it-Yourself-Verfahren abwickeln. Die Form des Sattels sollte – von der Seite gesehen – vorzugsweise die in der Grafik dargestellte sein. Den Polstergurt dreimal ganz herum um die Lenkerenden wikkeln, dabei mit Pattex oder Schusterleim verkleben und vernähen, aber nicht am Lenkerrohr direkt befestigen. Die beanspruchten Flanken mit Schlauchstücken beziehen. Deren vordere Enden mit Klebeband umwickeln, hintere Enden in die offenen Lenkerenden stopfen und Lenkerstopfen mit Klebstoff einhämmern. Dadurch kann der Sitz nicht mehr von den Lenkerenden rutschen. Die Dimensionierung sollte so erfolgen, daß die Vorderkante des Polstergurts auf die verlängerte Sitzrohrachse fällt. Die Stoffsitzfläche sollte leicht nach vorn geneigt sein; wenn man an ihr entlang peilt, sollte man einen Punkt zwischen Gabelkopf und Vorderachse sehen. Die Sitzknochen sollten etwa 25 mm hinter der Vorderkante aufsitzen. Auf- und Absteigen nur nach vorne, keinesfalls durch Überschwingen eines Beins über den Sitz. Wenn der Polstergurt im Gebrauch allmählich durchhängt, kann man ihn durch Naßmachen wieder spannen.

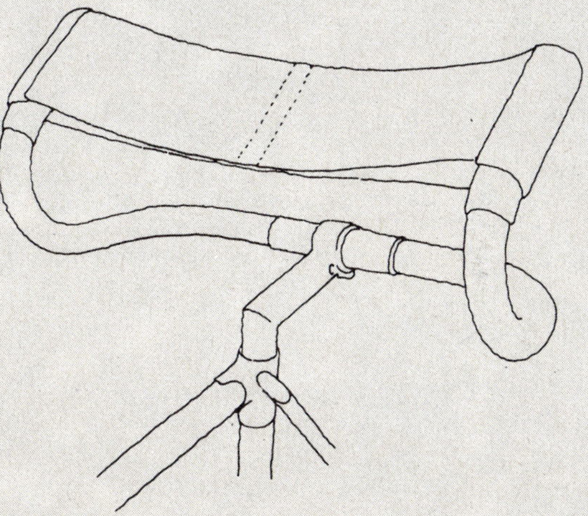

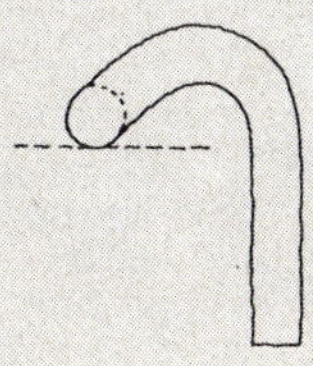

Das bequemste Fahrrad der Welt: Das Moulton-Fahrrad mit einzeln gefederten Minirädern und Hochdruckreifen war in den sechziger Jahren ein Verkaufserfolg in Großbritannien und den USA. Alex Moulton hatte es sich während der Suez-Krise ausgedacht und zu Hunderttausenden produzieren lassen. 1982 soll die Produktion wiederaufgenommen werden.

Den Unisex-Rahmen fanden auch Männer attraktiv, die kleinen Räder ließen viel Platz für Gepäckbeförderung. Dennoch war der Leichtlauf einem Rennsportrad meßbar überlegen. Gebrauchte Moulton-Fahrräder vermittelt der Moulton Bicycle Club c/o Daved Sanders, 152 Essex Road, London N 1.

(non décoré de son vivant)

PRINCE DU VELOCIPEDE
FOURNISSEUR DU SAINT-SIEGE SOUPLE
PRESIDENT SECRETAIRE ET MEMBRE DU
CLUB DE LA "PEDALE PETRIPONTAINE"
FONDATEUR DU "RALLYE DE LA PEDALE"
2E PRIX DE MODESTIE APPLIQUEE

Visitenkarte eines der Inhaber der Idéale-Sattelfabrik: N. N. (zu Lebzeiten ungekrönt) – Prinz des Velozipeds – Lieferant des weichen Heiligen Stuhls – Präsident, Sekretär und Mitglied des Clubs zum «päpstlichen Pedal» – Begründer der «Rallye des Pedals» – 2. Preis in Angewandter Bescheidenheit. Vermutlich ist ihm die traditionsreiche Produktpalette seiner Firma so peinlich, daß er in den Jux flüchten muß.

Wie beim Aufsetzen einer Kamera aufs Stativ ist es auch beim Satteleinstellen immer ärgerlich, wenn sich gerade dort etwas lockert, wo es nicht soll – zuviel Freiheitsgrade! Die Sattelstütze CT-P 6 von Sakae räumt damit auf: Es gibt keine verdrehbare Sattelschelle mehr, und auch der Bolzen kann sich nicht mitdrehen. Länge 180 mm, 170 Gramm, in den üblichen Durchmessern. Sattelkloben SDC, 100 Gramm. Bezugsquellennachweis: Messingschlager OHG, 8601 Baunach.

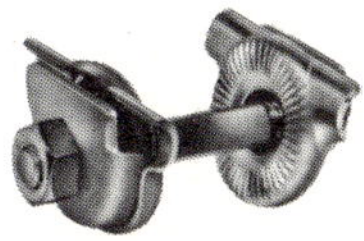

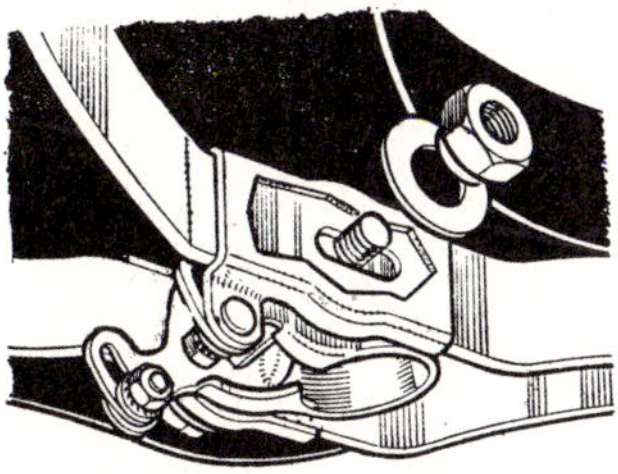

Die Einstellung der Sattelneigung mit dem üblichen Sattelkloben ist nur von 15 zu 15 Grad möglich und damit viel zu grob. Abhilfe schafft der kontinuierlich fixierbare Sattelkloben von Idéale (hier No. 4), der auch einzeln erhältlich ist. Die Schrauben in den Langlöchern fixieren die Neigung, erst dann wird die große Mutter angezogen. 5,– DM, beim Brügelmann-Versand, Frankfurt.

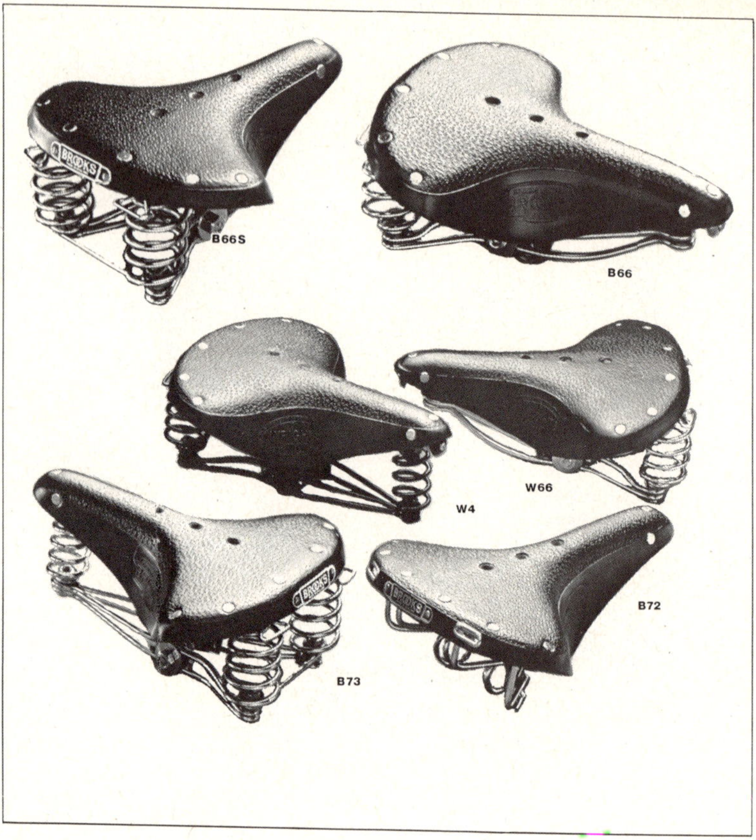


Auf den relativ dünnledrigen Hammock-Sätteln «Tourist» von TI Brooks sitzt man wie in einer Lederhängematte. Man bezeichnet sie als Zweifeder-Sättel, weil das Gestell aus jeweils zwei Drähten gebildet wird.

| Modell | Gestell | Länge × Breite × Höhe | Masse |
|---|---|---|---|
| B 66 Standard | lackiert | 260 × 210 × 73 mm | 1,04kg |
| B 66 Standard | verchromt | 260 × 210 × 73 mm | 1,04kg |
| B66S Small | verchromt | 235 × 210 × 73 mm | 0,98 kg |
| B 72 | verchromt | 260 × 210× 57mm | 0,76 kg |
| B 73 | lackiert | 260 × 210 × 98 mm | 1,16 kg |
| B 73 | verchromt | 260 × 210 × 98 mm | 1,16 kg |
| W 66 | lackiert | 260 × 210 × 73 mm | 1,04 kg |
| W 66 | verchromt | 260 × 210 × 73 mm | 1,04 kg |
| W 4 | lackiert | 267 × 210 × 98 mm | 0,99 kg |

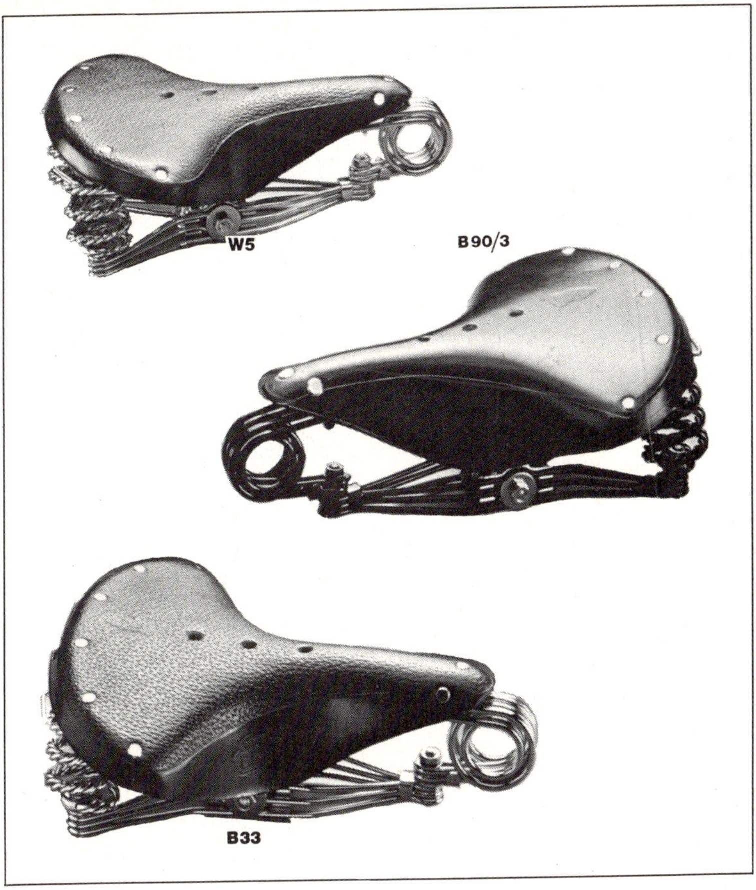


Die Leder-Hammocksättel «Heavy Duty» von TI Brooks findet man noch auf den Kolonialstil-Fahrrädern wie dem Raleigh «Roadster». Man bezeichnet sie als Dreifeder-Sättel, weil sie statt des üblichen Schienengestells je drei Drähte haben. B 90/3 ist etwas härter als die übrigen.

| Modell | Gestell | Länge × Breite × Höhe | Masse |
|---|---|---|---|
| B 90/3 | lackiert | 305 × 248 × 105mm | 1,92 kg |
| B 33 | lackiert | 292 × 235 × 105 mm | 1,55 kg |
| b33 | verchromt | 292 × 235 × 105 mm | 1,55 kg |
| W 5 | lackiert | 292 × 235 × 105 mm | 1,55 kg |
| W 5 | verchromt | 292 × 235 × 105 mm | 1,55 kg |

Bei Raleigh-Händlern zu bestellen.

Nr. 28 Mixte
210 × 170
0 k. 500

Nr. 4 Homme
250 × 190 ▶
0 k. 710

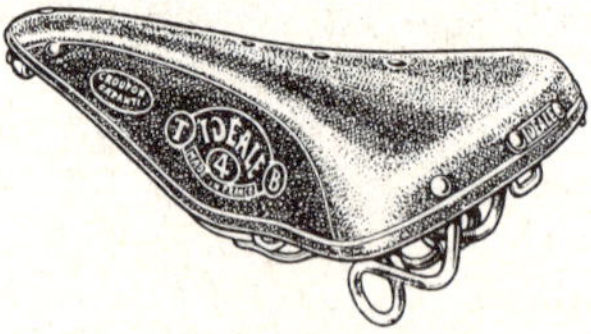

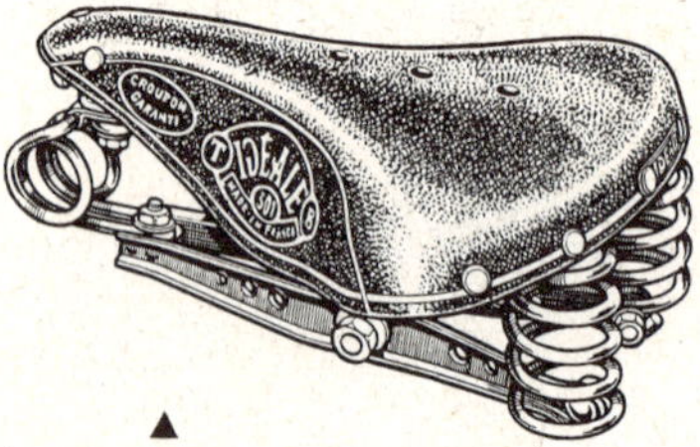

▲
Nr. 301 Poids Lourd
250 × 195
1 k. 300

Nr. 6 Dame
230 × 190
0 k. 685

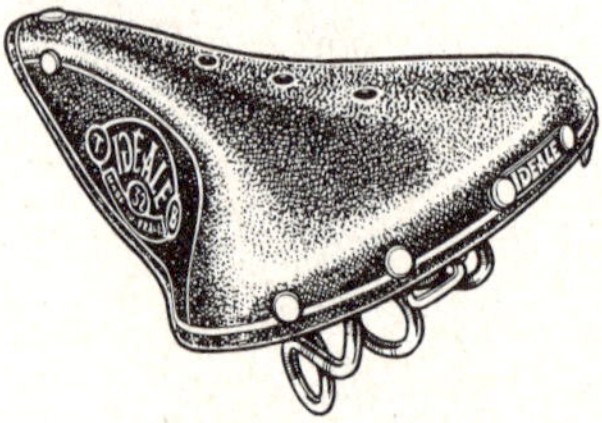

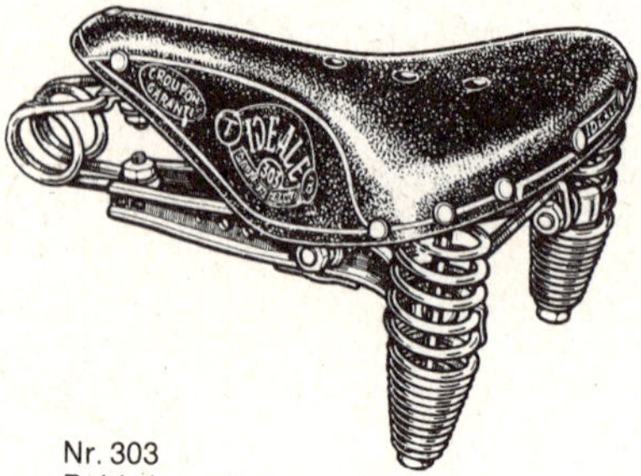

Nr. 303
Poids Lourd
260 × 200
1 k. 600

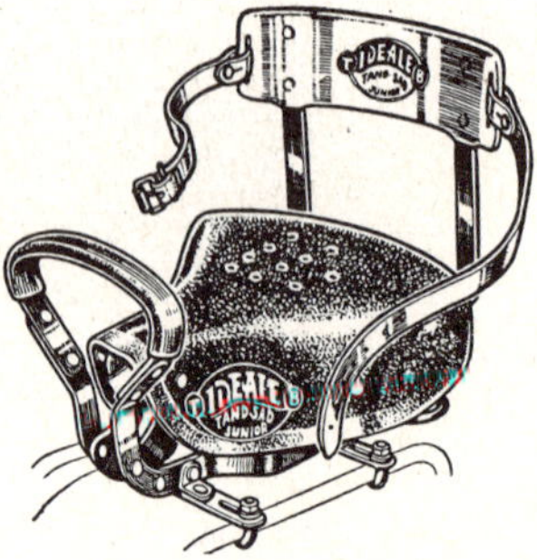

Tan-sad «Junior»
240 × 230
2 k.

Sämtliche Hammock-Sättel für Aufrechtfahrer von Idéale. Von den Dimensionen in Millimetern ist die erste die Länge, die zweite die Breite. Kilogramm ist als k. abgekürzt. Die Sattelfläche ist aus Leder, außer bei der Nummer 28, wo ein lederbezogenes Plastikmaterial fungiert und dem Kindersitz, der ganz aus Vinyl ist. Nummer 303 hat hinten Zug- und Druckfedern. Beachtlich das Spektrum an Breiten: 170, 175, 190, 195, 200. Bezugsquellen-Nachweis bei Hermann Krüger, Elbinger Straße 6 B, 7500 Karlsruhe 1.

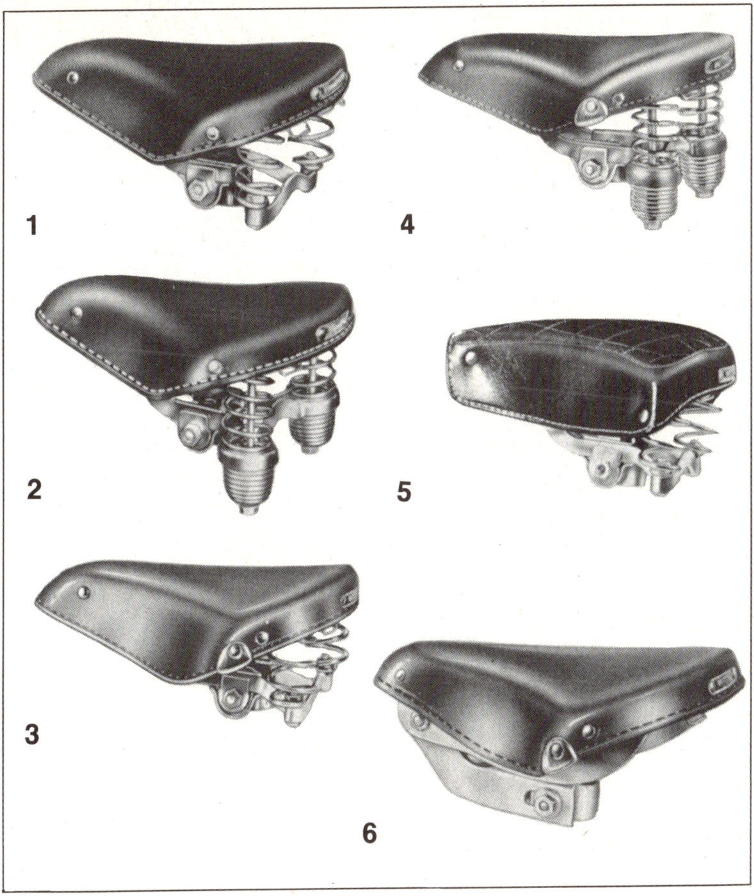

Federsitzsättel von Wittkop, Bielefeld:

1 mit Plastikdecke und Polsterunterlage, Farbe tabak

2 dto mit Zug-Druck-Federn

3 mit Ledax-Polster-Decke und Metallecken
Farben weinrot oder schwarz, 22,– DM

4 dto mit Zug-Druck-Federn, 1,35 Kilogramm, 25,– DM
derselbe mit Leder-Polster-Decke, nur weinrot

5 mit Super-Polster-Decke, Farben schwarz oder tabak,
auch in Rautenmuster, nur schwarz

6 Schwingsattel mit Ledax-Polster-Decke und Metallecken, weinrot oder
schwarz, 1,65 Kilogramm, 34,– DM
dto. mit Leder-Polster-Decke, nur schwarz

für 1 bis 5: Herrengröße 250 × 210 und Damengröße 200 × 220,
für 5 auch Kindergröße. 6 gibt's nur als Einheitsmodell 260 × 230.

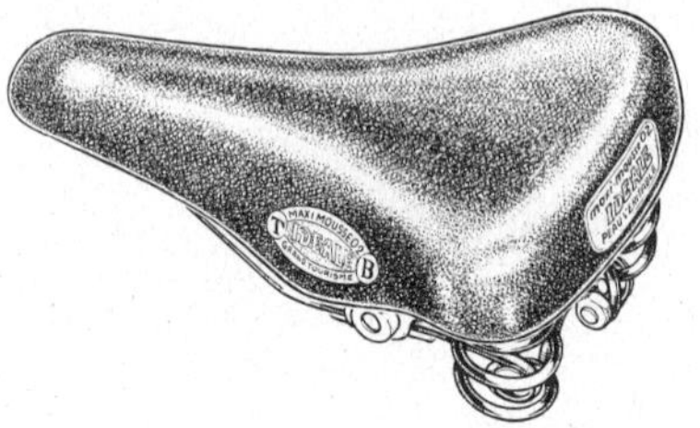

«Maxi-mousse 02» von Idéale mit Plastikschale, 25 Millimeter Latexschaumpolsterung und Lederbezug, schwarz oder natur. 250 × 155 Millimeter, 775 Gramm, 60,– DM. Mit 155 mm Breite eigentlich ein Rennsattel und nichts für Aufrechtfahrer, außer Kinder. Bei Peugeot-Händlern oder vom Versand Brügelmann.

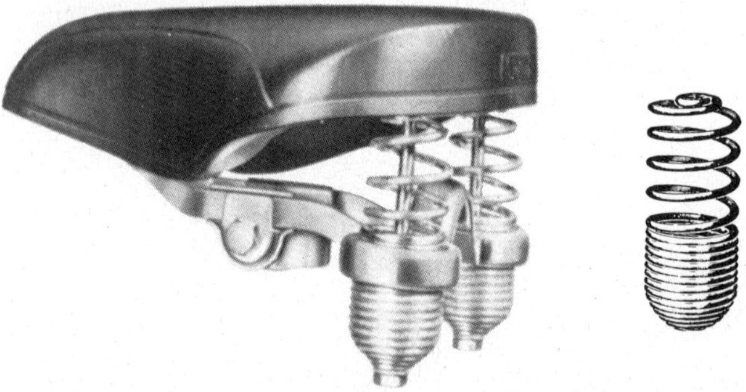

Polyurethan-Sattel «Mercoflex 1046» der Firma Mertens & Co in Gütersloh. Flachdraht-Gestell mit Zug- und Druckfedern. Rechts: einzelne Zug- und Druckfeder ohne Mittelstange.

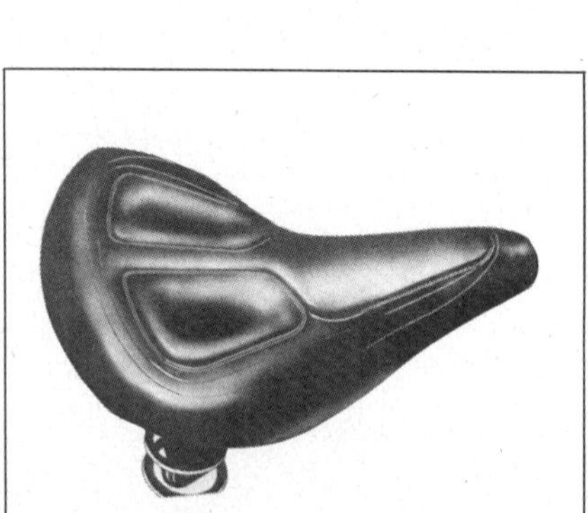

Die modernisierte Wiederauflage SI-1 eines 1894er Modells der traditionsreichen US-Firma Mesinger verspricht einiges an Komfort: «It has the pedaling ease of a racer and the comfort and support of a lightweight seat.» 265 × 200 Millimeter, 800 Gramm. Mesinger Manufacturing, Bethel, CT 06801.

So sieht ein Federsitzsattel von unten aus. Druck- und Zugfedern.

Der PU-Sattel zeigt von unten die Trägerplatte. Simple Hinterfedern.

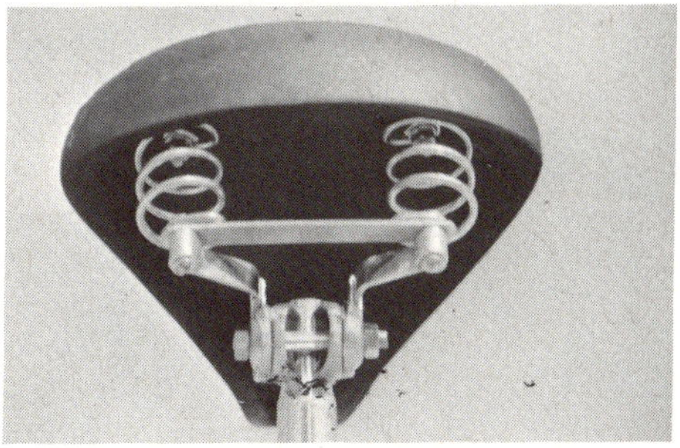

Rocksattel von LEMET Holland. Keine Sattelnase verhängt sich in Kutte oder Rock, dafür fehlt aber beim Fahren die seitliche Führung. Die Federn sollen zum Lenker zeigen! 140 × 220, 850 Gramm, etwa 14,– DM, schwarz oder kariert in rot, blau oder grau. Beim Fachhändler.

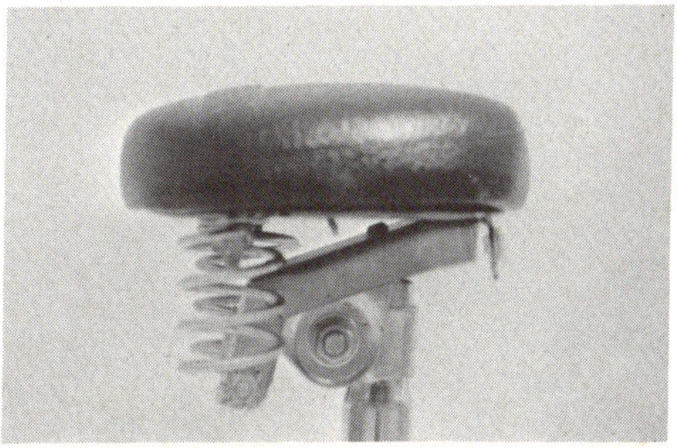

Der Damensattel TB 14 von Idéale ist ein Federsitzsattel mit Schaumpolster. 245 × 230, 900 Gramm, 70 Francs. Lederbezug muß weichgeklopft und die Mulde eventuell verbreitert werden. Bezugsquellennachweis bei Hermann Krüger, Elbinger Straße 6B, 7500 Karlsruhe 1. Fotos: Renate Lessing.

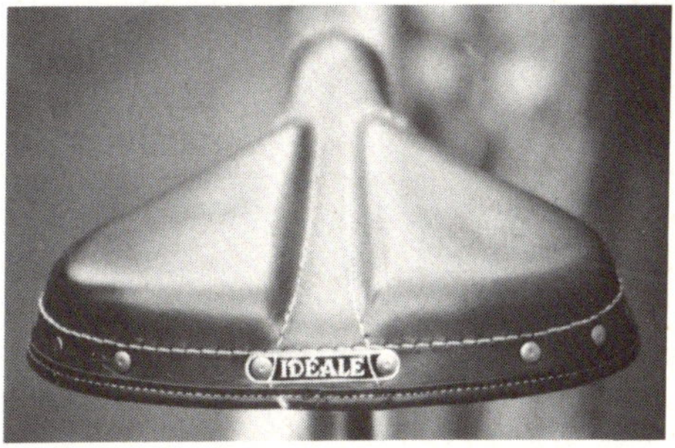

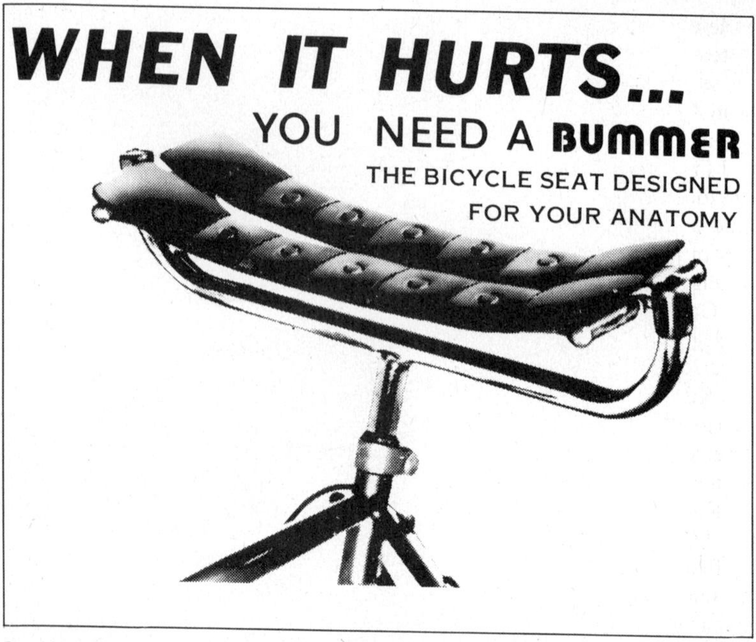


Das Land der unbegrenzten Möglichkeiten hält auch diese bereit: den «Bummer», dessen Spannung eingestellt werden kann, etwa $ 25. Zu beziehen von BUMMERSEAT 5, New Hudson, MI 48165. Kritik von Mr. Henry (S. 90): Die Verdrillbarkeit der Aufhängung verunsichert den Fahrer.

Verbreitet sind sogenannte Zug- und Druckfedern (Doppelwendelfedern) hinten. Ihr weitgewickelter Teil liegt zwischen Sattel und Gestell, der enggewendelte Teil ragt vom Gestell nach unten hinaus. Das untere Ende ist allerdings über eine mittige Stange mit dem Sattelrahmen starr verbunden, so daß beim Sitzen auf dem Sattel die weite Wendel gedrückt, die enge gezogen wird. Wichtig ist beim Hammock-Sattel noch die Spannschraube in der Sattelnase, mit der die Hängematte nachgespannt werden kann, falls sie zu sehr durchhängt. Äußeres Kennzeichen der Hammock-Sättel sind die großen Nieten, mit denen das Leder am Untergestell befestigt ist. Den letzten Zweifel beseitigt eine Inspektion von unten: außer dem Sattelgestell sollte nur noch die matte Rückseite des Leders zu sehen sein.
Der *Federsitzsattel*, auch Matratzen-Sattel oder Wendelzugfeder-Sattel genannt, hat dagegen zwischen Sattelnase und Hinterkante lange Spiralfedern gespannt, die eine tragende Fläche (Federnetz) bilden. Darüber kommt meist eine Decke aus Haarfilz und dann entweder ein Kunstlederüberzug oder eine Lederdecke. Solche Sättel werden in Deutschland noch von der

Bielefelder Firma Wittkop hergestellt, deren Kunstleder «Ledax» heißt. Die Satteldecke ist bei ihnen noch mit Nieten am Untergestell befestigt, wobei die seitlichen Sattelecken metallisch verstärkt sind, damit die Decke nicht beim Anlehnen des Fahrrads an die Hauswand durchgewetzt wird. Als Entgegenkommen an die unabwendbare Daumenprobe ist zwischen Überzug und Filz noch ein Schaumstoffpolster vorgesehen. Der Damensattel TB 14 von Idéale gehört auch hierher.

Eine weitere Spezialität von Wittkop ist ein Fahrrad-Schwingsattel, gleichfalls mit Leder- oder Ledax-Polsterdecke und Metallecken erhältlich. Das Sattelgestell bildet mit der Befestigung für die Sattelstütze ein Knie, um dessen Gelenk unter der Sattelnase der Sattel federt. Die Münchner Fahrrad-Reisegesellschaft Rotalis hat ihre Fahrräder für die Teilnehmer damit ausgerüstet. Allerdings ist die Vor- und Zurück-Verstellmöglichkeit gering.

Die Kunststoffe haben auch vor dem Fahrradsattel nicht haltgemacht. Die *Polyurethan-Sättel*, kurz PU-Sättel, haben in Deutschland ihren Siegeszug angetreten, denn sie kosten fast nichts und sind äußerlich von einem angenehmen Sattel auf den ersten Blick nicht zu unterscheiden. Eine wenig flexible Kunststoff-Trägerplatte übernimmt die tragende Funktion des Federnetzes. Darauf wird der Polyurethan-Schaum gespritzt, über den eine Kunststoffhaut gezogen und verschweißt wird. Bei manchen Sätteln wird dem PU-Schaum gleich noch eine glatte Oberfläche aufgeprägt, erkennbar an einem gleichzeitig aufgebrachten Rautenmuster. Die Firma Mertens in Gütersloh fertigt unter der Bezeichnung «Mercoflex 1046» einen solchen Sattel mit Druck- und Zugfedern und ganz ohne Nieten und Nähte, sowie fünf weitere Modelle mit einfachen Hinterfedern. Ein Schwachpunkt der PU-Sättel ist, daß sie im Sommer wegen der fehlenden Luftlöcher und geringen Resorption schwitznaß werden. Rennsättel werden deshalb neuerdings wieder mit Lederüberzug gefertigt, der Aufrechtfahrer wird eben zum Hammock-Sattel oder zum Federsitz-Sattel greifen. Ohnehin ist die Breitenauswahl bei den Hammock-Sätteln am größten, während bei den PU-Sätteln das one-size-fits-all-Denken gesiegt zu haben scheint.

---

## Ein Sattel für die Frau

Renate Lessing

– man kann ruhig darüber sprechen –

Von der Sattelfront können die Frauen nur Betrübliches berichten – die weibliche Anatomie scheint in den Sattelfabriken des 20. Jahrhunderts in Vergessenheit geraten zu sein. So kommt es, daß es im Haushalt meiner Freundin ein *bequemes* Rad gibt und ein *unbequemes* – beides Damenräder. Und wenn man genauer nachfragt, stellt sich heraus, daß diese Werturteile sich allein auf den Sattel beziehen – wobei das bequemere Rad einfach einen höheren Lenker hat, also eine aufrechtere Haltung ermöglicht. Das ist kein

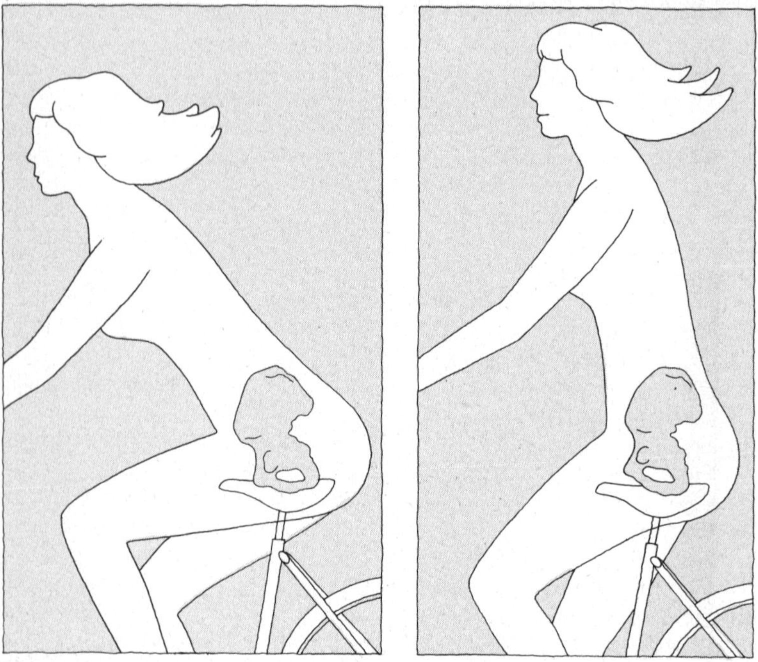

Zeichnungen: Elspeth Kinneir.

Zufall: Sobald Frauen auf dem Fahrrad die geneigte Haltung einnehmen, gehen die Beschwerden los. Meine persönliche Statistik beweist das: Der Mehrzahl der mir an einem Tag entgegenkommenden Radfahrerinnen kann man am Gesicht ablesen, daß es ihnen Beschwerden macht.

«Ja, aber wir haben jetzt doch schon die Damensättel, die hinten breiter sind, zum Nachrüsten für unsere Kundinnen», sekundierte mein Händler. Schon, schon, sind ja auch nicht schlecht, aber das eigentliche Problem lösen sie immer noch nicht. Auf meiner Suche nach dem richtigen Sattel bin ich mittlerweile beim siebten Modell angelangt, und ich habe mir schließlich selbst geholfen.

Der breitere Abstand der Sitzknochen ist nun mal nicht der einzige Unterschied zur männlichen Anatomie. Beim Vorneigen des Oberkörpers liegen zusehends die Schambeinbogen auf dem Sattel auf – und da beginnt der eigentliche Ärger für die Frauen. Denn bei den Männern steigt der Schambeinbogen sogleich steiler an, so daß die sich viel weiter vorneigen können, bevor es richtig drückt – und die empfindlichen Teile können auch noch ausweichen. Anders bei der Frau: flacher steigt der Schambeinbogen an, gleich sitzt er auf dem Sattel auf und unbarmherzig wie mit einem Mühlstein werden die

Sattelprobleme hatten Frauen schon immer – aber auf einem Plakat dargestellt wurden sie nur im letzten Jahrhundert, wie in dieser Werbung des Künstlers Maurice Deville für die Sattelmarke SAR.

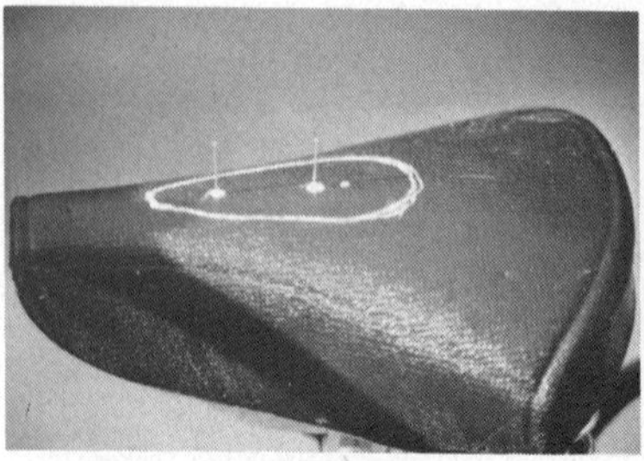

Durch Testfahrten werden die Druckpunkte lokalisiert und durch Nadelstiche – bis in die Schaumschicht markiert. Ovalen Bereich drumrum markieren.

Sattelbezug mit scharfem Messer untenrum einschneiden und abheben.

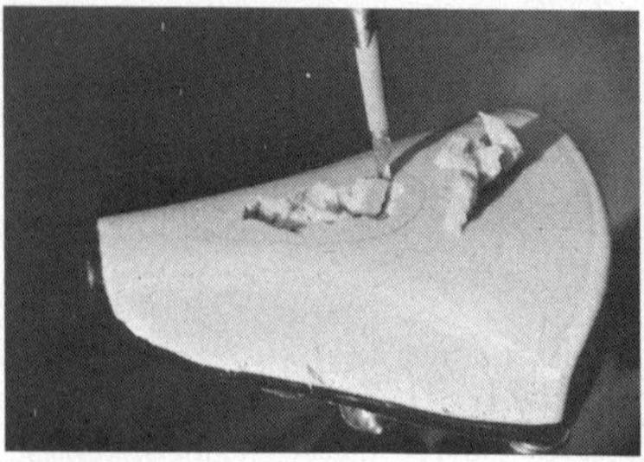

Oval auf Schaumstoff zeichnen und dann mit dem Messer aushöhlen.

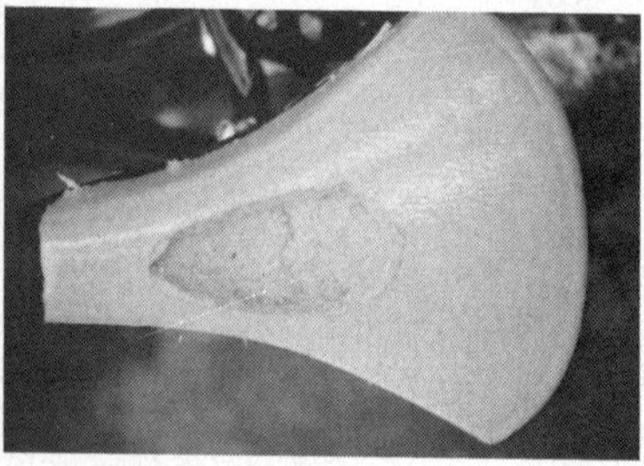

Die Wände brauchen nicht senkrecht abgestochen zu werden.

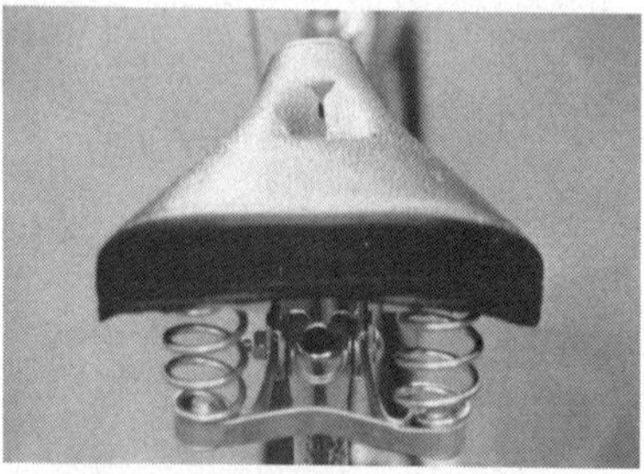

Der Sattelbezug wird wieder aufgelegt und unten mit Klebeband befestigt. Ein Y-förmiger Einschnitt im Oval läßt den Sattelbezug einsinken.

Lederbezüge passen sich der Mulde ohne Einschnitt an. Man sollte in sie auch keine Nadelstiche machen, sondern sie schon vorher abnehmen. Fotos: Renate Lessing.

Bislang einziger Damensattel auf dem Weltmarkt, der die Anatomie der Frauen berücksichtigt und an den Wissensstand der Jahrhundertwende anknüpft: «No. 75 Mixte» oder «CycloTouriste» von IDÉALE. Im Werbetext zeigt sich, daß die Zimperlichkeit der Branchenmänner den eigentlichen Vorteil nicht benennen kann: die Aushöhlung zur Vermeidung der Quetschproblematik. Vorläufiger Gipfel männlichen Mißverstehens: Dieser Sattel ist auf dem *Herren*-Hollandrad von Peugeot montiert, nicht auf dem Damenmodell! Immerhin kann er dadurch beim Peugeot-Händler (als Ersatzteil) mit Erfolgsaussicht bestellt werden, sonst für 56 Mark beim Velo-Tourist-Versand.

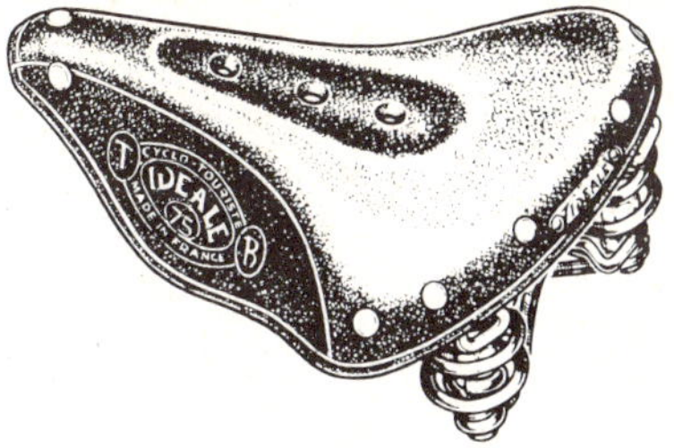


weichsten Teile gequetscht und wundgerieben. Stillschweigend wird dies von den meisten Frauen erduldet, aber es kann einem wirklich den ganzen Spaß am Radfahren verderben. Dabei liegt das Hauptgewicht nach wie vor auf den Sitzknochen: Unterstützung an dritter Stelle ist also völlig unnötig.

Im letzten Jahrhundert war das den Sattelherstellern klar. «Wenn's da drückt, dann nehmen wir da den Sattel eben zurück», werden sie gedacht haben, und heraus kam eine Sattelnase mit einer tiefen Kuhle drin, so daß zwar seitliche Führung zwischen den Schenkeln vorhanden war, aber nicht mehr der vermaledeite Druck auf den Intimbereich.

Nun können die Millionen Frauen ihr Sattelproblem nicht durch Museumsdiebstahl lösen, daher bleibt offensichtlich nur der Weg zur Selbsthilfe mit dem Schnitzmesser. Besser selbst sich Linderung verschaffen, als auf die Einsicht der Hersteller zu warten: Ihre one-size-fits-all-Schaumstoffsättel sind wirklich das Letzte. Frauen dürften daran nicht mitgewirkt haben. Für den im folgenden umgebauten Sattel gab es sogar ein «multifaktorielles medizinisches Gutachten», bei dem die Testperson halt ein Mann – vermutlich der Herr Gutachter persönlich – war. Mich drückte der Sattel infernalisch.

Nach diesem einfachen Verfahren war das Hauptärgernis wie weggeblasen. Trotzdem fahre ich den Sattel heute nicht mehr, weil er bei längeren Fahrten nun auch noch an den Schenkeln Schmerzstellen hervorrief. Er verjüngt sich zur Sattelnase nicht eng genug. Er liegt jetzt im Keller und wartet darauf, bis sich unter meinen Bekannten eine solche Anatomie findet, für die dieser Sattel gebaut wurde. Nachdem der Fahrradhersteller schätzungsweise fünf Mark für ihn investieren mußte, ist dieses tote Kapital fürwahr zu verschmerzen. Für meine Sitzmöbel mußte ich etwas mehr ausgeben.

Ich weiß nicht, ob mir der Nachweis gelungen ist, daß das weibliche Unbehagen am Fahrrad (so vorhanden) auf dem Sattel lokalisiert ist. Wenn dies eine neue Erkenntnis für Sie ist, sollten Sie sich nicht scheuen, mehr als fünf Mark auszugeben, und alle Hebel in Bewegung setzen, bis Sie das passende und weichgeklopfte Sitzleder auf Ihrem Fahrrad haben.

## Ledersättel weichmachen

Auch Nicht-Rennfahrer sind Menschen und hätten gern einen Ledersattel, der sogleich weich ist und nicht erst nach vielen masochistischen Kilometern. Ein handgewalkter Sattel für Aufrechtfahrer ist anscheinend nicht für alles Gold dieser Erde zu bekommen, wobei allerdings die Brooks-Sättel dem Ideal nahe kommen. Es soll noch französische «Vélocistes» geben, die einem den gewünschten Sattel in langwieriger Prozedur weichmachen – mit viel Rotwein äußerlich und innerlich. Diese Kunst ist hierzulande unbekannt. Hier ein Rezept für die dem Käufer aufgeladene Endphase der Sattelfertigung, falls sein Sattel ein steinhartes Ledergebirge darstellt:
Zunächst legt man den Sattel in die Sonne oder (nicht zu dicht) unter eine Lampe. Wenn das Leder nach einer halben Stunde dadurch ein bißchen weicher geworden ist, reibt man die Sattelunterseite mit Sattelseife ein (das sonst empfohlene Rinderklauenfett kann austreten und die Kleidung verschmutzen). Wenn das Leder damit fast gesättigt ist, hört man auf und läßt den Sattel über Nacht in der Wärme liegen. Am nächsten Tag schaut man nach, ob die Satteldecke durchhängt und spannt sie gegebenenfalls mit der Mutter unter der Sattelnase nach. Und jetzt kommt der Hammer, möglichst ein balliger Hammer, ein Stück schweres Rohr mit rundgefeiltem Ende oder ein runder Stein. Und damit wird der Sattel weichgeklopft, vor allem am hinteren Ende und da, wo die Seitenwände abknicken. Man klopft so lange, bis einem der Sattel weich genug erscheint. Man kann aber des Guten zu viel tun und sollte es nicht zu weit treiben, denn das Ledergefüge wird hierbei vorsätzlich zerstört. Wenn man meint, daß es des Klopfens genug ist, stellt man die Spannmutter nach und wischt ausgetretenes Sattelmittel ab. Zum Einfahren bewährt sich jetzt eine schwarze Hose, denn Reste des Pflegemittels und der Sattelfarbe werden sie verfärben (es sei denn, es war ein Naturleder-Sattel). Mit viel Glück paßt sich jetzt der Sattel der eigenen Anatomie an und nicht umgekehrt, sonst muß eben weitergeklopft werden.

# Überleben im Verkehr

Die BRIGITTE-Statistik sagt aus, daß die meisten Leute nicht mit dem Rad in der Stadt fahren, weil sie das Velofahren im Verkehr ängstlich oder nervös macht. Darf man solche Ängste den Entschluß zur Gesunderhaltung und Umweltschonung blockieren lassen? Eigentlich nicht. Mit etwas Übung können Sie rasch und recht sicher mit dem Rad in die Stadt fahren.
Das erste Problem, das viele motivierte Umsteiger nicht als solches erkennen, ist die Tatsache, daß sie sich auf ihren Fahrrädern nicht sehr wohl fühlen, auch wenn überhaupt kein Verkehr um sie herum ist. Wenn Sie das Fahren Ihres Velos im Verkehr nervös macht, so ist das wahrscheinlich schlicht dadurch bedingt, daß Sie mit Ihrer Maschine nicht genug vertraut sind. Eine Fahrübung ist dann entschieden angebracht. Ihr Stolz sollte es Ihnen nicht verbieten, ein paar Stunden auf die Perfektionierung Ihrer Velofahrkünste zu verwenden – im letzten Jahrhundert gingen die Leute hierzu bekanntlich in die Fahrschule.

## Üben Sie auf einem Parkplatz

Fahren Sie Ihr Velo auf einen leeren Parkplatz und üben Sie die wichtigsten Fahrmanöver. Können Sie aus dem Stand losfahren und sehr langsam treten, ohne dabei von einer geraden Linie abzukommen? Können Sie um ein paar Steine herum gut Slalom fahren? Gerade diese Übung sollten Sie einmal langsamer und einmal schneller fahren, als Ihnen eigentlich wohl ist. Als nächstes versuchen Sie links über die Schulter nach hinten zu schauen, während Sie geraden Kurs steuern. Dieses Manöver kommt später oft vor, also üben Sie ausgiebig. Dann sollten Sie auch das Schalten üben ohne hinzusehen, also ohne die Augen von der Straße zu nehmen. Wenn Sie beim Kettenschalten dauernd auf die Kette blicken müssen, haben Sie später im Verkehr garantiert Probleme.
Wenn Sie so Ruhe an der Heimatfront geschaffen haben, können Sie sich jetzt ins Straßengefecht stürzen, wovor Sie schon die ganze Zeit Angst gehabt haben. Ist es von vornherein gefährlich, während des Stoßverkehrs mit

den Autos in Konkurrenz zu treten? Die Antwort ist wie bei Radio Eriwan: Im Prinzip nein. Die Statistiken sagen, es ist nicht prinzipiell gefährlich, im Straßenverkehr Velo zu fahren, im Gegenteil, die erfahrensten Velofahrer sind der Statistik zufolge auf dem Radweg gefährdeter als auf der Fahrbahn. In den USA werden Velofahrer in der Mehrzahl durch eigene grobe Fehler, wie etwa durch Fahren gegen die Verkehrsrichtung auf der linken Seite (Geisterfahrer), durch Überfahren von Stoppschildern oder abruptes Linksausscheren von der rechten Fahrbahnkante aus zu Unfallopfern. Und ein Velofahrer, der solche selbstmörderischen Manöver vermeidet, ist nicht länger Außenseiter im übrigen Verkehr, sondern wird selbst ein Teil desselben.

## Berechenbar fahren

Am besten gliedert man sich in den übrigen Verkehr ein, indem man sich möglichst berechenbar verhält. Beinahe- und echte Zusammenstöße sind meist die Folge erratischen Verhaltens des Velofahrers. Unfallträchtige Velofahrer lassen die Autofahrer rätseln, was sie denn als nächstes im Sinn führen.

Die Schwierigkeit ist also, genau zu wissen, was man mit seinem Fahrrad anfangen kann und wie man mit eindeutiger Körpersprache und so berechenbar als möglich fährt. Sie sollten bei den übrigen Straßenbenutzern eindeutige Erwartungen erzeugen für das, was Sie im Sinn haben. Benützen Sie Handzeichen und Ihre Position auf der Straße, um die Autofahrer über Ihre Absichten zu informieren. Hier ist noch auf eine Besonderheit der Amerikaner hinzuweisen, die auf unseren Straßen velofahren: In Amerika gelten andere Handzeichen:

| | |
|---|---|
| linker (!) Arm nach oben gewinkelt: | nach rechts (!) abbiegen |
| linker Arm ausgestreckt: | nach links abbiegen |
| linker Arm nach unten gewinkelt: | Ankündigung eines Stopps |

Genauso wie man es die amerikanischen Militärfahrer aus dem linken Wagenfenster machen sieht! Vorteile sind, daß die rechte Hand immer am Lenker bleibt und daß man die Halteabsicht anzeigen kann. Nachteil ist, daß selbst in den USA die Signale von den übrigen Verkehrsteilnehmern nicht mehr verstanden werden. Also Vorsicht hinter velofahrenden US-Soldaten!

In Deutschland gibt es keine amtliche Anzeige für Halteabsicht. Eine Möglichkeit, die wohl immer verstanden wird, ist, den linken Fuß auf den Boden hängen zu lassen (und mit dem rechten zu bremsen). Eine andere Art, die man gelegentlich sieht, ist, mit der offenen linken Hand beschwichtigend nach unten zu pumpen.

## Seien Sie auf gefährliche Situationen gefaßt

Velofahrer müssen jederzeit in der Lage sein, auf ihrer Fahrlinie auf Gefahren zu reagieren. Das können Glassplitter, ein aus einer Ausfahrt preschendes Auto oder ein schlechtes oder sich verengendes Fahrbahnstück sein. Zwei Möglichkeiten hat der Velofahrer zu reagieren:
- Anhalten
- Drumherumfahren

Fahren Sie nie schneller, als es der Bremsweg bis zu einer plötzlichen Gefahr erlaubt, wenn Sie sie im übrigen Verkehr nicht umsteuern können.
Viele übereifrige Velopendler lieben es, sich durch den Verkehr zu schlängeln wie ein Mittelstürmer durch die gegnerische Verteidigung, dergestalt, daß nur eine Reihe von behenden Schwenks sie am Leben erhält. Imitieren Sie nicht solch schlechtes Beispiel. Der waghalsige Velofahrer hat sich der Möglichkeit begeben, vor plötzlich auftauchenden Gefahren zu stoppen, sondern muß sie auf Gedeih und Verderben umsteuern.
Schnelligkeit und Draufgängertum nützen letzten Endes nicht so viel wie erhöhte Aufmerksamkeit. Ein guter Velofahrer ist die Aufmerksamkeit in Person. Suchen Sie Nebenstraßen und Ausfahrten nach Autofahrern ab, die es unterlassen haben, nach Ihnen auszuschauen, und helfen Sie ihnen – wenn nötig – durch ein deutliches Glockensignal auf die Sprünge. Speichern Sie ständig die Verkehrsteilnehmer vor und hinter Ihnen im Gedächtnis, und spähen Sie so weit voraus als möglich nach Gefahrensituationen auf Ihrer Fahrlinie, so daß Sie früh genug entscheiden können, was zu tun ist. Das sieht nach einem stressreichen Job aus, ist letztlich aber auch nichts anderes als das, was man von einem guten Autofahrer erwartet.

## Verkehrsangst überwinden

Machen Sie sich zwei Regeln zu eigen, und Sie werden ein guter Velofahrer im Straßenverkehr:
- Haben Sie keine Angst vor dem übrigen Verkehr!
- Vergessen Sie nicht, daß Sie ein Fahrzeug fahren!

Straßenverkehr ist lärmend, und dadurch fühlen sich die meisten neuen Velofahrer belästigt und eingeschüchtert. Ständig sind sie von unangenehmen Geräuschen umgeben und werden von schnellfahrenden Fahrzeugen überholt. Aber beides ist doch erst mal ungefährlich. Der Lärm ist sogar ein wertvolles Indiz zur Ortung der Verkehrsteilnehmer um einen herum, und Sie erfahren dadurch sogar besser als die Autofahrer, was so alles geschieht, z. B. ob der Lastzug hinter Ihnen nun die Motorbremse einlegt, weil die Ampel vor Ihnen rot ist, oder nicht. Die Autofahrer um Sie herum werden sich

überraschend kooperationsbereit zeigen, wenn Sie sich nur zuverlässig als Fahrzeuglenker betätigen. Selbst wenn sie recht nah überholen, dürften sie dem klug und weise agierenden Velofahrer nicht zur Gefahr werden.
Natürlich werden Sie sichtbar fahren wie alle langsameren Fahrzeuge auf der rechten Straßenseite. Es gebietet im allgemeinen schon die Höflichkeit, den schnelleren Verkehr links überholen zu lassen. Das soll aber auch wieder nicht heißen, daß Sie die ganze Zeit am Bordstein kleben sollen, weil das nun auch wieder nicht immer der sicherste Platz der Welt ist. Zum Beispiel sollten Sie sich nicht dicht an geparkten Autos vorbeidrücken. Wenn ein Insasse die linke Wagentüre öffnet, werden Sie zu Fall kommen. Außerdem erkennen von einer Seitenstraße einbiegende Autofahrer Sie so nicht, denn Sie werden von der Reihe der parkenden Autos verdeckt. Und wenn sich Ihnen ein einbiegender Autokühler in den Weg schiebt, müssen Sie als ängstlicher Rechtsfahrer erst mal zum Ausweichen links ausschwenken – und das möglicherweise gerade vor einem überholenden Auto! Also souverän sichtbar fahren und nicht überängstlich rechts kleben. Außerdem entgehen Sie so dem Straßenmüll, den die Autoräder an den rechten Straßenrand schleudern. Ein bißchen links davon ist dagegen die Bahn frei dem Tüchtigen. Der ängstliche Rechtsfahrer fordert auch geradezu den bekannten Konflikt heraus, nämlich daß er von einem Autofahrer links überholt wird, der ihm dann beim Rechtsabbiegen abrupt den Weg abschneidet.

## Sie haben gleiches Recht auf der Straße

Wo gehören Sie also hin auf der Straße? Immer wenn die Straße Kreuzungen oder geparkte Autos aufweist, fahren Sie etwas links vom Pfad der Angst, der äußerst rechten Fahrmöglichkeit. Die Sie auf der gleichen Fahrspur überholenden Autofahrer müssen dann schon etwas nach links ausweichen. Ist die Straße kreuzungs- und parkerfrei, fahren Sie dann doch mehr rechts, wenn auch nicht im Straßenmüll, damit Sie leichter überholt werden können. In dem Rezept mag man keinen himmelweiten Unterschied erkennen, doch beeinflußt Ihre Position auf der Straße das Kreuzungsgeschehen, also das Verhalten der anderen Verkehrsteilnehmer, ganz entscheidend und senkt das Unfallrisiko beträchtlich. Denn überholende und dann rechts abbiegende Autofahrer neigen dazu, Sie zu übersehen, wenn Sie rechts am Rinnstein fahren. Wenn Sie dagegen mehr geradeaus vor ihrer Nase zuckeln (mehr auf Spurmitte), ist es zuhöchst wahrscheinlich, daß ihnen dämmert, daß mit Ihrer Vorwärtsgeschwindigkeit irgendwann zu rechnen ist, und Sie bei ihrem Rechtsabbiegevorgang entsprechend berücksichtigt werden müssen. Ganz ähnliches gilt für die Einbieger aus Nebenstraßen, die Sie viel besser bemerken, wenn Sie die rechte Fahrspur voll ausnutzen.
Überholvorgänge der Autofahrer auf der gleichen Spur haben so ihre kitzligen Momente, und Sie sollten darauf einigermaßen vorbereitet sein. Natür-

lich sind Straßenbreite und Überholgeschwindigkeit die entscheidenden Faktoren. Wenn Sie das Gefühl haben, daß der Sicherheitsabstand von mindestens 1 Meter unterschritten wird, wird es dann Zeit, daß Sie die Mitte der Spur beanspruchen. Lieber Verkehrshindernis als Streifopfer – 50 km/h sind für die meisten Situationen des Stadtverkehrs sowieso objektiv zu schnell.

## Beim Ausscheren zurückblicken

Im Straßenverkehr unterwegs brauchen Sie jetzt verstärkt das Geradeausfahr-mit-Blick-zurück-Manöver, das Sie vorher geübt haben. Rückspiegel sind zwar eine Hilfe, aber die Einschätzung von Geschwindigkeiten ist mit ihnen schwierig. Oft hilft eben wirklich nur, über die Schulter zu blicken, vor allem, wenn Sie die Geradeausfahrt aufgeben müssen und damit die Wege anderer Verkehrsteilnehmer kreuzen. Hierbei zeigt sich einmal mehr der Vorteil der aufrechten Körperhaltung im Stadtverkehr. Das grüne Heft 25 «Das Verkehrsverhalten radfahrender Kinder und Jugendlicher» zitiert hierzu eine amerikanische Studie:

> Besonders hohe Anforderungen an die Geschicklichkeit und speziell an die Verarbeitung von Informationen über die Lage des eigenen Körpers im Raum stellt das Umblikken für Radfahrer dar, die ein Rad mit Rennlenker haben und deren Oberkörper während des Fahrens horizontal ausgerichtet ist. Wenn sich Radfahrer aus dieser Lage heraus umblicken wollen, müssen sie den Kopf um etwa 90° nach unten und etwa 45° nach links drehen. Oft schauen solche Radfahrer sogar unter ihrem linken Arm hinweg nach hinten. Durch diese Kopfdrehung während des Fahrens, möglicherweise sogar während des Abbremsens oder Beschleunigens, gerät der Vestibularapparat (Gleichgewichtsorgan) in eine ungewöhnliche Position.
> Die Wahrnehmungen des Radfahrers über die Lage des eigenen Körpers im Raum werden durch die vom Vestibularapparat kommenden ungewöhnlichen Signale gestört. Es wird angenommen, daß Radfahrer in einem solchen Augenblick Fehlwahrnehmungen unterliegen, wie sie – in stärkerem Ausmaß – auch von Piloten in Kampfflugzeugen erfahren werden.

Von solchen physiologischen Beschwerden ungetrübt schaut der Auffrechtfahrer über die Schulter zurück und registriert sorgfältig die Geschwindigkeit des zum Überholen ansetzenden Autofahrers, seine Entfernung und seinen seitlichen Abstand. Wenn die Lebenserfahrung grünes Licht gibt, strecken Sie jetzt kräftig den linken Arm aus und suchen Sie Blickkontakt – jawohl, Blickkontakt mit dem Autofahrer. Wenn Ihnen das lächerlich erscheint, stellen Sie sich die Frage, wie Sie sonst feststellen wollen, ob er Ihren Signalarm sieht. Der Autofahrer könnte ja gerade nach einer hübschen Fußgängerin blinzeln – und der Windschutzscheibe seines Autos merkt man so was überhaupt nicht an. Sie sollten für den Rest Ihres Lebens den Blickkontakt fest ins Repertoire nehmen. Wenn die Verkehrssituation immer noch gut aussieht, können Sie jetzt nach links ausscheren. Wenn nicht, unterlassen Sie es lieber und versuchen zu stoppen (vor der plötzlich aufgetauchten Gefahr nämlich).

## Linksabbiegen im Verkehr

Das wichtigste Manöver von allen ist das Linksabbiegen im dichten Verkehr. Viele Velofahrer, irritiert von all dem Verkehr um sie herum, machen bei diesem Manöver einen gefährlichen Fehler, indem sie ihren Linksabbiegeversuch von ganz rechts auf der Straße einleiten. Dabei fahren sie den überholenden Autos vor den Kühler.

Besser fahren Sie mit den folgenden beiden Alternativen:

- Linksabbiegen wie ein Auto
- Linksabbiegen wie ein Fußgänger

Der oben angeführte Verschnitt aus beiden führt zu nichts Gutem.

## Nach links wie ein Auto

Hierzu befolgen Sie obige Prozedur, also nach hinten blicken, den Arm ausstrecken, und – wenn's sicher ist – sich in die Linksabbiegespur einfädeln. Sie sind ja dort keineswegs langsamer als ein Autofahrer, der zum Linksabbiegen verzögern muß. Auf der Kreuzungsmitte achten Sie auf den Gegenverkehr und lassen ihm die Vorfahrt. Falls frei, führen Sie den Linksabbiegevorgang zu Ende – immer mit ausgestrecktem linkem Arm.

## Nach links wie ein Fußgänger

Wenn der überholende Verkehr zu dicht oder zu schnell ist, als daß man sich sicher nach links einfädeln könnte, bleibt nur das Linksabbiegen wie ein Fußgänger. Die Japaner haben hierfür schon Markierungen an ihren Kreuzungen. Fahren Sie in Ihrer gewohnten Fahrlinie unter Beachtung des kreuzenden Verkehrs bis zur gegenüberliegenden Gehwegecke und halten Sie dann an. Dirigieren Sie das Fahrrad nach links und fahren Sie weiter, sobald es die Situation erlaubt.

## Etwas Gefahrenlehre

Die besten Untersuchungen über die Ursachen von Fahrradunfällen, insbesondere bei Velo-Auto-Zusammenstößen stammen aus den USA (K. D. Cross und G. Fischer, A Study of Bicycle/Motor-Vehicle Accidents, Dept. of Transportation, Washington, 1977). Die Merkmale von 166 tödlichen und 753 nichttödlichen Velofahrer-Unfällen wurden nicht etwa den amtlichen Unfallanzeigen entnommen, son-

dern vor allem durch Interviews mit den Beteiligten oder Zeugen selbst erhoben. Die Altersabhängigkeit der Ursachen wurde besonders berücksichtigt.
Danach hängt die Unfallhäufigkeit mit dem Fahrrad mehr davon ab, wer man ist, als davon, wo oder wann man fährt:

| Velofahrertypus | Kilometer zwischen Unfällen |
|---|---|
| amerikanisches Kind | 2400 |
| amerikanischer College-Besucher | 3200 |
| amerikanischer Klubfahrer | 16000 |

Dies bezieht sich auf Unfälle mit medizinischer Versorgung oder Beschädigung des Fahrrads. Wenn es um folgenlose Stürze geht, fallen die College-Besucher im Mittel alle 150 Kilometer vom Fahrrad. Ganz klar haben die Klubfahrer wegen ihrer besseren Fahrzeugbeherrschung die niedrigste Unfallrate!
Bei den Unfallarten denkt jedermann zuerst an die Velo-Auto-Kollisionen, weil man die am meisten fürchtet. Tatsächlich sind diese aber nicht die häufigsten Unfallursachen, sondern:

| Unfallart | Klubfahrer | College-Besucher | Kinder |
|---|---|---|---|
| Stürze | 50 % | | |
| Velo-Auto-Kollision | 17 % | 16 % | 10 % |
| Velo-Velo-Kollision | 17 % | | |
| Velo-Hund-Kollision | 8 % | | |
| Sonstige | 8 % | | |

Die Untersuchung birgt noch mehr Überraschungen: Klubfahrer haben auf Radwegen mehr Unfälle als auf der Fahrbahn! Die Unfallursachen hängen außer vom Alter auch von der Herkunft der Velofahrer ab, beides hat offenbar auf die Fahrerfahrung Einfluß. Im folgenden ist für Velo-Auto-Kollisionen die Rangfolge der Unfallursachen angegeben, die häufigste Unfallursache steht an oberster Stelle. Das Ganze ist noch aufgeschlüsselt nach Alter und Herkunft der Fahrer. Eine in Amerika verbreitete Unart ist der Geisterfahrer, der im linken Straßengraben radfährt:

*Kind (Stadt)*
Durchfahren beim Stoppschild
Grundstücks-Ausfahrt
Velofahrer auf Gehweg biegt in Ausfahrt ein
Velofahrer auf Gehweg erfaßt von Autofahrer aus gewerblicher Ausfahrt
Velofahrer schert von Randsteinnähe nach links aus
Geisterfahrer schert in den Verkehr aus
Velofahrer wird bei Kreuzungsüberquerung von Linkseinbieger erfaßt.

*Kind (Land)*
Velofahrer kommt aus Wohnausfahrt
Velofahrer schlingert auf der Fahrbahn
Velofahrer schert nach links aus
Velofahrer fährt vom Gehweg oder Seitenstreifen auf Fahrbahn
Velofahrer fährt bei Stoppschild durch

*Teenager (Stadt)*
Geisterfahrer von Autofahrer beim Anfahren nach Stoppschild erfaßt
Velofahrer biegt aus Randsteinnähe nach links ab
Velofahrer kommt aus gewerblicher Ausfahrt
Geisterfahrer fährt bei Stoppschild durch
Geisterfahrer frontal erfaßt
Vorfahrtfehler an ungeregelter Kreuzung
Velofahrer fährt bei Rot durch
Velofahrer trifft beim Linksabbiegen aus Randsteinnähe auf Autofahrer aus Gegenrichtung
Geisterfahrer erfaßt von Rechtsabbieger mit Sonderregelung

*Teenager (Land)*
Velofahrer biegt aus Randsteinnähe nach links ab
Geisterfahrer frontal erfaßt
Geisterfahrer von Autofahrer beim Anfahren nach Stoppschild erfaßt
Velofahrer trifft beim Linksabbiegen aus Randsteinnähe auf Autofahrer aus Gegenrichtung
Vorfahrtfehler an ungeregelter Kreuzung

*Erwachsener (Stadt)*
Linksabbiegender Autofahrer
Rechtsabbiegender Autofahrer
Nach Stoppschild anfahrender Autofahrer

Velofahrer schert um Hindernis aus
Linksabbiegender Autofahrer
Linksabbiegender Velofahrer trifft Autofahrer aus Gegenrichtung

Die Liste bedeutet natürlich nicht, daß eine nicht aufgeführte Unfallursache bei dem betreffenden Fahrertypus gar nicht vorkäme. Sie ist da nur seltener als bei einem anderen Fahrertypus, bei dem sie angeführt ist.

Dem Ideal des guten Velofahrers kommt also der Klubfahrer am nächsten. Wie schnell ein Anfänger dorthin gelangt, hängt natürlich davon ab, wieviel er fährt und unter welchen Lernanreizen, wieviel Anleitung er erhält, und natürlich von seiner Intelligenz. Der amerikanische Verkehrsingenieur John Forester hat für die League of American Wheelmen (LAW) ein Curriculum entwickelt, das Effective Cycling Program, das weltweit als vorbildlich gilt. Er gibt auch eine Tabelle über den Lernfortschritt des Velofahrers an:

Fahrleistung und Dauer zum Erlernen verkehrssicheren Velofahrens

| Lernweise | Kilometer | Jahre |
|---|---|---|
| Selbstunterricht | 80000 | 10–20 |
| Radklub | 8000 | 2 |
| aus einem Buch | 4000 | 1 |
| Effective Cycling Program | 1300 | 1/4 |

Die Zahlen stimmen zumindest nachdenklich. Ob es mit dem einmaligen Besuch in der Jugendverkehrsschule vielleicht doch nicht getan ist?

Hierzu noch eine Lesefrucht aus der Untersuchung der Psychologen aus dem grünen Heft 25 (Unfall- und Sicherheitsforschung im Straßenverkehr, BASt 1979):
«Es wäre naiv anzunehmen, die vom Lehrer in den Verkehrskundeunterricht eingebrachten Lernziele würden von den Kindern ohne Umdeutungen als ihre Handlungsziele übernommen. Wie Handlungsvollzüge durch solche Umdeutungen im Einzelfall geformt werden, konn-

ten wir bei einer praktischen Radfahrprüfung in einer Jugendverkehrsschule beobachten. Eine der Fahraufgaben forderte von den Kindern, sich vor dem Einfädeln vom Radweg in den ‹fließenden Verkehr› der Straße umzublicken. Bei genauer Beobachtung konnten wir feststellen, daß die Kinder zwar den Kopf zur Seite drehten, wie es beim Umblicken notwendig ist, tatsächlich aber nicht nach hinten blickten, sondern nach vorn.
Das Lernziel des verkehrsangepaßten Verhaltens (Umblicken) war hier offenbar durch ein Handlungsziel der Kinder (Prüfung bestehen) überlagert worden. Denn die Kinder wußten, daß der Prüfer gleichzeitig mehrere Radfahrer beobachten mußte und ihre Blickbewegungen nicht exakt verfolgen konnte. Daß auf den Straßen der Jugendverkehrsschule keine Autos fuhren, auf die sie beim Einfädeln zu achten hätten, wußten sie ebenfalls. Für das Ziel, die Prüfung zu bestehen, reichte also die kurze Kopfdrehung aus.* Würden die Kinder dieses in der Jugendverkehrsschule ‹gelernte› Verhalten auf den realen Straßenverkehr übertragen, so hätte dies gefährliche Folgen.»

* Ethnologen würden solches Verhalten «ritualisiert» nennen, weil es seine ursprüngliche Funktion (Verkehrsangepaßtheit) verloren hat, in reduzierter Form imitiert wird und diese Form an die Reaktionseigentümlichkeit des Signalempfängers (des Prüfers) angepaßt ist.

Wer ein Fahrrad hat…

# Fahrradkauf

Fahrradprospekte lesen sich wie Bauanleitungen für jemand, der jetzt selber Fahrräder montieren will. Die Leute wüßten aber lieber, ob das Fahrrad zu ihren Lebensgewohnheiten paßt und welche Fahreigenschaften es hat. Bei Verkäufern, die nur Auto oder allenfalls mal Motorrad fahren, laufen Fahrradinteressenten schnell auf. Dann muß oft der goldene Erfahrungsschatz der Radrennfahrer herhalten, der auch noch zur Beantwortung der Fragen einer Frau gut sein soll, die mit dem Fahrrad in die Fußgängerzone zum Einkaufen fahren will. Die neuen Fahrradfreunde, die seit zwanzig oder mehr Jahren nicht mehr Fahrrad gefahren sind, müssen sich da in acht nehmen, daß ihnen nicht ein Fahrrad eingeredet wird, das sie eigentlich gar nicht haben wollen.

Denn Fahrradkauf ist nicht mehr Vertrauenssache, sondern für die Velo-Anfänger eher Intelligenzprobe und Phantasietest geworden: Kann man sich jetzt schon vorstellen, wo man das Fahrrad überall satteln wird? Fährt man damit mehr ins Kino oder mehr zum Baden? Muß ein Kindersitz drauf oder soll es selbst auf dem Auto Huckepack genommen werden? Kommt man sich mit einer Hosenklammer blöd vor oder fährt man nur mit weißen Söckchen? Bleibt die Fahrstrecke ein Leben lang windstill und topfeben oder wäre man öfters für eine Schaltung dankbar?

Um die uferlosen Fahrradvarianten, die sich in kleinen, aber oft wesentlichen Details unterscheiden, in eine logische Ordnung zu bringen, sind hier drei Typen eingegrenzt, die aus einer Abwägung zwischen Benutzerfreundlichkeit und technischen Anforderungen folgen und anders als die Handelskategorien liegen.

## Allwetter-Fahrrad

In der Stadt ist es wichtig, saubere Kleider zu behalten und nicht immer mit der Hosenklammer fummeln zu müssen. Außerdem soll das Fahrrad ultrabequem zu fahren, zu schieben und abzustellen sein. Die Holländer machen

vor, wie so was aussehen muß: hochgezogener Lenker, gutgefederter Sattel, Zweibeinständer, Mantelschoner und rundum geschlossener Kettenkasten, der das Fahrrad außerdem praktisch wartungsfrei bis zum Ruhestand macht. Zu solcher Philosophie passen Nabenschaltungen, Rücktrittbremse hinten, Trommelbremse vorn, am liebsten mit Gestängebetätigung. Das höhere Gewicht ist für Freunde des Hollandrads zweitrangig.
So wie niemand ein Auto ohne Wagenheber kauft, sollte man auch kein Hollandrad ohne ELDI-Gabelaufspreizzange (34 Mark) kaufen. Mit ihr kann man bei einer Hinterradpanne das Rahmenende so von der Hinterachse wegspreizen, daß man den defekten Schlauch entfernen kann, ohne das Rad

Zeichnungen: Elspeth Kinneir (mit Genehmigung von DM)

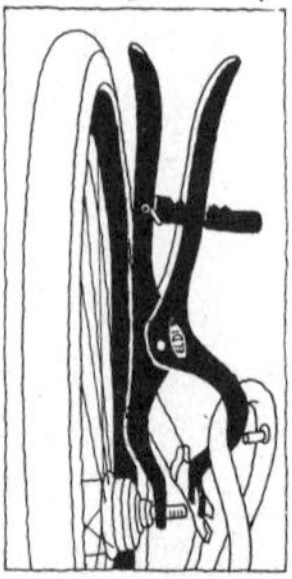

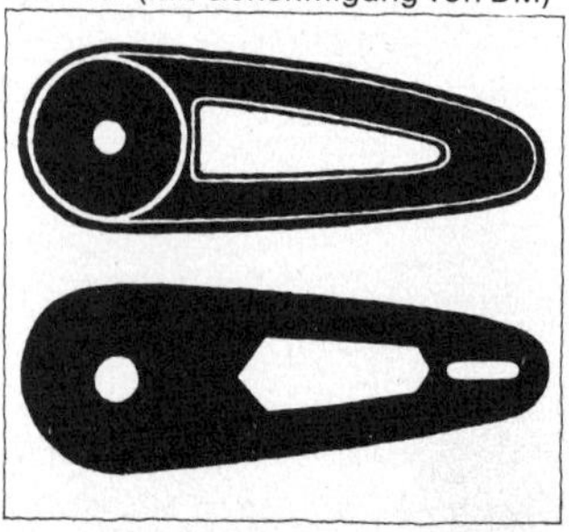

auszubauen, was beim Hollandrand zu langwierig wäre. Unter diesen Bedingungen ist auch die Handpumpe PIEPER «Montifix» (für 9 Mark) heiß zu empfehlen, die zugleich als Reifenwerkzeug für die Demontage und Montage ausgebildet ist. Auch sonst ist dies die einzige Pannenhilfe für Frauen- und Kinderhände auf dem Markt.
Ein Fahrrad ohne Schaltung zu kaufen ist nicht sinnvoll: Der Preisunterschied zwischen Dreigang-Rücktrittnabe und einfacher Rücktrittnabe macht beim neuen Rad gerade 60 Mark aus. Irgendwann im Leben kommt doch mal der Ehrgeiz, einen Hang oder Gegenwind ohne Absteigen zu bezwingen.
Rundum-Kettenkästen gibt es in Wachstuch (im Bild am Fahrrad), Stahlblech (rechts unten) und Plastik (rechts ganz unten). Es gibt allerdings viele entfeinerte Versionen dieses Typs, gekennzeichnet durch nur teilweise Verkleidung der Kette, fehlende Mantelschoner oder kurzlebigen Korrosionsschutz.

## Touristikfahrrad mit teilverkleideter Gangschaltung

Für längere Radtouren und Stadtfahrten mit ein paar Steigungen ist das Hollandrad nur bedingt tauglich, und Radwanderer liebäugeln dann doch mit einer Kettenschaltung, deren Bergtüchtigkeit nachträglich noch gesteigert werden kann. Der rundum geschlossene Kettenkasten ist damit leider passé, aber auf eine Teilabdeckung der Kette sollte man auf keinen Fall verzichten. Trotzdem sollte die Schaltung doch so bedienungsfreundlich wie die Nabenschaltung sein. Deshalb werden hier nur Fahrräder mit sogenannter positionierender Schaltung berücksichtigt, die 5 oder 6 einrastende Gänge hat und nicht ständiger Feinjustierung bedarf. Wer eine von den Fummelschaltungen kauft, ist selber schuld. Die neue Commander-Schaltung von Fichtel & Sachs bringt 12 Gänge mit Kettenteilabdeckung, da ein Schaltvorgang in der Nabe vor sich geht, – dafür aber wieder die Entscheidungsqual zwischen 2 Schalthebeln.
Die Schaltsysteme erkennt man an ihren Schalthebeln (im Bild von links nach rechts): Shimano Positron, Sachs Commander, Huret Sensomatic, – alle zur Montage am Lenkerkopf. Rechts außen: Shimano-Positron-Schalthebel für Daumenbedienung, – ohne die Hand vom Lenker zu nehmen.
Der neue Frontfreilauf aus Japan setzt der Schaltfreundlichkeit die Krone auf.
Die Shimano erkannte als Hauptproblem die Unfähigkeit vieler Leute, beim Schalten den Druck von den Pedalen zu nehmen, aber trotzdem weiterzutreten, um die Kette zu bewegen. Lassen wir doch das Hinterrad die Kette bewegen, sagten sie sich und verlegten den Freilauf in die Tretlagerwelle. Wenn das Fahrrad nur rollt, kann man so mit stillstehenden Pedalen butterweich schalten, oder es durch Schieben vor dem Aufsteigen in den gewünschten Gang bringen. Das ist bei der konventionellen Schaltung nicht

Zeichnungen: Elspeth Kinneir
(mit Genehmigung von DM)

möglich: Ist man da im schnellsten Gang und will bergauf losfahren, muß man erst ein Stück bergab fahren, um überhaupt runterschalten zu können. Den Frontfreilauf bauen bisher allerdings nur Multcycle, KTM und Winora serienmäßig ein.

## 10-Gang-Schönwetterflitzer für den Kofferraum

Wer zehn Gänge haben will, darf mit Kleiderschutz nicht mehr rechnen. Für diesen Komfortverzicht kann er verlangen, daß das Fahrrad in den Kofferraum paßt. Dies besorgen die Schnellspann-Naben, dank derer im Nu die

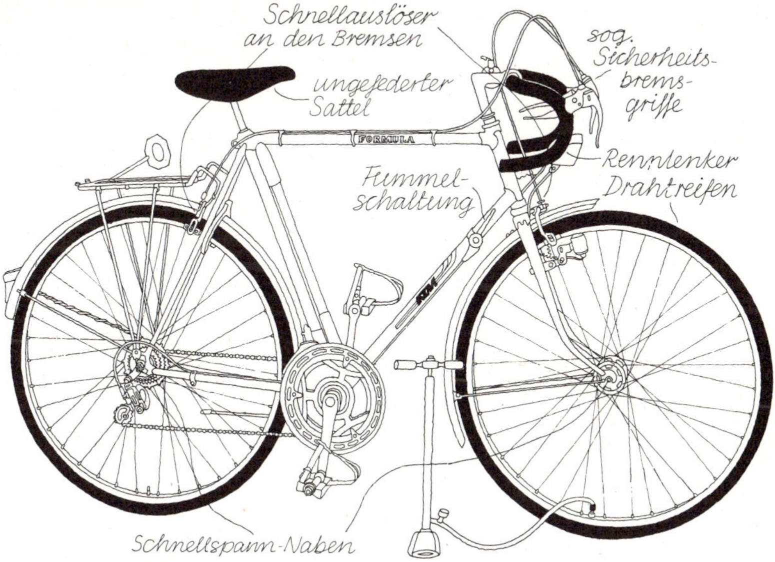


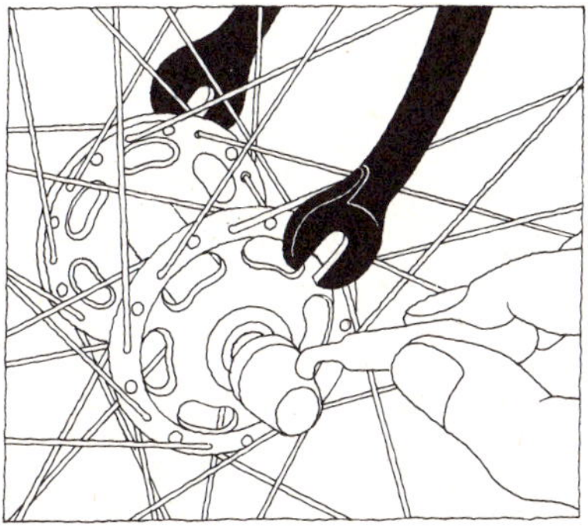

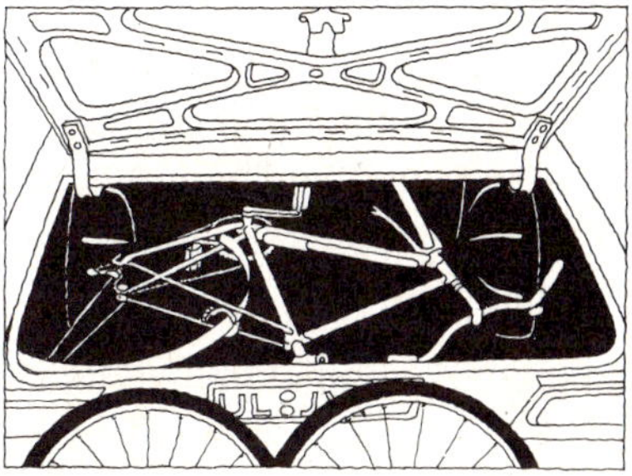

Zeichnungen: Elspeth Kinneir (mit Genehmigung von DM)

Räder aus dem Rahmen genommen werden können. Wenn auch auf Kotflügel verzichtet wurde, passen Rahmen und darübergelegte Räder wirklich zu mehreren in jeden Kofferraum oder vor die Hintersitze. Den benzinfressenden Dachträger kann man sich dann sparen. Fummelschaltungen sind hier zugelassen, denn selbst bei der 10-Gang-Positron muß der linke Hebel befummelt werden.

Statt mit biederen Achsmuttern werden hier die Räder mit einem von Hand zu betätigenden Schnappverschluß in den Gabeln festgeklemmt oder gelokkert. Für Nabenschaltungen gibt es das leider nicht. Der Unterschied am Neupreis macht nur 20 Mark, während das nachträgliche Einspeichen einem fast niemand mehr macht. Seriöse Fahrräder haben dazuhin noch Felgenbremsen mit Schnellauslösung, die man durch einen Fingerdruck auseinanderklaffen lassen kann, so daß das herausfallende Rad nicht die Bremsklötze abreißt. Damit die ölige Kette nach Herausnahme des Hinterrads versorgt ist und nicht herumschlenkert, sehen gute Firmen auch noch einen Kettenaufhänger an der rechten Hinterstrebe vor.

An der Frage des Kettenschutzes scheiden sich nicht nur die Geister, sondern ganze Nationen. Holland und England kennen den rundum geschlossenen Kettenkasten, der zugleich fahrer- und kettenfreundlich ist. Italien, Frankreich und die BRD wollen nur das «Sportrad» mit fast freiliegender Kette gelten lassen und auch noch der rüstigen Rentnerin für ihre Fahrt zur Volkshochschule andrehen. Dabei macht die unverkleidete, zunächst ölige, dann verdreckte Kette nun wirklich jeden Hosenträger zum Clown: wenigstens das rechte Hosenbein muß mit Hosenklammer oder -spange (zur Not auch mit einer Wäscheklammer) um den Knöchel gezurrt werden, soll es nicht zum unfreiwilligen Kettenputzer oder gar in den Antrieb geraten und den Fahrer zu Boden reißen. An sonnigen Wintertagen kann man bei Zehngangrädern neben den Hosenbeinen des Fahrers auch die mattsilber glänzenden Umwerfer der Kettenschaltung leiden sehen: das Streusalz läßt das Leichtmetall erbarmungslos korrodieren. Hier zeigt sich, daß ein geschlossener Kettenkasten nicht nur den besten Schutz *vor* der Kette, sondern auch *für* den ganzen Antrieb vor Korrosion bietet – wichtiges Kriterium für jedes Langzeitfahrrad. Es gibt viele neue Fahrradfreunde, die sich beim Kauf vom technischen Fetisch Rennrad blenden ließen, nach den ersten Stadtfahrten aber feststellen mußten, daß sie sich verkauft hatten. Sie sind reif für ein Zweitfahrrad.
Der Unterschied zwischen einem sein Rennrad hätschelnden Franzosen und einem Holländer, der sein Rad wochenlang im Regen stehen läßt, könnte kaum größer sein. Auf solch harsche Behandlung als Gebrauchsgegenstand ist das Hollandrad aus Holland aber auch eingestellt. Der Zusatz «aus Holland» ist allerdings entscheidend. Denn schon lange gehört zum deutsch-holländischen Grenzverkehr auch der Import entfeinerter Hollandräder Made in Germany, die den holländischen Herstellern im eigenen Lande die Preise verderben. Schnell sind hier ein paar Lackschichten weggelassen, dort der Chrom ein paar Mikrometer dünner und drittklassige Fahrradteile montiert – fertig ist das billige Hollandrad, bei dem nur noch auf dem Wachstuchkettenkasten MADE IN HOLLAND steht – dort aber so groß, daß der Käufer sich täuschen läßt und meint, das gelte fürs ganze Rad. Zum Schutz ihrer edleren, aber teureren Produkte vor plumpen Imitationen haben Hollands große Vier – Batavus, Gazelle, Sparta und Union – einen Schutzverein

## Die Deutschen und der Kettenkasten

Schon 1962 beobachtete der verstorbene Ingenieur Ernst Hartz in seinem verdienstvollen, heute vergriffenen Buch «Fahrradtechnik», daß es im Ausland sinnvollere Kettenkästen gibt als hierzulande: «Aus gleichem Material», schreibt er nach Erwähnung der Mantelschoner aus durchsichtiger Plastikfolie oder aus Wachstuch, werden im Ausland auch vollständige Kettenverkleidungen für Fahrräder mit Reiß- oder Spiralverschlüssen hergestellt, während man sich bei uns mit einer mehr oder weniger problematischen Abdeckung des oberen Teiles des Kettentriebes begnügt, oder sogar mit vollständig frei liegender Kette fährt. Unser «Kettenschutz» kann also höchstens als ein gewisser Schutz vor der Kette angesprochen werden, während die Vollverkleidung einen Schutz für die und vor der Kette bedeutet. Da Kette und Rad leicht zugänglich bleiben und das Gewicht nicht spürbar ist, ist es eigentlich unverständlich, daß weder die Seiten- noch die Kettenverkleidung beim deutschen Radfahrer Anklang finden konnten. Wahrscheinlich sind sie den meisten überhaupt nicht bekannt.»
Kunststück, möchte man hinzufügen, wenn dem deutschen Hersteller die zusätzliche Montagezeit am Band ein Greuel ist und der Händler behauptet, in Norddeutschland ja, da werde sowas verlangt, aber südlich des Mains nicht – auch wenn Sie selbst soeben danach gefragt haben. Das Hauptargument, vor allem auch der Händler, gegen geschlossene Kettenkästen ist der komplizierte Hinterradausbau, etwa zum Reifenflicken. Allerdings lassen sich bei etwas Motivation viele Lecks am unausgebauten Hinterrad flicken. Oder man nimmt die EL-DI-Gabelaufspreizzange, die zum Hollandrad gehört wie der Wagenheber zum Auto. Selbst damit fällt die Güterabwägung immer noch eindeutig für den geschlossenen Kettenkasten aus. Insofern ist es eine Verkehrung von Ursache und Wirkung, wenn im Fahrradtechnik-Buch von S. Rauch und F. Winkler 1980 steht: «...bleibt es unverständlich, daß von der Mehrzahl der deutschen Radfahrer weder eine Teil- noch eine Vollverkleidung der Kette bisher akzeptiert wurde.» Was nicht angeboten wird, kann man schlecht akzeptieren.

«Stichting Holland-Fiets» gegründet, dessen Schutzmarke auf ihren Rädern signalisiert, daß es sich hier um ein originales Hollandrad handelt. Dargestellt ist ein Fahrrad in den holländischen Farben Blau-Weiß-Rot mit dem Schriftzug HOLLAND FIETS. Denn das in Holland vorgeschriebene weiße Schutzblech-Ende und der zusätzliche rechteckige Rückstrahler zieren ja auch die deutschen Billig-Exporte. Wenn diese Sicherheitsmerkmale allerdings fehlen, hat man die Gewißheit, ein deutsches Produkt vor sich zu haben.
Seit aber Gazelle zum britischen Tube-Investments-Konzern (TI) und damit zu Raleigh gehört und die Firma Unikap mit der Marke «Union» ausgeschlossen wurde, weil sie auch über den Nichtfachhandel verkaufte, kleben nur noch Sparta und Batavus die Schutzmarke HOLLAND FIETS. Union kreierte eine eigene, ein rotes Siegel mit dem Schriftzug ORIGINAL HOLLAND FAHRRAD darstellend. Nachdem ab 1981 die Nürnberger Zweiradwerke einige Sparta-Hollandräder unter ihrer Marke «Hercules» in der Bundesrepublik vertreiben, (bzw. auch unter der Marke «Victoria», falls sie zwei Fachhändler am gleichen Ort beliefern), wird möglicherweise auch der Schriftzug HOLLAND FIETS der Fiktion geopfert werden, die Räder seien in Nürnberg gebaut worden. Daneben gibt es noch kleinere Marken aus Holland: Eroba, die Doppelgängermarken Burgers und Empo sowie Rivel, die sich aber schon auf den Preiskampf mit den deutschen Billigimporten einlassen müssen.
In Deutschland hat praktisch jede Fahrradfabrik und jeder Konfektionär ein Damen- und ein Herren-Hollandrad im Programm – ein monotones Einerlei in den Farben schwarz, dunkelbraun oder dunkelgrün. Allerdings gibt es auch «Hollandräder» mit offenem Kettenkasten, die die Kette langsam verdrecken lassen, wie z. B. von der Firma Kynast und dem von ihr belieferten Quelle-Versand. Selbst die Importfirmen ohne Kettenkastentradition zu Hause – Motobecane, Peugeot, Puch – verkaufen den Deutschen Hollandräder. Leider findet auch nur eine enttäuschende Minimalauswahl der bunten Programme der großen Vier nach Deutschland: die importierenden Großhändler richten sich nach dem Geschmack der Händler, und die scheinen ihren Kunden außer schwarz, braun und grün nichts zu gönnen. Wer ein Hollandrad in Rot (Batavus), Lichtblau, Gold oder gar zweifarbig Braun/Gold sucht (Union), muß in aller Regel nach Holland fahren, ebenso wer auf Gestängebedienung der Bremsen schwört. Die Spitzenmodelle der großen Vier sind in Deutschland nicht zu haben. Ausnahme: Sparta «Diplomat» mit den patentierten gekoppelten Gestängebremsen, denen man vor allem unter den Bezeichnungen Hercules «Amsterdam» oder Victoria «Amsterdam» begegnen wird. Batavus sendet nach Deutschland als «Flying Dutchman» eine entfeinerte Version seines Spitzenmodells gleichen Namens. Jugend-Hollandräder sind in Deutschland praktisch nicht zu bekommen. Dabei haben eine Mutter auf dem Nostalgierad mit der Tochter auf einer verkleinerten Ausgabe oder ein Vater-Sohn-Gespann auf Hollandrädern gute Aussichten,

vom Reporter der Lokalzeitung fotografiert zu werden. Zum Glück importiert die größte Fahrradfabrik der Welt, TI Raleigh, ein schönes Spektrum traditioneller Englandräder nach Deutschland. Sie zeichnen sich durch einen Stahlkettenkasten, britische Schaltungs-, Trommelbrems- und sogar Dynamonaben von TI Sturmey-Archer und bequeme Hängematten-Ledersättel von TI Brooks aus. Darunter der total verchromte «Roadster» mit Dynamonabe, Bordnetz und Gestänge-Felgenbremsen, dessen Preisschild mit 997 Mark die Spitze dessen markiert, was man zur Zeit für ein Allwetterfahrrad ausgeben kann. Metallblau oder mittelgrün gibt es das «Granada» mit der Fünfgangnabe von Sturmey-Archer, die eine Bergtüchtigkeit von 25 Prozent ermöglicht. Diese Nabe gibt es sonst nur noch in dem ebenfalls britischen Ultraleicht-Faltrad «Bickerton-Portable», das von einer Dortmunder Firma importiert wird.

Erfreulicherweise zeigen sich in jüngster Zeit auch in Deutschland Ansätze zu Originalität. Die Fahrradfabrik Ernst Kleinebenne in Leopoldshöhe fertigt ein 13 Kilo leichtes «Aluminium-Stahl»-Tourenrad Marke «Patria» für 550 Mark mit Plastik-Kettenkasten, und der Hamburger Designer Werner Jordan läßt seine ebenso leichte «Bamboo-Machine» in Serie produzieren, deren Bambuslook durch Stahlkettenkasten und Schutzbleche in Palmenblätterform prestigeträchtig vervollkommnet wird. Während man sonst mit 18 bis 21 Kilo für ein Allwetterfahrrad rechnen muß, gibt es nun ausgerechnet bei uns erstmalig Leichtgewichte mit vernünftigen Kettenkästen, die man in modischer Kleidung fahren kann.

Wer sich für ein Holland- oder Englandrad entscheidet, erwirbt damit ein Langzeitfahrrad, das ihn ein Leben lang begleitet. Da ist es vielleicht nicht sinnvoll, auf alle Extras, die es nur bei diesen Rädern gibt, von vornherein zu verzichten. Gerade hier ist für einen Hunderter mehr eine Menge an Wartungs- und damit Verdrußlosigkeit zu gewinnen. Das Preis-Leistungs-Verhältnis ist bei diesen Fahrrädern sowieso einmalig, wenn man etwa zum Vergleich Abfahrtskier heranzieht.

## Besondere Aufmerksamkeit verdienen beim Kauf folgende Punkte

### Rahmen

Herrenräder haben den Einheitsrahmen, bei den Damenrädern gibt es eine wenig bekannte ergonomische Spitzenleistung: den Nostalgierahmen mit einem geraden und einem gekurvten Unterrohr. Er sieht nicht nur klassisch aus, sondern hat auch den bequemsten Durchstieg und die höchste Lenkerposition (in Ellenbogenhöhe des stehenden Fahrers). So läßt sich das Fahrrad ultrabequem aufrecht fahren und vor allem auch in der Fußgängerzone schieben, ohne daß man sich ständig herabbeugen muß. Wer als Mann bequem mit seinem Fahrrad hantieren möchte, sollte sich nicht scheuen, diesen

Rahmen zu nehmen (Batavus' schwarzes «Old Fashioned» mit dauergeschmierten Fertigkugellagern im Tretlager für 536 Mark, deutsche von Panther [auch in Weiß] Kalkhoff, Sudbrack und anderen). Zum bequemen Fahren braucht man auch die richtige Rahmenhöhe (Abstand Tretlagerwelle bis Sattelrohr-Klemmstelle). Zu kleine Rahmen zwingen dazu, Lenker und Sattel so weit herauszuziehen – falls das überhaupt geht –, daß sie zu federn anfangen und man sich unsicher fühlt. In Deutschland gelten die Einheitshöhen 530 Millimeter für die Damengröße und 580 Millimeter für die Herrengröße. 250 Millimeter dazugezählt kommt man so auf Schrittlängen von 780 mm für die dazupassende Fahrerin und 830 mm für den passenden Fahrer. Abweichler haben nur bei den Holländern eine Chance. Bei Batavus und Sparta gibt's serienmäßig auch 610er Herrengrößen. Eine 640er Herrengröße hat auch der holländische «Flying Dutchman» von Batavus, eine 600er Damen- und 650er Herrengröße Gazelles «Sport Impala». Bei Union gibt's das «Climax» in 650er Herrengröße (gegen 45 Gulden Mehrpreis). Gegen 200 Gulden Aufpreis fertigt schließlich Gazelle sein «Sport Impala» in jeder Sondergröße.

Sattel

Ob der richtige Sattel gekauft wurde, zeigt sich erst nach dem Fahrradkauf, nämlich darin, ob das Fahrrad benutzt wird oder im Keller bleibt. Ist das ins Auge gefaßte Fahrrad mit einem geschäumten Polyurethan-Sattel bestückt, lassen Sie einen Ledersattel montieren. Alles Wissenswerte zum Thema «Sattel» lesen Sie bitte auf den Seiten 81–106 nach.

Räder und Reifen

Im Interesse eines möglichst kleinen Rollwiderstands sollte man die größtmöglichen, also 700er Räder (früher 28 Zoll) und nicht die kleineren 650er Räder (26 Zoll) nehmen. Allerdings gibt's die verkleideten Tandems – das von TI Gazelle bzw. TI Raleigh und das luxuriösere Sparta-Tandem bzw. Herkules oder Victoria «Tilburg» – nur mit kleineren Rädern. Aus demselben Grunde sollte man eigentlich schmale Reifen nehmen. Die erste Zahl der DIN-Bezeichnung – z. B. 40-635 – gibt die Reifenbreite in Millimetern an (die zweite wird erst beim Reifenwechsel interessant). Die Hollandräder haben meist 40 mm breite, weiße Reifen, weil sie so schön federn und man auf den breiten Felgen mit einem Plattfuß ohne Schlingern weiterfahren und nach Hause kommen kann. Schmalere Reifen sind, wie gesagt, leichter zu treten, aber unterhalb von 28 mm Breite steigt das Pannenrisiko steil an, und im tiefen Sand oder Kies schlingert das Fahrrad beängstigend.

Antrieb

Alle Batavus-Hollandräder sind mit besonders leicht laufenden Fertig-Kugellagern als Tretlager ausgerüstet – vor dreißig Jahren gab's das auch noch im deutschen Fahrrad Dürkopp «Diana». Unter einer Dreigangschaltung sollte man es nicht tun. Die von Fichtel & Sachs und die von Shimano sind fast immer mit der Rücktrittbremse kombiniert, während diejenige von Sturmey-Archer meist mit Trommelbremse oder Nabendynamo zusammengebaut ist. Bergtüchtigkeit rund 180 Prozent, d. h. der Berggang ist soviel leichter zu treten als der Schnellgang. Die Fünfgangnabe von TI Sturmey-Archer – Bergtüchtigkeit 225 Prozent – gibt's nur mit Felgenbremse am Hinterrad.

Bremsen
Die Deutschen halten die Rücktrittbremse für besonders sicher, weil sie damit das Hinterrad jederzeit zum Blockieren bringen können. Dabei ist zumindest Autofahrern bekannt, daß ein einmal radierendes Rad keine befriedigende Bremsleistung mehr bringt. Insofern sind die Trommelbremsen durchaus eine Alternative und allemal besser als die bei Nässe versagenden Felgenbremsen. Verglichen mit den wartungsfreien Bedienungsgestängen erscheinen Bowdenzüge als pflegebedürftige Bandwürmer, die ständig ersetzt werden müssen. Das TRS-System im Sparta «Diplomat» gestattet, mit einer Hand beide Räder dosiert zu bremsen – gut fürs Abbiegen mit ausgestrecktem Signalarm.

Kleiderschutz
Der Wachstuch-Kettenkasten von Enitor mit dem durchsteckbaren Rundumverschluß ist typisch, aber bei Hinterradausbau unpraktisch. Für Selbstreparierer gehört zum Hollandrad, wie schon einmal erwähnt, die ELDI-Gabelaufspreizzange wie zum Auto der Wagenheber. Die meisten Reifenreparaturen lassen sich zwar am eingebauten Hinterrad erledigen, wer aber den Schlauch unter Wasser tauchen will, kann ihn mit der Zange vom Hinterrad bekommen, ohne am Kettenkasten fummeln zu müssen. Das Wachstuchmaterial heißt auch Moleskin («Maul-Skin» gesprochen) aus Zeiten, als man das Wachstuch noch als «Maulwurfsleder» aufzuwerten müssen glaubte. Aus dem gleichen Material oder transparent sind auch die Mantelschoner am Hinterrad, die besser als Fahrradnetze die Kleidung schützen. Leichter zu zerlegen und auch nachträglich zu montieren ist der Plastik-Kettenkasten von DeWoerd, der an Sparta-Rädern sogar öldicht sein soll, so daß man die Kette im Ölbad laufen lassen kann. Der Stahlblech-Kettenkasten von Raleigh ist am robustesten und das Kennzeichen des Englandrads. Das DIN-Zeichen findet man kaum bei Hollandrädern, denn der Hinweis auf die deutsche Sicherheitsnorm zerstörte ja die Fiktion, daß sie in Holland hergestellt worden seien. Zudem sind bei den meisten Holland- und Englandrädern die Kurbeln mit dem sogenannten Kurbelkeil befestigt – einem DIN-widrig scharfkantigen Stift am Kurbelkopf. Vor allem auf der linken Seite fällt beim Treten der Hosenschlag solange auf den Keil, bis der sich irgendwann mal verfängt und entweder den Hosenaufschlag zerfranst oder – schlimmer – den

Fuß des Fahrers vom Pedal reißt, was zu einem bösen Sturz führen kann. Man sieht daher viele Fahrer, die trotz Kettenkasten nun links die Hosenklammer benutzen müssen. Keine solche Probleme hat, wer beim Kauf auf keillose Kurbeln achtet (bei Patria, Peugeot).

Transport

Die Federklappe auf dem Gepäckträger ist in Holland out. Statt dessen hat man mit beiden Enden fest installierte Gummibänder, die denn auch nicht in die Speichen kommen können. Man hebt die Bänder an und schiebt das Gepäck darunter. Für Getränkekörbe läßt sich im Nu der Zusatzträger von Steco (25 Mark) aufsetzen, oder man nimmt einen modischen Anhänger, den lustigen Fahrrad-Beiwagen «Packy» von Sprick für 100 Mark. Außerdem gibt es schöne Fahrradkörbe, z. T. mit Wachstuchschleuse, für den Einkauf sowie Körbe für den Kindertransport, die sich per Schnellverschluß aufsetzen und abnehmen lassen. Den zweibeinigen Gepäckständer am Hinterrad gibt es noch an den Nostalgierädern.

Schloß

Das Speichenschloß an der Sitzstrebe kann ein Fußtritt knacken und kann insofern nicht als seriöses Sicherungsmittel betrachtet werden. Besser sind die Rahmenschlösser, die den Hinterreifen umspannen. Das BASTA-Rahmenschloß ist schwer zu knacken, schützt aber nicht vor dem Wegtragen des Fahrrads, ebensowenig wie das Gabelkopfschloß von Raleigh, das die Lenkung arretiert. Batavus hat ein aus dem Sattelrohr ausziehbares Seilschloß entwickelt, mit dem man sein Fahrrad anschließen kann. Nach dem Öffnen rutscht das Seil zurück. Damit das Rücklicht nicht an der Hauswand beim Parken zerkratzt wird, haben die besseren Hollandräder eine überstehende Bumperstrebe.

# Der rororo-Fahrradkatalog

Der Fahrradbranche fehlt bislang das Korrektiv einer kritischen Presse. Während für Hifi, Foto oder Mofas gute Jahreskataloge an jedem Kiosk greifbar sind, gibt es für die unübersehbare Vielfalt der Veloprodukte buchstäblich nichts. Nachfolgend sind Stadtfahrräder und ausgewähltes Zubehör zusammengestellt; die unverbindlichen Zirka-Preise wurden im Herbst 1980 in Informationsgesprächen mit Fachhändlern ermittelt.

♀ bezeichnet Rahmen mit Durchstieg («Damenräder»), ♂ solche mit Oberrohr («Herrenräder»); die Rahmenhöhen, Raddurchmesser und DIN-Reifenbezeichnungen sind in Millimetern angegeben.

«Warum ein Mofa kaufen, wenn Sie schon ein halbes haben?» wirbt die amerikanische Tiefladerschmiede General Engines Co für ihren elektrischen Fahrradantrieb «Pedal Power». Der Elektromotor von Bosch wird vom Lenker aus eingerückt und wirkt per Reibrolle aufs Vorderrad (400, 750 oder 1100 Watt). Reichweite ohne Mittreten 24 bzw. 40 Kilometer; Nachladen für 25 Pfennig an der Steckdose über Nacht. Das Fahrrad mit Hilfsmotor muß derzeit noch im Einzelverfahren zugelassen werden, noch bis in die Nachkriegszeit war es nicht versicherungspflichtig.
Bezugsquellen-Nachweis: E. Kitowski, Goethestr. 75, 4230 Wesel 1.

## Abstellen eines Mofas im Keller

Der Mieter macht sich eines vertragswidrigen Gebrauchs der Mieträume schuldig, wenn er sein Mofa im Keller abstellt (§ 550 BGB). Dies entspricht auch der Verordnung über brennbare Flüssigkeiten vom 5. Juni 1970 – BGBl. I S. 689 –, die in § 10 bestimmt, daß die Lagerung brennbarer Flüssigkeiten – und solche befinden sich im Tank eines in Betrieb befindlichen Mofas – in Kellerräumen von Wohnungen unzulässig ist. (AG Castrop-Rauxel, Urteil vom 21. März 1979 – 9 C 22/79)

Rixe «Hollandmodell» 163 mit Moleskin-Kettenkasten (Enitor). 580er Rahmenhöhe ♀, 700er Räder mit Bereifung 37-622. Bergtüchtigkeit 186 Prozent (Dreigang mit Rücktrittbremse). 18,6 Kilogramm, 489 Mark.

Rixe «Hollandmodell» 162 mit Moleskin-Kettenkasten (Enitor). 600er Rahmenhöhe ♂, 700er Räder mit Bereifung 37-622, Bergtüchtigkeit 186 Prozent, (Dreigang mit Rücktrittbremse) 18,4 Kilogramm, 485 Mark.

Sprick «Senator» 4793 (♀ 5793). 550er ♀ ♂ Rahmenhöhe, 700er Räder mit Bereifung 37-622, Bergtüchtigkeit 186 Prozent (3-Gang mit Rücktrittbremse), etwa 300 Mark. Moleskin-Kettenkasten, Farben: hollandgrün, hollandblau. Auch ohne Schaltung erhältlich (4791 bzw. 5791).

Kalkhoff «Club» 5215 (♀ 5265). 580er ♂ bzw. 530er ♀ Rahmenhöhe, 700er Räder mit Bereifung 37-622, 17,8 Kilogramm, Moleskin-Kettenkasten, Farbe burgund, etwa 330 Mark.
Mit Trommelbremse vorn (6215 bzw. 6265), metallic-grün, etwa 440 Mark.
Mit Bergtüchtigkeit 186 Prozent (3-Gang), metallic-grün (5211 bzw. 5261), etwa 410 Mark.
Mit Trommelbremse vorn und 3-Gang Rücktrittbremse (6211 bzw. 6261), beide Farben, etwa 495 Mark.

Sparta «Diplomat» mit gekoppelten Gestängebremsen (TRS-System). Rahmenhöhe ♀ 570, ♂ 580 und 610. 700er Räder mit Bereifung 37-622, Bergtüchtigkeit 178 Prozent (3-Gang), 18 Kilogramm, etwa 810 Mark. Plastik-Kettenkasten, Trommelbremsen, Farben: schwarz, braun oder broncegrün.

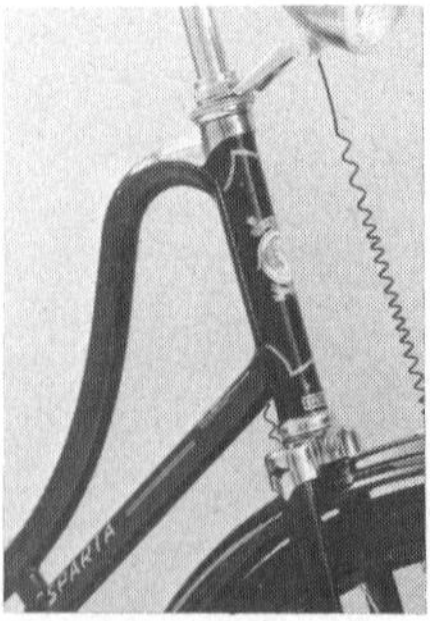


Die charakteristische Rahmenform der Holländräder von Sparta. Der Rahmen wird dort durchgängig aus einem einzigen Rohrstück gebogen.

Sparta TRS-System: Wenn man an einem Bremshebel rechts oder links zieht, wird gleichzeitig vorn und hinten gebremst – gut fürs Armzeichen-Geben. Dabei bleibt der andere Bremshebel unten, quetscht also nicht die Hand am Lenker ein.

Sparta «Populär» mit dem Rahmen aus einem Rohr, 560er ♀ Rahmenhöhe, 700er Räder mit Bereifung 37-622, Rücktrittnabe, 17 Kilogramm, etwa 520 Mark. Moleskin-Kettenkasten und Mantelschoner. Farbe schwarz.

Heidemann «Holland-Star». Rahmenhöhe ♀ 550, ♂ 600. 700er Räder mit Bereifung 32-622, Rücktrittbremsnabe ohne Schaltung, Felgenbremse vorn, Farben burgunderrot oder grünmetallic, etwa 370 Mark.

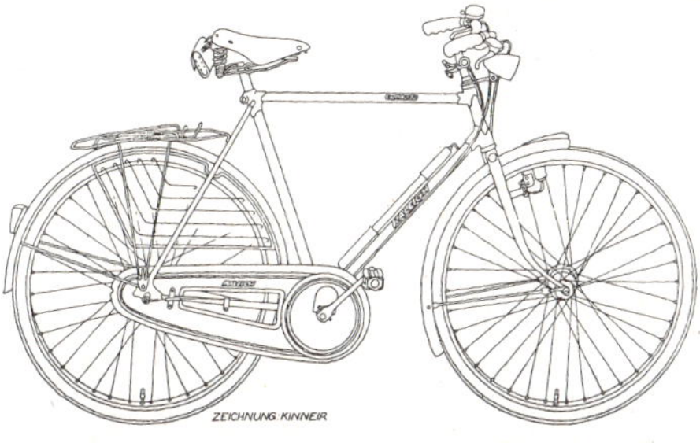


TI Raleigh «Granada» mit der Sturmey-Archer 5-Gang-Nabe. Rahmenhöhe ♀ 535, ♂ 585, 700er Räder mit Bereifung 37-622, Bergtüchtigkeit 225 Prozent (5-Gang), 19,5 Kilogramm, etwa 680 Mark. Stahlblechkettenkasten, Felgenbremsen, Gabelkopfschloß. Auch mit 3-Gangnabe plus Trommelbremsen erhältlich. Farben: blaumetallic, burgunderrot, 690 Mark.

Hollandräder «TORS» von Motobecane. Rahmenhöhe ♀ 535, ♂ 565. 700er Räder mit Bereifung 37-622, Bergtüchtigkeit 186 Prozent (3-Gang mit Rücktrittbremse), 18 Kilogramm, etwa 500 Mark. Farben: metallgrün oder metallblau.

TI Gazelle «Top Sport» für Jugendliche. 510er ♀ bzw. 550er ♂ Rahmenhöhe, 650er Räder mit Bereifung 37-590, Bergtüchtigkeit 178 Prozent (3-Gang), etwa 470 Gulden. Moleskin-Kettenkasten, Trommelbremsen vorn und hinten. Auch mit Felgenbremsen oder ohne Schaltung lieferbar. Farben: grünmetallic, braun.

TI Gazelle «Piet Pelle 18» für Kinder. 450er Rahmenhöhe ♀ ♂, 600er Räder mit Bereifung 37-540, Rücktrittbremse, etwa 270 Gulden. Moleskin-Kettenkasten. Farben: rot oder grünmetallic.

Die als Rückstrahler ausgebildete Streuscheibe des Gazelle-Scheinwerfers macht das Fahrrad auch nachts im Stand erkennbar (rechts). Weitere Details: Steckeranschluß (links) und Halterung für Ersatzbirnchen.

TI Gazelle «Sport Impala» kann gegen 200 Gulden Aufschlag in 650er Rahmenhöhe ♂ geliefert werden, sonst ♂ 600, ♀ 570 und 600. 700er Räder mit Bereifung 37-590, Bergtüchtigkeit 178 Prozent (3-Gang), 21 Kilogramm, etwa 770 Gulden. Moleskin-Kettenkasten, Trommelbremsen mit Gestängebedienung. Farben: schwarz, braun, grünmetallic. Auch mit Felgenbremsen oder ohne Schaltung lieferbar.

Ein Neger mit Gazelle zagt im Regen nie – der bekannte Umkehrsatz gilt auch für Leute mit Übergröße, die ein Allwetterfahrrad fahren wollen: Gegen 200 Gulden Aufpreis fertigt Gazelle das «Tour Impala» in Übergrößen, hier ein Exemplar mit Rahmenhöhe 700. Auch die Hersteller Batavus, EMPO, Sparta und Unikap liefern ein Modell mit Rahmenhöhe 650 auf Sonderbestellung. Foto: Renate Lessing.

TI Raleigh «Shopper» mit Gabelkopfschloß und Frontkorb 530er Rahmenhöhe ♀, 650er Räder mit Bereifung 37-590, Bergtüchtigkeit 186 Prozent (3-Gang mit Rücktrittbremse), 19 Kilogramm, etwa 620 Mark. Stahlblech-Kettenkasten. Farbe burgunderrot.

TI Raleigh «Superbe» mit Gabelkopfschloß. 530er ♀ bzw. 585er ♂ Rahmenhöhe, 700er Räder mit Bereifung 37-622, Bergtüchtigkeit 186 Prozent (3-Gang mit Rücktrittbremse), 18 Kilogramm, etwa 620 Mark. Stahlblech-Kettenkasten. Farben: blau- oder grünmetallic, burgunderrot. Auch ohne Schaltung oder mit 650er Rädern lieferbar, dann mehr Rollwiderstand.

TI Raleigh «Holland» (baugleich mit TI Gazelle «Sport Nr. 15»). 570er Rahmenhöhe ♀ ♂. 700er Räder mit Bereifung 37-622, Bergtüchtigkeit 186 Prozent (3-Gang mit Rücktrittbremse), 19 Kilogramm. Etwa 510 Mark. Farben broncebraun und mittelgrün. Moleskin-Kettenkasten. Auch ohne Schaltung lieferbar.

TI Raleigh «Holland de Luxe». 570er Rahmenhöhe ♀ ♂, 700er Räder mit Bereifung 37-622, Bergtüchtigkeit 186 Prozent (3-Gang mit Rücktrittbremse), 19 Kilogramm. Etwa 550 Mark. Farben blau- oder grünmetallic, burgunderrot. Moleskin-Kettenkasten. Auch ohne Schaltung oder mit 650er Rädern lieferbar, dann mehr Rollwiderstand.

Hollandrad «Old Veteran» von Sudbrack. Rahmenhöhe ♀ 550, ♂ 580, 700er Räder mit Bereifung 40-635, Bergtüchtigkeit 186 Prozent (3-Gang mit Rücktrittbremse), 20 Kilogramm, etwa 460 Mark. Wachstuchkettenkasten. Zweibeinständer. Farbe schwarz.

Jugend-Hollandrad «Old Veteran» von Sudbrack. Rahmenhöhe ♀ ♂ 470, 600er Räder, mit Bereifung 47-507, Bergtüchtigkeit 186 Prozent (3-Gang mit Rücktrittbremse), 17 Kilogramm, etwa 400 Mark. Farbe: schwarz. Bezugsquellen-Nachweis: Sudbrack Fahrradfabrik GmbH, Postfach 5120, 4902 Bad Salzuflen 5.

Einziges Fahrrad im Quelle-Versand mit rundum geschlossenem Kettenkasten: MARS Touren-Sportrad 28, «Hollandausführung». Rahmenhöhe ♀ 560, ♂ 580, 700er Räder mit Bereifung 47-622, Bergtüchtigkeit 186 Prozent (3-Gang mit Rücktrittbremse), Farbe: ♀ oliv, ♂ meron, 349 bzw. 345 Mark, ohne Dreigang 295 bzw. 289 Mark.

Nostalgie-Fahrrad Kalkhoff «Club». Rahmenhöhe ♀ 480, 650er Räder mit Bereifung 37-590, Bergtüchtigkeit 186 Prozent (3-Gang mit Rücktritt), rund 18 Kilogramm. Gestänge-Klotzbremse vorn, Moleskin-Kettenkasten, Zweibeinständer.

TI Raleigh «Touren-Tourist» mit Gabelkopfschloß und Gestängebremsen. Rahmenhöhe ♀ ♂ 560, 700er Räder mit Bereifung 40-635, Bergtüchtigkeit 178 Prozent (3-Gang). 20 Kilogramm, etwa 710 Mark. Trommelbremse hinten, Felgenbremse vorn. Stahlkettenkasten, Farbe schwarz. Auch ohne Schaltung erhältlich.

Stolzestes Gefährt von TI Raleigh: der vollständig verchromte «Roadster» mit Batterielicht und mit Dynamo in der hinteren Nabe. 560er Rahmenhöhe ♀, ♂, 700er Räder mit Bereifung 40-635, 3-Gang, Bergtüchtigkeit 178 Prozent, 21 Kilogramm. Etwa 1000 Mark. Stahlblechkettenkasten, Gabelkopfschloß.

Stadtfahrrad «Crazy» der Cycles Gottfried. Der Sattel ist nach hinten und tiefer gelegt, damit man zwar ergonomisch treten, aber beim Halten die Füße flach auf den Boden stellen kann. Rahmenhöhe 600, vorn 400er, hinten 700er Rad mit Bereifung 47-305 bzw. 47-622, Bergtüchtigkeit 171 Prozent (5-Gang aositron mit Daumenschalter), 14 Kilogramm, 350 Mark. F. Gottfried & Cie SA, 7, Rue de Soultz, B. P. 20, F-68270 Wittenheim. Mehr Kettenschutz und Bergtüchtigkeit wären sinnvoll. Foto: Renate Lessig.

Das original verzierte China-Rad mit Doppelstange, Rohrständer und Felgenbremsen mit Gestängebedienung, aber ohne Schaltung und Licht. Rahmenhöhe ♂ 550, 700er Räder mit Bereifung 40-635, Teilkettenschutz, 360 Mark einschließlich Frachtkosten von Axel de Marné, China-Hardwareimport GmbH, Postfach 164 425, 4300 Essen 16.

Das Bambusrad ist wieder da – aus Stahl. Kettenkasten, palmenblättrige Schutzbleche, Sattel und Griffe im satten Grün: des Hamburger Designers Wolfgang Jordan «Bamboo Machine» weckt heftige Besitzwünsche. Rahmenhöhe ♀ 560, ♂ 580, 675er Räder mit Bereifung 28-630, Bergtüchtigkeit 178 Prozent (3-Gang mit Rücktrittbremse) und sogar leicht: 13 Kilogramm. Etwa 780 Mark bei INDEX GmbH, Elbchaussee 239, 2000 Hamburg 52.

Ein leichtes deutsches Fahrrad mit Rundum-Kettenkasten: Patria «Aluminium + Stahl». Rahmenhöhe ♀ 540, ♂ 580. 700er (oder 650er) Räder mit reflektierender Bereifung 37-622 (bzw. 37-590). Bergtüchtigkeit 186 Prozent (3-Gang mit Rücktrittbremse), 13 Kilogramm, etwa 550 Mark. Im Bild die Entwickler des Rahmens, die Gebrüder Kleinebenne.

Stadtfahrräder im Holland-Look heißen die Peugeot-Fahrräder VX 45 bzw. VX 40. Rahmenhöhe ♀ 530, ♂ 570, 700er Räder mit Bereifung 37-622, Bergtüchtigkeit 186 Prozent (3-Gang mit Rücktrittbremse), 14 Kilogramm, 620 bzw. 610 Mark. Farben: metallicbraun oder hollandgrün, Plastik-Kettenkasten, keillose Kurbeln. Das Damenrad hat den Idéale-Sattel «Maxi-Mousse», das Herrenrad den Damensattel «Cyclotouriste 75» von Idéale (hilft's nichts, dann schad's auch nichts).

Die Integralräder beim Fahrrad sind da – wartungsfrei aber mit etwas höherem Gewicht und Trägheitsmoment: MARS „Touspo de Luxe“ vom Quelle – Fahrzeugbetrieb. Rahmenhöhe: ♀ 560, ♂ 580, 650er Räder mit Leuchtreifen 37-590, Bergtüchtigkeit 186 Prozent (3-Gang mit Rücktrittbremse), Trommelbremse vorn, Mantelschoner vorn und hinten, offener Plastik-Kettenkasten, Farbe olivgrün, 498 bzw. 495 Mark. Ohne Mantelschoner als Jugendrad mit 600er Rädern erhältlich, 399 Mark.

Problemlos schalten mit dem Frontfreilauf von Shimano: Multicycle «Tour 500» in vielen Rahmenhöhen: ♀ 540, 580, ♂ 580, 610, 640. 700er Räder mit Bereifung 32-622, Bergtüchtigkeit 200 Prozent (5-Gang), 15 Kilogramm, Farbe elfenbeinmetallic, Schnellspann-Naben, etwa 700 Mark. Bezugsquellen-Nachweis: J. Eickhaus KG, Rheinberger Str. 41, Moers. Auf Wunsch mit 229 Prozent Bergtüchtigkeit.

Japanische Fahrradtechnik in Deutschland: Bridgestone «Synchro Memory» mit positionierender Kettenschaltung SMS und Servo-Trommelbremse DINEX. Rahmenhöhe ♀ 480, ♂ 480, 535, 585, 635; 675er Räder mit Bereifung 28-630, Bergtüchtigkeit 171 Prozent (5-Gang), 18 Kilogramm, 640 Mark. Selbstzentrierende Felgenbremse SC vorn, 6-Watt-Lichtanlage, Farbe perlbraun. Neu: Schalthebel am Oberrohr, Fernbedienung des Dynamos. Bezugsquellennachweis: Johann Lemkuhl, Oldenburg.

Die «Synchro-Memory-Shift» hat Vorwahlmöglichkeit und rastet sauber ein. Ein Sturzbügel schützt den Umwerfer vor Beschädigung. Gesehen bei Bridgestone.

Die Trommelbremse mit Servoeffekt «DINEX» ist besonders weich zu bedienen und absolut wetterfest und quietschfrei.

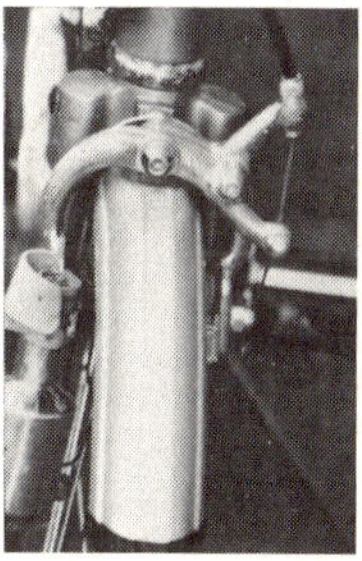

Die selbstzentrierende Felgenbremse SC läßt die Bremsbacken nach jeder Betätigung in symmetrische Stellung zurückkehren. Kein einseitiges Schleifen mehr. Der 6-Watt-Dynamo hat einen eigenen Kotflügel. Fotos: Renate Lessing.

Das Bickerton-Portable kann wegen seiner niedrigen Rahmenhöhe schon von Kindern gefahren werden und dann mitwachsen. Rahmenhöhe 245, 350er Vorder- und 400er Hinterrad mit Bereifung 37-298 bzw. 37-348, Bergtüchtigkeit 178 Prozent (3-Gang) bzw. 225 Prozent (5-Gangnabe), 10,4 Kilogramm, 690 bzw. 775 Mark. 2 Felgenbremsen. Im Preis enthalten ist eine Lenkertasche, in die bei Schlechtwetter das zusammengefaltete Portable gesteckt und dann in Bahn oder Bus mitgenommen werden kann.

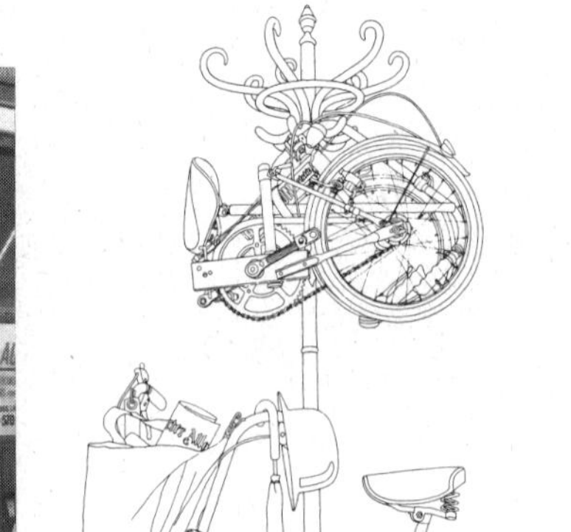


Keine Probleme bei Huckepackverkehr und Abstellen mit dem ultraleichten Faltfahrrad Bikkerton «Portable»; es sollte aber sensibel behandelt werden. Rahmenhöhe ♀ 245, 350er Vorderrad, 400er Hinterrad, Bergtüchtigkeit 225 oder 178 Prozent (5-Gang bzw. 3-Gang), 2 Felgenbremsen, 10,4 Kilogramm. Mit Tasche DM 775. Importeur: gpi-Gesellschaft für Produkt-Innovation mbH, Saarlandstr. 110, 4600 Dortmund 1.

Blick über die Grenzen: Beistegui Modell 76/500. 310er ♀ Rahmenhöhe, 500er Räder mit Bereifung 47-406, Zweibeinständer und zwei große Lastflächen. Farbe feuerrot. Beistegui Hermanos, Vitoria, Spanien.

Kalkhoff «Comtess» 6350 mit zwei Gepäckträgern zum Transport von Getränkekisten. Rahmenhöhe ♀ 530; 600er Räder mit Bereifung 47-507, Bergtüchtigkeit 136 Prozent (2-Gang mit Rücktrittbremse), 19 Kilogramm, etwa 560 Mark. Halboffener Plastik-Kettenkasten, Zweibeinständer, Trommelbremse vorn. Farbe khaki.

Auffälligstes Kennzeichen der neuen Hybrid-Schaltung «Commander» von Fichtel & Sachs: der einrastende Doppelschalthebel mit Ganganzeige. Der rechte betätigt die Kettenschaltung (6 Gänge), der linke die Nabenschaltung (2 Gänge). Erfreulicherweise wurde an Gleichsinnigkeit gedacht: links wie rechts bedeutet Nach-vorn-Schieben schnellere Gänge (im Gegensatz zur Idiotie bei allen Kettenschaltungen außer Sun-Tour). Großer Vorteil: Kettenschutz ist – wenigstens zum Teil – möglich.

Wer ein Fahrrad mit «Commander»-Schaltung, aber ohne Kettenabdekkung kauft, ist selber schuld – oder ein Freund von Hosenklammern. Da vorn nur ein Kettenblatt ist, kann das obere Trumm der Kette bis zur Hinterstrebe abgedeckt werden. 250 Prozent Bergtüchtigkeit (12 Gänge) sind so ohne fleckige Hosen oder Röcke möglich. Hier am Kettler «Flair».

Vorerst nur in den USA zu sehen: Stufenlose Schaltautomatik in der Nabe von der Bicycle Transmission Corporation of America, 1355 Central Street, Leominster, MA 01453.

Für Stadtverkehr nicht kaufen: Kein Kettenschutz! Der Kettenschutzring weist zwar den zehn Millimeter dicken, hölzernen Prüfstab nach DIN 79100 ab, aber keineswegs jeden Hosenaufschlag oder Rockzipfel.

Transparenter Kettenkasten für die Zehngang-Schaltung, gesehen bei Kalkhoff. Besser als nichts, aber fürs Abendkleid unzureichend.

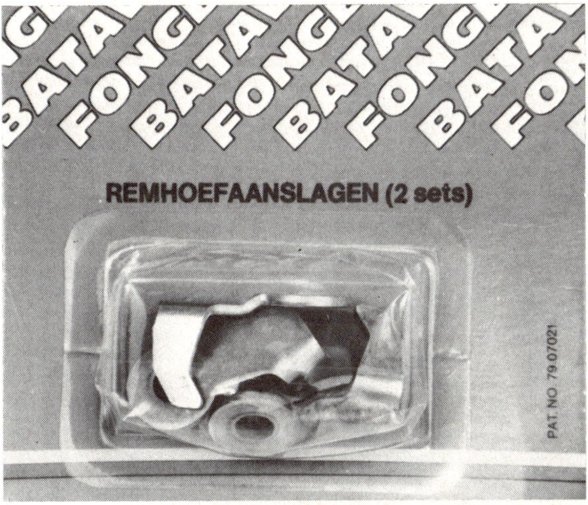

Nachträglich einzubauende Wunderwaffe von Batavus gegen einseitiges Schleifen der Felgenbremse: Bremsarmanschläge, zwei Paar, zwei Mark, bei Fachhändlern, die Batavus führen. Foto oben: Renate Lessing.

Rixe-Tandem für schwergewichtige Fahrer. 470er Rahmenhöhe ♀ ♀, 575er Räder mit Bereifung 2-19 Moped, Bergtüchtigkeit 186 Prozent, 41 Kilogramm. 1100 Mark. Kettenabdeckung nur teilweise.

Seitenansicht des Sparta-Tandems. Hervorzuheben der höhenverstellbare Lenker für den Hintermann und die sorgfältig mit Moleskin verkapselten Ketten.
Rahmenhöhen 530 hinten, 580 vorn, 650er Räder mit Bereifung 40-590, Bergtüchtigkeit 178 Prozent (3-Gang), etwa 1300 Mark. Moleskin-Kettenkasten, Trommelbremsen. Farbe braun. Schutzbleche und Kettenkästen karamell.

◀ TI Raleigh «Tandem» (baugleich mit TI Gazelle) mit Moleskin-Kettenkasten. 560er Rahmenhöhe, 650er Räder mit Bereifung 37-590, Bergtüchtigkeit 178 Prozent (3-Gang), 30 Kilogramm, etwa 1230 Mark. Trommelbremsen vorn und hinten. Farbe: broncebraun.

Das Kompagnonrad ist wieder erstanden, für die beiden Partner individuell einstellbar und leicht. 500er Rahmenhöhen, 675er Räder mit Bereifung 28-630, Bergtüchtigkeit 243 Prozent (5-Gang), 18 Kilogramm, etwa 1200 Dollar. Zu beziehen von Barrett Side by Side Bicycles, Inc., Angola, NY 14006.

Frankreichurlaubern wohlbekannt: Tretfahrzeuge «Rosalie» von Gitane, nach dem «Übereinkommen vom 8. 2. 1968 über den Straßenverkehr» hierzulande als Fahrrad geführt. Für Gartenschauen, Stadtparke und Ferienorte bis zu sechs Bankreihen erhältlich, für weitere Touren allerdings zu schwer. Hersteller: Gateau International, B. P. 90, F-85800 Saint-Gilles-Croix-de-Vie.

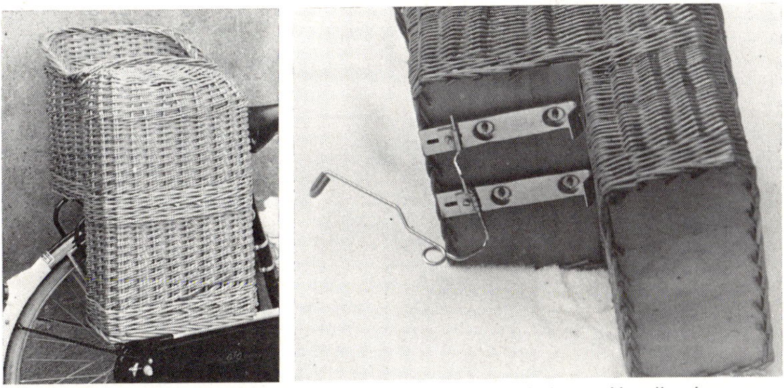

Der schönste und sicherste Kindersitz der Welt: Anneke 1 von Balveren. Vor allem kann man hier das Kind auch warm einwickeln. 75 Mark. Spielend anzubringen oder abzunehmen – ohne Werkzeug oder mühsames Schrauben: einfach den Bügel umklappen und am Gepäckträger einhängen (Prinzip der Sicherheitsnadel). Durch die Langlöcher Anpassung an abweichende Breiten möglich.

Huckepackverkehr für Kinderbeförderung ist möglich (fehlt nur noch Umwandlung in den Autokindersitz). Preis etwa 118 Mark. Bei Händlern der UNION-Hollandräder.

# Von deutschen Korbflechtern noch nicht entdeckt: Fahrradkörbe

Vom Handling her eine der besten Lösungen: der Warenkorb von Balveren. Leicht einzuhängen und abzunehmen, durch die Wachstuchschleuse leicht zu beschicken, Inhalt trotzdem trocken und sichtgeschützt, 800 Gramm, 35 Mark.

Das Anhängen am Lenker kann problematisch werden, wenn der Scheinwerfer im Weg ist. Balveren liefert hierzu einen Lampenhalter, mit dem der Scheinwerfer am Dynamo befestigt werden kann. Schwere Körbe hängt man sicherheitshalber am Gepäckträger ein.

Von links: drei Körbe mit Wachstuchschleuse mit Gummizug, am Lenker oder Gepäckträger anzuhängen, 20 bzw. 35 Mark. Großer und kleiner Kindersitz: Anneke 1, 75 Mark; Anneke 2, 60 Mark. Vier Körbe ohne Wachstuch: 13–18–28–30 Mark. Bezugsquellennachweis: N. V. BALVEREN B. V., Ulftseweg 58, Silvolde, Holland. ▼

Sollen Kinderfüße nicht krankenhausreif gequetscht werden, sind Radverkleidungen unverzichtbar und daher von der StVO § 21 (3) vorgeschrieben. Der Kinderfußschutz VERMA Nr. 5335 ist aber generell als Sprühschutz oder zur Abweisung von an den Lenker gehängten Einkaufsnetzen sinnvoll und sollte daher der Sicherheit wegen an jedem Fahrrad installiert werden (s. S.74), serienmäßig bei MARS Touspo de Luxe von Quelle.

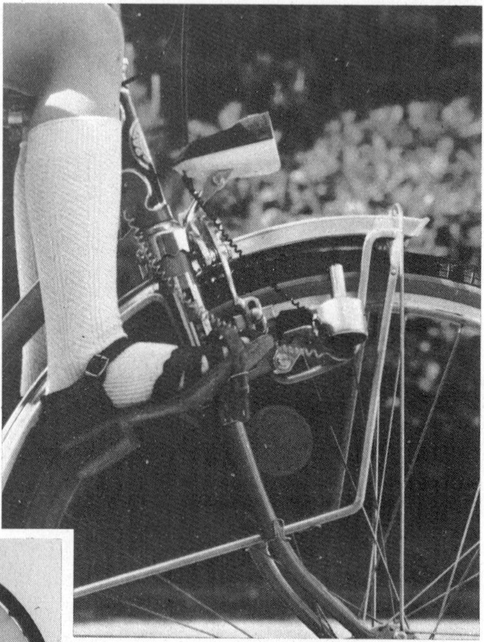

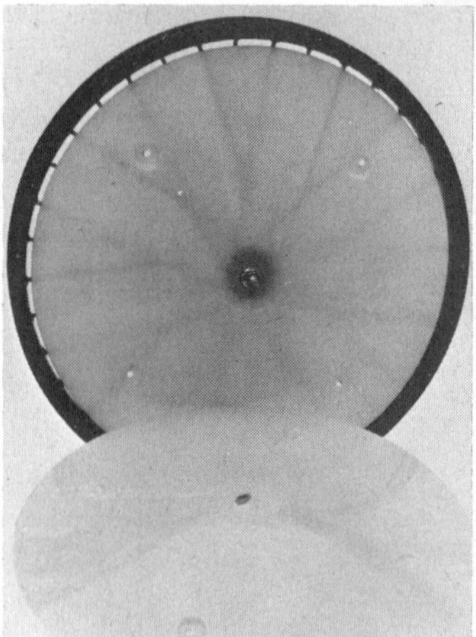

Radabdeckungen erhöhen die Sicherheit – nicht nur beim Kindertransport. Allerdings nur für 500er Räder erhältlich, weiß oder durchscheinend gefärbt, 25 bzw. 35 Dollar pro Rad, von CYC BMX, 12918 S. Spring Street, Los Angeles, CA 90061.

Abschließbares Werkzeugfach unterm vorderen Gepäckträger aus Edelstahl. Bauplan von Thomas-Peter Henningsen, Türkenstr. 12, 8046 Garching.

Zwei regendichte «Side Case» der französischen Firma Reydel, schwarzes oder graues Polyäthylen, mit Leuchtstreifen zum Aufkleben, am Gepäckträger zu montieren. Mit Schloß 23 Mark. Mit einem Side-Case (Innenmaße 340×125×280) rechts wird man nicht beim Schieben behindert. Bezugsquellennachweis: Peter Volmerhaus, Postfach 23, 5990 Altena 4.

Im Zeitalter des Aktenköfferchens bislang überzeugendste Lösung fürs Handgepäck: italienisches Plastikköfferchen «Nonfango» in schwarz. Innenmaße 345 × 245 × 105; 1,1 Kilogramm, etwa 75 Mark. Bezugsquellennachweis: Stölzle GmbH, Postfach 1124, 7970 Leutkirch 1.

Am Fahrrad wird der Einhängerahmen (500g) befestigt, am besten auf der rechten Seite, wenn man links auf- und absteigt.

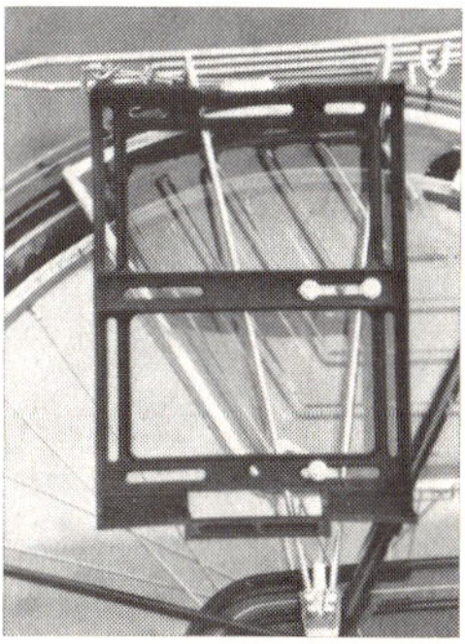

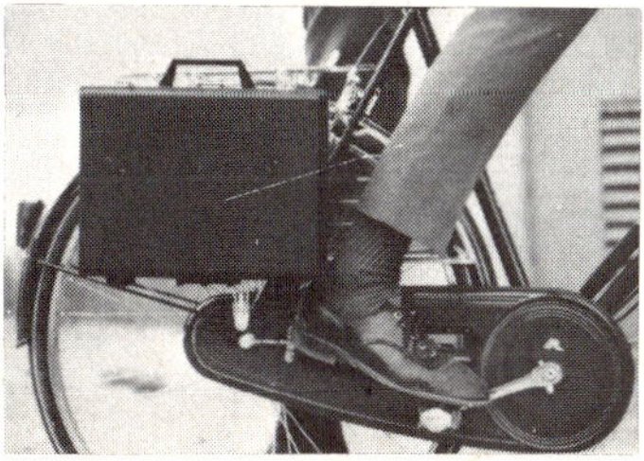

Bei der Montage an den Freiraum für die Ferse denken! Kann auch quer auf dem Gepäckträger montiert werden.

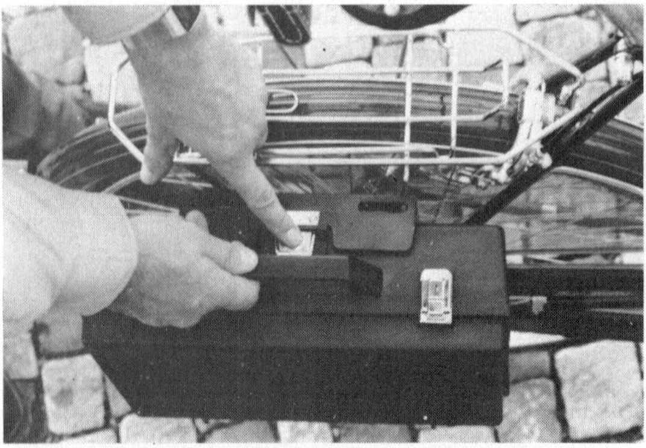

Unverschlossen genügt ein Fingerdruck auf den Drücker, um das Köfferchen abzunehmen. Fotos: Renate Lessing.

Das wasserdichte Köfferchen hat zwei verschließbare Schnallen. Derselbe Schlüssel gestattet auch, mit dem Drücker das Köfferchen am Fahrrad anzuschließen.

Aktentaschen sind etwas aus der Mode gekommen, aber Schulranzen gibt es noch: Der Taschenträger von Steco – wie eine riesige Anstecknadel – wird besser rechts am Gepäckträger festgeschraubt, damit die Tasche nicht beim Schieben (von links) behindert. 500 Gramm, 8 Mark. Bezugsquellennachweis: STECO-Metaalwarenfabriek, Stroe (Veluwe), Holland. Foto: Renate Lessing.

Eine elegante Lösung für das Transportproblem: Handtasche «Bikommuter» aus Nyloncord zum rechtsseitigen Anhängen an den Gepäckträger. 225 × 325 Millimeter, royal blue, navy oder tan, 17 Dollar (+ 3 Dollar Luftpost). Bei Tough Traveller, 1328 State Street, Schenectady, NY 12304.

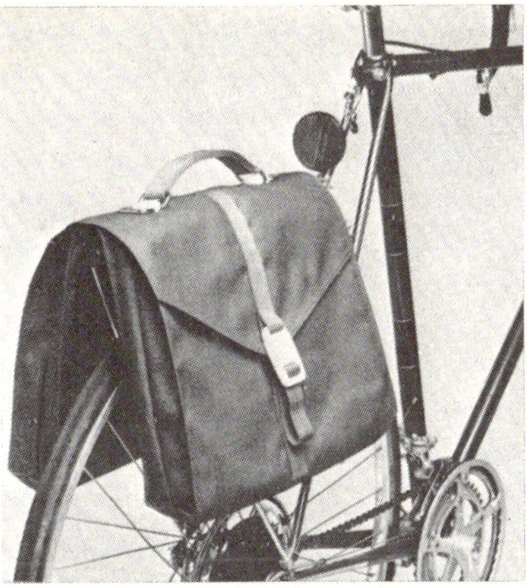

Leichter als ein üblicher Gepäckträger: ein Metallrohr. Innenversteifung der Doppeltasche verhindert Kontakt mit den Speichen.

Amerikanische Lösung à la Packtasche für Leute, die mit dem Rennrad zur Arbeit fahren: «Pack & Pedal» aus imprägniertem Nylon in modischen Farben, 40 Dollar. McNeill-Favia Co., 2284 Old Middlefield Way, Mountain View, CA 94043.

Zu tragen mit Tragegriff ...

... oder Schultergurt.

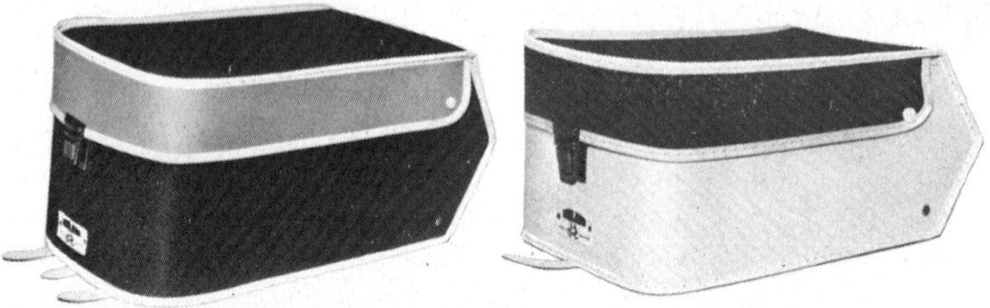

Abschließbare Gepäckträger-Container der britischen Midland Gear Case Co., 5 Waterloo Avenue, Chelmsley Wood, Birmingham B 37 6QQ.

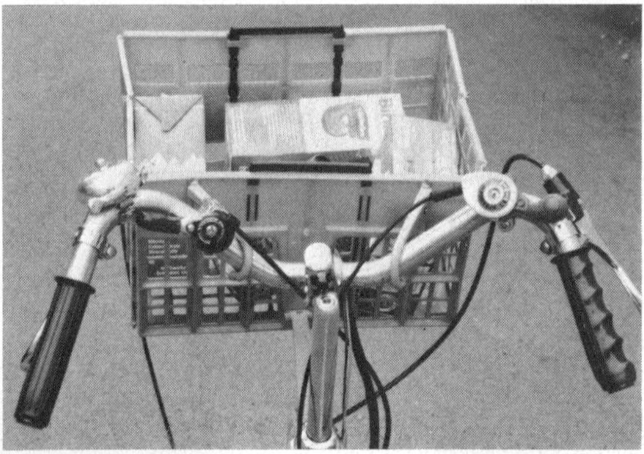

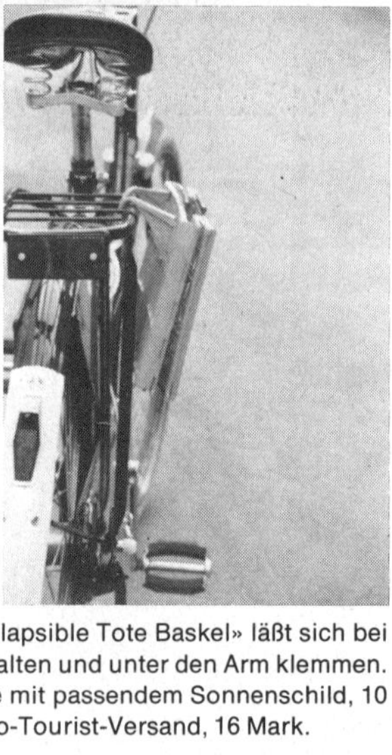

Amerika – du hast es besser: Der federleichte «Jiffy Collapsible Tote Baskel» läßt sich bei Nichtgebrauch wie ein Kameralichtschacht zusammenfalten und unter den Arm klemmen. PVC-Henkel fahren aus. In grün, blau, gelb oder orange mit passendem Sonnenschild, 10 Dollar, z. B. bei Bloomingdale's oder aus Draht beim Velo-Tourist-Versand, 16 Mark.

Großer, engmaschiger City-Korb mit PVC-Beschichtung, weiß oder schwarz, von der italienischen ARTEX. Der Deckel hat im Bild die Aufnahmen für den nichtgezeigten Henkel. Diese Aufnahmen gibt's jetzt auch am unteren Korb – denn die Scharniere aus zusammengedrückten Blechhülsen sind schwach. Verschluß mittels Plastik-Karabiner oder Schlößchen. Nicht zu sehen auch die Schiebelaschen unterm Boden, die sich unter eine Gepäckträger-Sprosse klemmen sollen. Korb 14 Mark, Deckel 8 Mark. Fachhändler des Zweirad-Rings oder Versand: Velo-Tourist-Versand.

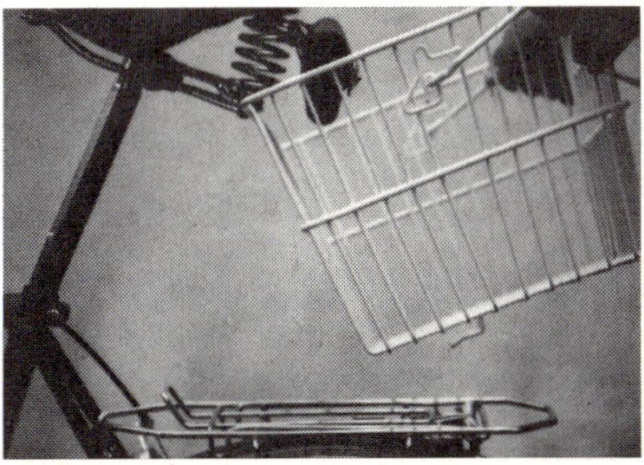

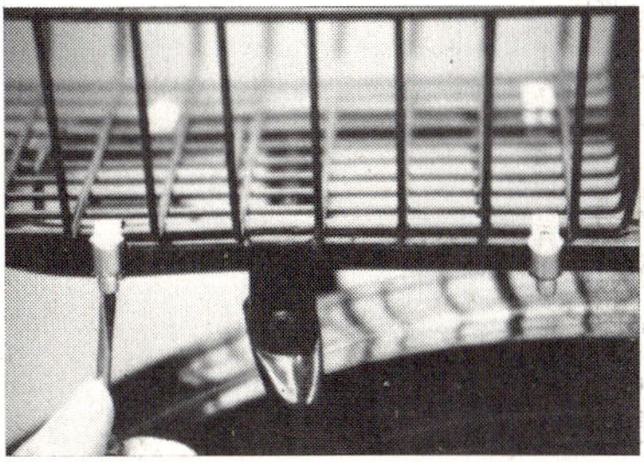

Die Befestigung quer mit der Schiebelasche ist keine Lösung – außer in seltenen Glücksfällen. Besseres Handling bei fester Installation längs mittels Rohrschellen. Der Henkel wird dann entfernt.

Der City-Korb in weiß ist hier das höhere Modell. Bei Längsinstallation (rechts) behindern die Körbe weniger beim Schieben. Fotos: Renate Lessing.

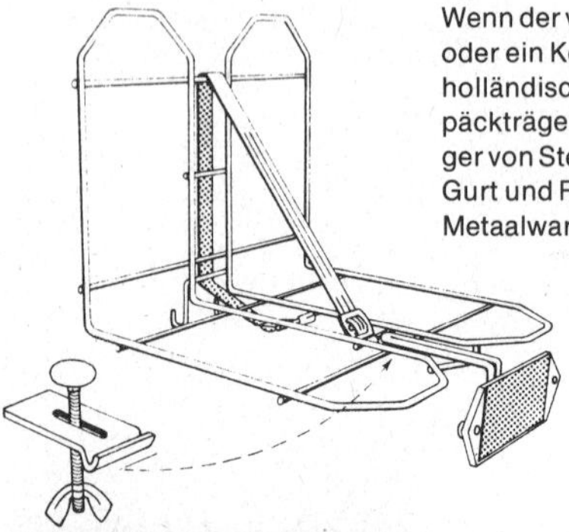

Wenn der vielberufene Getränkekasten oder ein Koffer zu transportieren ist, ist die holländische Lösung schnell auf den Gepäckträger montiert: HR-Zusatzgepäckträger von Steco. 260 × 280 × 230, 1 kg, mit Gurt und Rückstrahler 25 Mark bei Steco-Metaalwarenfabriek, Strue (Veluwe).

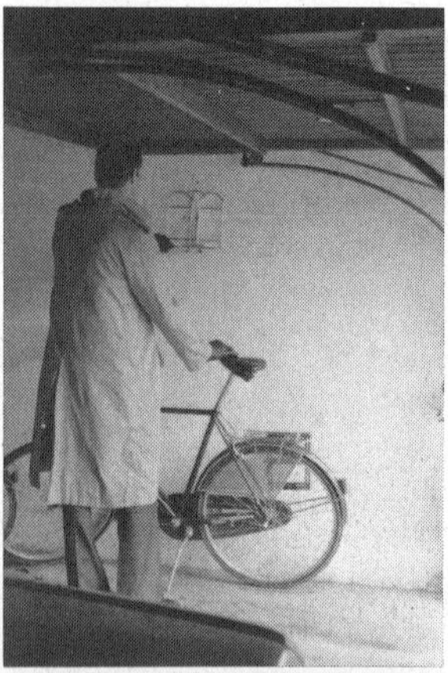

Eine Getränkekiste soll mit dem Fahrrad transportiert werden: der Steco-Zusatzgepäckträger hängt an der Garagenwand.

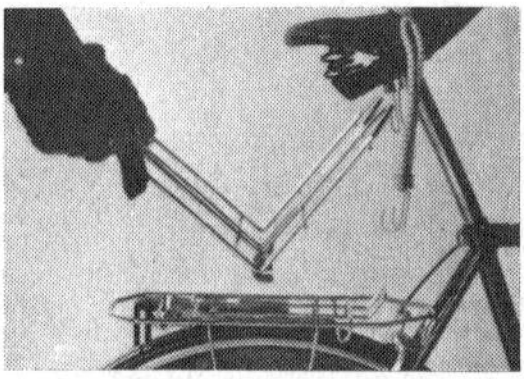

Abnehmen und in eine Querstange des Fahrrad-Gepäckträgers einhängen.

Nach Sicherung des Kastens mit der Gepäckspinne ist die Fuhre fahrbereit. Gesamtdauer: 30 Sekunden.
Fotos: Renate Lessing.

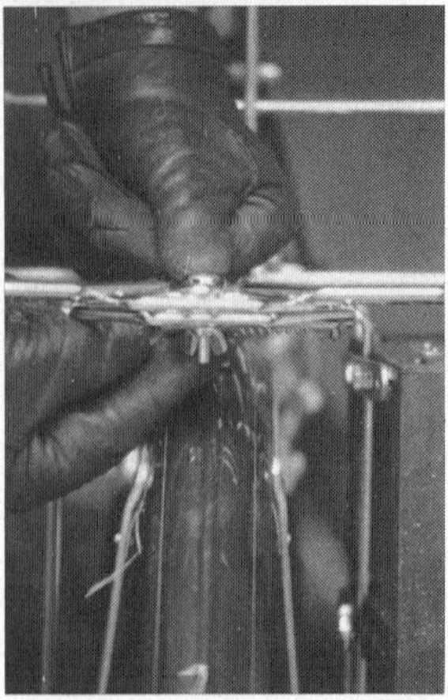

Die Klemmschelle mit Flügelmutter sichern – jetzt kann der Kasten drauf.

Den Halteclip für den Tennisschläger montiert man an der rechten Gabelscheide. Wird zwar in England von Terry hergestellt, ist aber nur in den USA aufzutreiben, für Dollar 3.50 bei Bike Warehouse, 215 Main St., PO Box 290, New Middletown, OH 44442 (honoriert Eurocard).

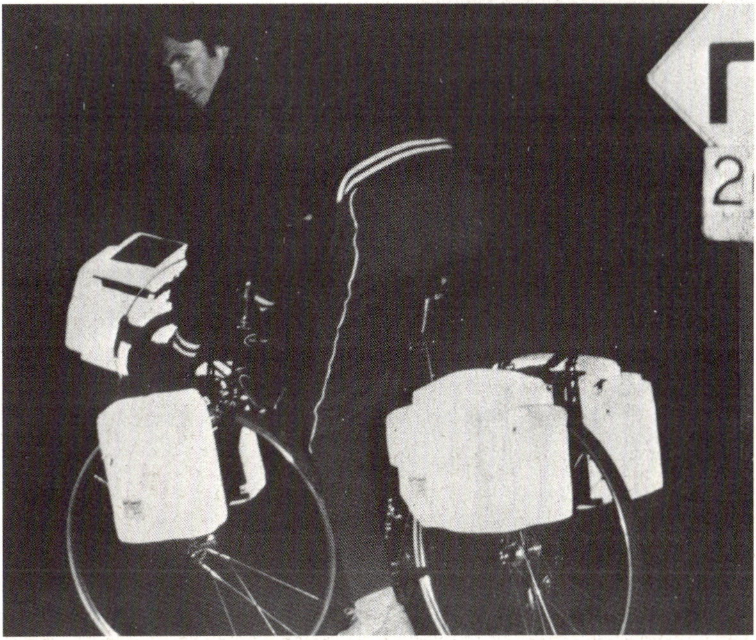

Für Nachtfahrer sind die reflektierenden Tourentaschen von Kirtland/Tourpak ideal: bei Tageslicht Königsblau reflektiert ihr Scotchlite-Stoff im Scheinwerferlicht silberweiß. Zu beziehen von Lickton's Cycle City (USA). Das patentierte Elite-System gestattet sekundenschnelles Abnehmen oder Anhängen an den Gepäckträger (honoriert Eurocard).

Der amerikanische «byKART» hat kugelgelagerte 325er Vollgummiräder und trägt 90 Kilogramm im Korb 450 × 450 × 600. Mit einem mitgelieferten Rohr kann die Deichsel verlängert werden, z. B. zum Transport von Leitern. 60 Dollar (Mindestbestellung 2 Stück). BYKART Inc., PO Box 8373, Fountain Valley, CA 92708.

Zum Holzholen gibt's den «ByKART-Widetrack», Breite über alles 600 mm. 70 Dollar (Mindestabnahme 2 Stück).

Der amerikanische Fahrrad-Anhänger Bugger kann mit einem Kindersitz ausgerüstet werden. 150 plus 45 Dollar. Cannondale, 35 Pulaski Street, Stamford, CT 06902 (verrechnet Eurocard).

Amerikanischer Fahrrad-Anhänger, der 500er bis 650er Laufräder mit üblicher Vorder- oder Hinternabe verwendet. Ankupplung am Hinterbau läßt Baladung des Gepäckträgers zu. Ohne Seitengeländer 900 × 750 × 175, Zuladung 45 Kilogramm, ohne Räder 50 Dollar. Geländer 325 hoch, 10 Dollar, Kindersitz 10 Dollar, zusätzliche Kupplung 8 Dollar. BURLEY DESIGN COOPERATIVE, 15 South 6th, Room 204, Cottage Grove, OR 97424.

Äußerst handlicher Anhänger «Bike-Hod-Standard» mit 300er Rädern auf Kugellagern. Die Deichsel ist zurückfaltbar, Länge dann 400 mm. 4,2 Kilogramm, Belastbarkeit maximal 50 Kilogramm. 185 Mark plus Fracht. Importeur: Gesellschaft für Produkt-Innovation mbH, Postfach 1060, 4600 Dortmund 1. Auch andere Modelle, Kindersitz und Tragetasche lieferbar.

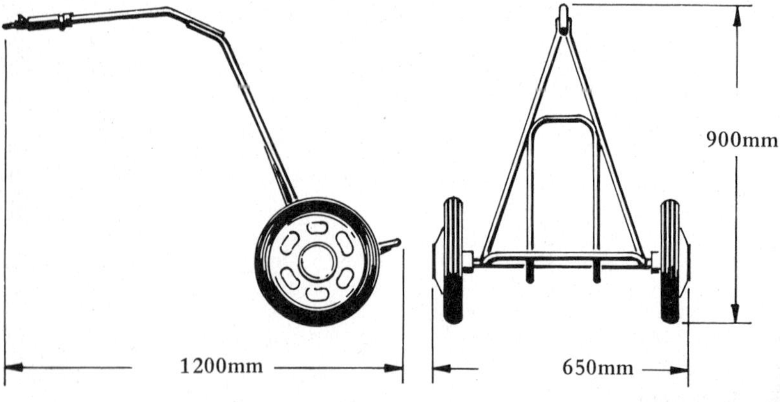

Fahrradwagen «Kobold» von HAWEG mit Schnell-Kupplung und ab- oder anschließbarem Plastik-Container. 400er Räder mit Bereifung 47-305, 12 Kilogramm, Farbe gelb/silber, etwa 290 Mark. Auf dem Chassis allein lassen sich auch schwerere Lasten transportieren oder gut schieben. Bezugsquellennachweis HAWEG, Postfach 2040, 4830 Gütersloh 1.

Helkama Container-Anhänger 565 × 460 × 315 (Volumen 70 Liter). 500er Räder mit Bereifung 40-432, 580er Spurbreite, 12 Kilogramm, Tragfähigkeit 50–75 Kilogramm, Parkstütze. Sonderzubehör: Kastendeckel, auf dem eine zweite Getränkekiste Platz hat. Bezugsquellennachweis: ESCH Import/Export, Mittelstr. 40, 4150 Krefeld.

Geräumiger Fahrrad-Anhänger «Shuttle», der links an die Hinterachse gehängt wird. 500er Räder mit Bereifung 47-406. Fiberglaskasten orange mit verschließbarem Deckel, Außenmaße 832 × 654 × 597 mm. 16,3 Kilogramm, Zuladung max. 45 Kilogramm. 600 Mark bei Jung & Volke, Jahnstr. 22, 4000 Düsseldorf. Der englische Hersteller Pedley hat auch eine Sperrholz-Baukastenversion oder das Chassis allein.

Der Fahrrad-Beiwagen existiert nicht nur in der Straßenverkehrszulassungsordnung: «Packy» der Julius Sprick GmbH & Co KG in Gütersloh für 50 Kilogramm Nutzlast wiegt selbst 5 Kilogramm. Leicht abnehmbar durch Splintsicherung, 500er Rad, Transportkorb, etwa 100 DM. Durch Gelenkachs-Halterung kann man sich mit dem Fahrrad auch mit Beiwagen in Kurven legen. Anbau des Beiwagens an Fahrräder mit 650er oder größeren Rädern.

Ein wasserdichter, abschließbarer Koffer wird passend zum Beiwagen geliefert. Inhalt 440 × 440 × 250.

Kinder-Sportwagen-Aufsätze passen auf «Packy». Personentransport im Beiwagen ist legal, während die Rechtslage beim Kindertransport im Anhänger offen ist. Für den Einkauf in der Stadt noch attraktiver wäre es, den ganzen Sportwagen auf dem Beiwagen fixieren zu können, um nach Abstellen des Fahrrads das Kind in die Geschäfte schieben zu können.

Einen Anhänger selbst zu bauen, bietet einem erfahrenen Do-it-yourselfer keine Probleme. Eine fertige Kupplung gibt's für 15 Mark von HEBIE im Handel. Bezugsquellennachweis: H. Hemmelskamp, Postfach 3906, 4800 Bielefeld 1. Foto: R. Bahr.

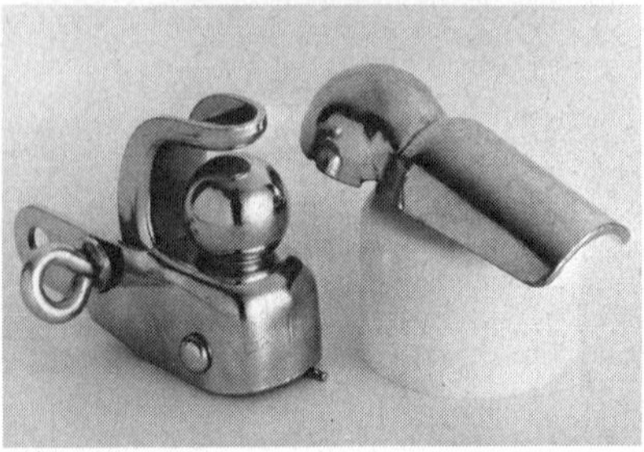

Heck-Fahrradträger «Cyclo Car», besonders für die Kompaktautos. Vermutlich geringer Luftwiderstand, auf alle Rahmentypen einstellbar. Befestigung an der hinteren Stoßstange, auch von Kleinbussen oder Limousinen mit Normalheck (so daß Kofferraum noch zu öffnen). Etwa 400 Ffrs. bei R. A. I. E. Madame P. Passard, 33 rue de la Charité, F 69002 Lyon.

Soll der Einkauf an der Schulter zerren oder auf Kugellagern lasten? Ein Fahrrad-Beiwagen, ein Anhänger oder ein Dreirad lösen Einholprobleme.

Dreiradfahren ist im Nu erlernt und so bequem, daß einem das Umsteigen aufs Zweirad wieder schwerfällt.

Der Gegenbeweis dafür, daß man mit dem Fahrrad nicht einkaufen könne: Der Drahtkorb des Kynast-Dreirads ist für 50 Kilogramm Zuladung ausgelegt. Fotos: Renate Lessing.

Sesseldreirad «Trelo» mit aufrollbarem Verdeck und zwei Einkaufskörben oder Kindersitzen. 600er Räder hinten, 500er Rad vorn mit Bereifung 47-507 bzw. 47-406, Bergtüchtigkeit 171 Prozent (3-Gang-Kettenschaltung, Trommelbremse und Felgenbremsen, feststellbar), etwa 28 Kilogramm. 1490 Mark, Kindersitz 35 Mark bei Otto Versand GmbH & Co, 2000 Hamburg 400.

Das eigene Zweirad mit Kettenschaltung in ein Dreirad umzubauen, ermöglicht der britische Dreiradspezialist Ken Rogers. Er liefert die Hinterachse mit verstellbaren Streben und Naben, die man beim Händler in die passenden Felgen einspeichen läßt. Für Solofahrräder bestellt man die 700 mm breite Achse (27,5″), für Tandems die 813 mm breite (32″), £ 38 bzw. 48 plus £ 6 Porto. Ken G. Rogers, 71 Berkeley Avenue, Cranford, Hounslow, Middlesex TW4 6LF. Foto: Renate Lessing.

«Tandem Tricycle» von Ken Rogers aus Reynoldsrohr. Rahmenhöhe und Bergtüchtigkeit nach Wunsch, 675er Räder mit Bereifung 28-630, Scheibenbremse hinten, zwei Felgenbremsen vorn, ab £ 506 je nach Ausstattungswunsch, Bausatz ab £ 275.

«Ladies Tricycle» von Ken Rogers mit 650er oder 675er Rädern, Rahmenhöhe nach Maß, Bergtüchtigkeit ab 243 Prozent (5- oder 10-Gang positionierend), zwei unabhängige Felgenbremsen vorn, ab £ 260, je nach Ausstattungswünschen, auch Kettenkasten. Scheibenbremse hinten £ 20 extra. Als Bausatz ab £ 125.

Das Kynast-Dreirad «Europa» mal zum Einkaufen, mal zum Skitransport zum Lift eingesetzt. Rahmenhöhe ♀ 480, Rahmen teilbar. 600er Räder mit Bereifung 47-507, Bergtüchtigkeit 178 Prozent (3-Gang mit Rücktrittbremse und Differential), 28 Kilogramm. Bei Quelle 730 Mark.

KaWe Dreirad von Wulfhorst. 450er Rahmenhöhe, 650er Räder mit Bereifung 47-559, Bergtüchtigkeit 186 Prozent (3-Gang), Gesamtbreite 750, 26 Kilogramm, etwa 1500 Mark. Plastik-Teilkettenschutz, Trommel- und Felgenbremse vorn. Farbe mocca. Auch mit 2-Gangnabe (136 Prozent) oder Rücktrittnabe oder Freilauf lieferbar. Mit starrer Nabe (Bild) vorwärts und rückwärts fahrbar. Auf Wunsch Einkaufskorb mit Halter.

KaWe Jugend-Dreirad von Wulfhorst. 380er Rahmenhöhe, 500er Räder mit Bereifung 47-406, Bergtüchtigkeit 186 Prozent (3-Gang), Gesamtbreite 750, 28 Kilogramm, etwa 900 Mark. Plastik-Teilkettenschutz, Trommel- und Felgenbremse vorn. Rahmen zerlegbar, Hinterräder und Schutzbleche leicht abnehmbar. Auch mit 2-Gangnabe (136 Prozent) oder Rücktrittnabe oder Freilauf lieferbar. Mit starrer Nabe (Bild) vorwärts und rückwärts fahrbar. Auf Wunsch ohne abnehmbare Hinterräder und Schutzbleche (Ausstattung I).

KaWe Kinder-Dreirad von Wulfhorst. 380er Rahmenhöhe, 450er Räder mit Bereifung 47-355, Bergtüchtigkeit 186 Prozent (3-Gang), Gesamtbreite 650, etwa 900 Mark. Plastik-Kettenabdeckung. Trommel- und Felgenbremse am Vorderrad. Farben: mocca, blau, rubinrot. Auch mit 2-Gangnabe (136 Prozent) oder Rücktrittnabe oder Freilauf lieferbar. Mit starrer Nabe (Bild) vorwärts und rückwärts fahrbar. Auf Wunsch zerlegbarer Rahmen.

◄ Zerlegbarkeit des KaWe Jugend-Dreirads (Ausstattung II) für den Transport. Durch Lösen je einer Flügelmutter können auch noch die hinteren Schutzbleche abgenommen werden. Hier die Version mit Zweigang-Rücktrittnabe.

Das Gabelkopfschloß von TI Raleigh arretiert die Lenkung entweder links eingeschlagen, geradeaus oder rechts eingeschlagen. Weiterfahrt ist so nicht möglich, aber die Diebstahlsgefahr durch Wegtragen ist nicht gebannt. Foto: Renate Lessing.

Konventionelle KaWe-Fahrradanhänger von Wulfhorst. Entweder 300er oder 500er Räder mit Bereifung 62-203 bzw. 2-16 Moped. Preislage zwischen 180 und 480 Mark. Designer waren hier nicht am Werk.

KaWe-Transportrad von Wulfhorst. 500er Rahmenhöhe, 650er und 500er Rad mit Bereifung 2-22 bzw. 2-16 Moped, Ladefläche 400 × 620. 28 Kilogramm, etwa 790 Mark. Der bis 100 Kilogramm belastbare Gepäckträger 620 × 400 hat eine aufklappbare Galerie und verstärkten Kippständer. Die Gummiklotzbremse vorn ist als Innenbremse im Lenkrohr geführt – eine fahrradtechnische Rarität. Auch als Damenrad lieferbar.

Niederfluriges Transport-Dreirad KaWe 50 von Wulfhorst. 530er Rahmenhöhe, 650er Räder mit Bereifung 2-22 Moped, 41 Kilogramm, etwa 1037 Mark. Gelenkt am Bügel der Ladefläche 1000 × 600 für 150 Kilogramm Last.

Herren-Transport-Rad 701 der Falter-Fahrzeuge-Werke M. & L. Tallardt in Bielefeld. Rahmenhöhe 560 Millimeter, 650er und 500er Rad mit Bereifung 2-22 bzw. 2-16 Moped, 28 Kilogramm. Rücktrittbremsnabe hinten, Trommelbremsnabe vorn. Der bis 50 Kilogramm belastbare Gepäckträger 570 × 420 × 80 hat abklappbare Galerie und stabile Aufstellvorrichtung. Ebenso Damen-Transportrad 702.

Transport-Dreirad KaWe 100 von Wulfhorst. 510er Rahmenhöhe, 650er Räder mit Bereifung 2-22 Moped, 53 Kilogramm, etwa 1170 Mark. Gelenkt wird am Bügel der blattgefederten Ladefläche 800 × 600 für 150 Kilogramm Last.

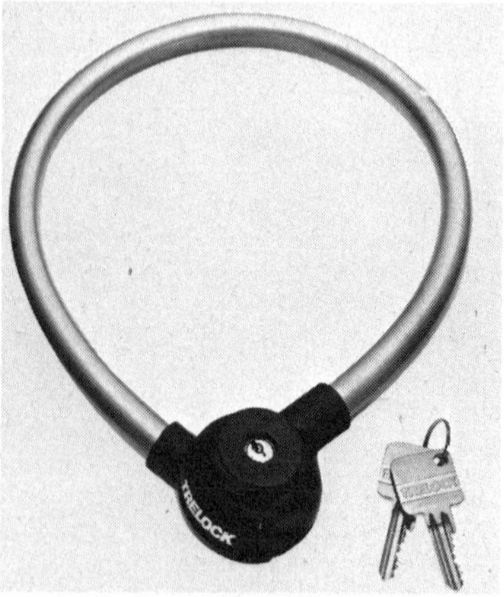


Seilschloß mit Schlüssel. Sicherer als Kombinationsschlösser. Vergeßliche Menschen sollten sich den Schlüssel ans Handgelenk binden.

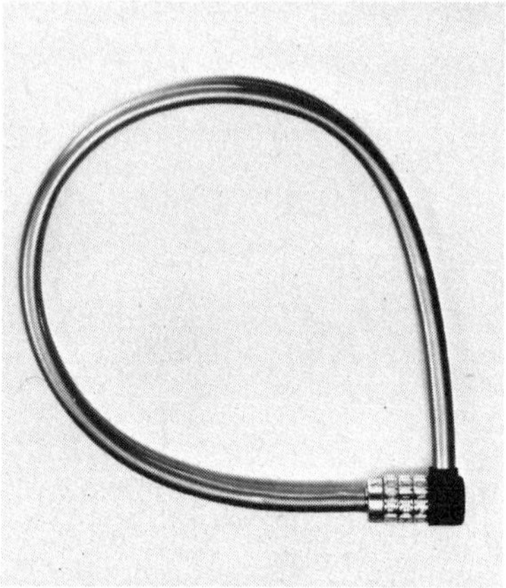

Das Kombinations-Seilschloß können schon Schulkinder knacken. Aber wenigstens kann man das Velo an einen Zaun anschließen.

Speichenschloß der besseren Qualität. Die simplen lassen sich durch einen Fußtritt knacken. Schutz gegen Wegtragen bilden aber auch die besseren nicht.

Am überzeugendsten gelöst: Konvexer Rückspiegel «See-Bak» mit Elastik-Band zum Durchschlüpfen. Nach vorn trägt er einen weißen Frontstrahler. 100 Gramm, 7 Dollar. Jennifer Enterprises, 107 N. Garden Blvd., Edgewater Park, NJ 08010 oder International Pro Byce Shop (Versand).

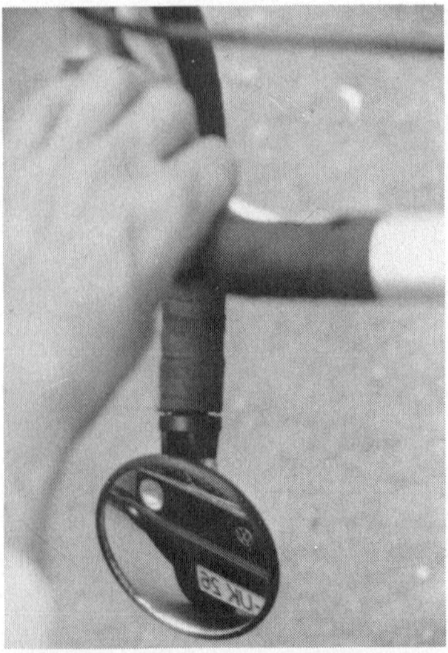

Für Rennlenker gedacht, der ins Lenkerende anstelle des Lenkerstopfens einzubauende Rückspiegel «Bar End Mirror» von Art Form Inc., Yantic Street, Norwich, CT 06360.
Auf und ab verstellbar und im Lenkerrohr drehbar, 80 Gramm, 5 Dollar.

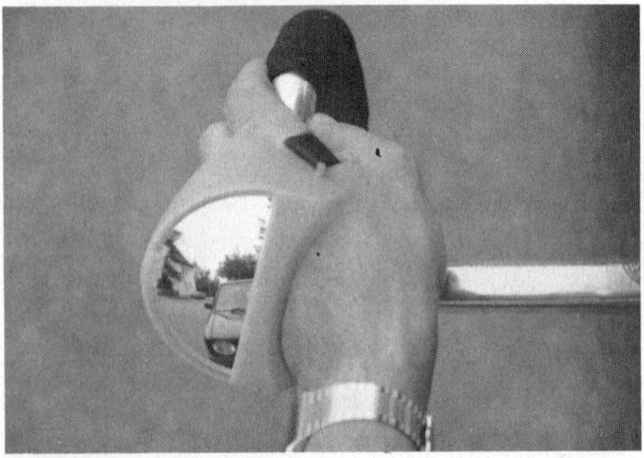

Mit Klettverschluß auf dem Handrücken zu befestigen und damit weniger gefährdet als am Lenker: «BAKUV»-Rückspiegel, 44 Gramm, 6 Dollar (plus 4 Dollar bei Luftpost). Pokorny Sales & Mfg Co, Tierny Road, Lake Hopatcong, NJ 07849.

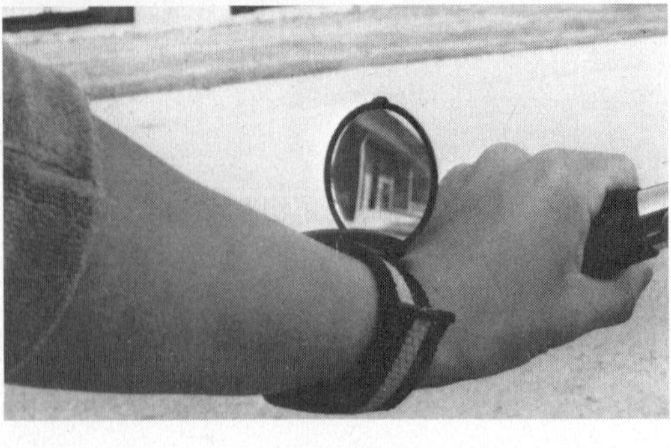

Ebenfalls mit Klettverschluß, aber am Handgelenk zu befestigen; daher noch mit zusätzlichem Kugelgelenk: «Wrist Watcher» mit Klappdeckel, 30 Gramm, 6 Dollar, von C. R. Specialties, 186 Maple Drive, Chicago Heights, IL 60411. Nachteil: Planspiegel, kein Konvexspiegel, daher sehr begrenztes Gesichtsfeld.
Fotos: Renate Lessing.

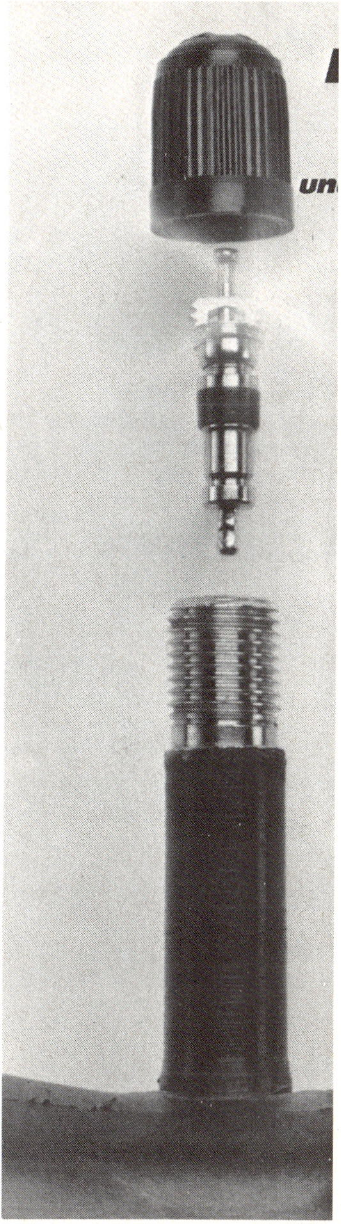

Das Autoventil für Fahrradschläuche ist im Kommen. Vorteile: so leicht aufzupumpen wie ein Patentventil, Aufpumpen an der Tankstelle (aber vorsichtig!), kein Ventildiebstahl ohne Werkzeug. Geringer Nachteil: bisherige Luftpumpe muß anderen Ventilstecker erhalten. Bezugsquellennachweis: Ralf Bohle + Co, Postfach 1120, 5275 Bergneustadt.

Die Instant-Pannenhilfe von Asperg wird aufs Dunlop-Ventil aufgesetzt und nach oben gedrückt. Latex-Milch fließt in den Schlauch, gleichzeitig wird er aufgepumpt. Ist genügend Druck drin, Latex-Milch durch schnelle Drehung des Rads verteilen. Vorher sollte man den Pannen-Verursacher gefunden und entfernt haben. Reicht für eine Panne. 90 Gramm.

Für Fahrradreifen mit Autoventil wieder interessant: Ultra-Pannenhilfe von Asperg mit Schlauch. Im Auto-Ventilstecker ist ein Adapter fürs Dunlop-Fahrradventil eingeschraubt. Also selbst Zeitgenossen mit Mischbereifung (1 Auto, 1 Dunlop) brauchen nur ein Fläschchen mitnehmen. Gebrauchsanleitung: Ventilstecker fest aufschrauben, Deckel ab, Druckknopf drücken, bis Reifen prall gefüllt. Rad schnell drehen. 160 Gramm, etwa 7 Mark.

Mehr Sicherheit im Winter bieten die Fahrrad-Spikesreifen «Spike-Hakkapeliitta» der finnischen Reifenfirma Nokia. Das bundesdeutsche Spikesverbot gilt nur für Kraftfahrzeuge. Lieferbar: 44–622 für 700er Räder (außerdem die nordische Größe 44–635). Importeur: Helmut Stuber, Moltkestr. 72, 7900 Ulm.

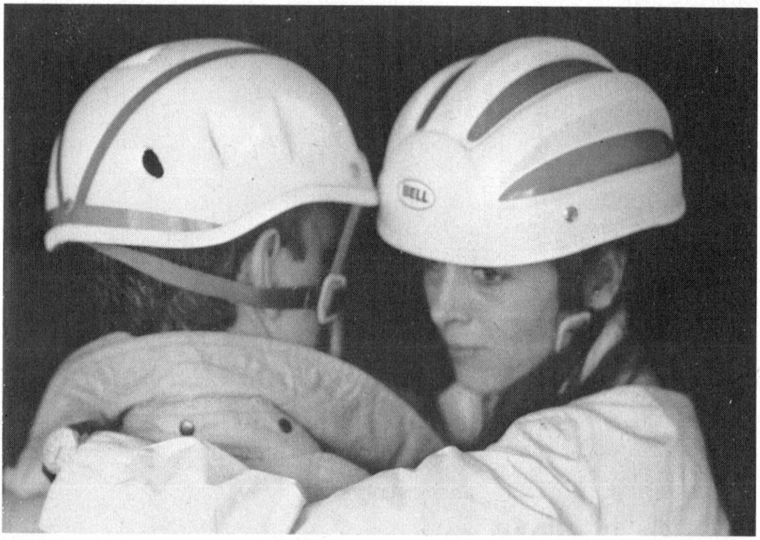


Fahrradhelme «Biker» (links) und «Prime» der Bell Helmets Inc., die bereits in Deutschland erhältlich sind. Der Biker hat mehr Lüftung durch große Luftlöcher, zwei Helmgrößen lassen sich durch verschiedene Einlagen an die Hutgrößen 55 bis 62 anpassen. Der Prime hat drei Helmgrößen, die sich von 52 bis 63 anpassen lassen. Farbe weiß. 500-550 Gramm, 105 bis 125 Mark. Bezugsquellennachweis: Firma KETAY, Mörikestr. 7, 6084 Gernsheim. Foto: Renate Lessing.

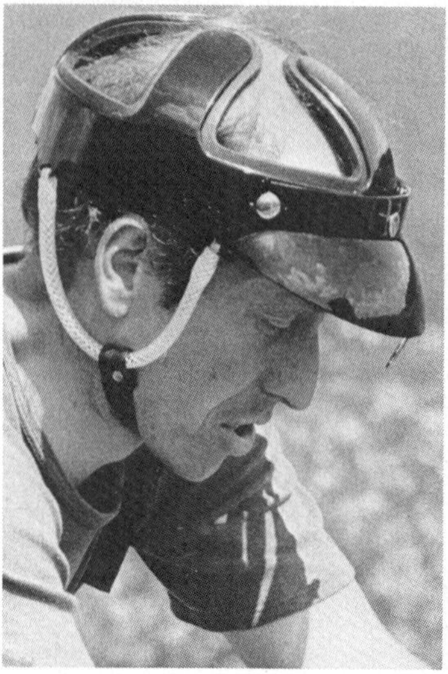

Besser ein offener Helm, der aufgesetzt wird, als ein geschlossener, der zu Hause bleibt – ist die Philosophie des gutdurchdachten Helms Skid-Lid II. Tatsächlich schlägt der Kopf überwiegend seitlich auf die Fahrbahn, und dort ist die Lexan-Schale hart wie jeder andere Helm. Helmfarben weiß, gelb, rot oder schwarz, Sonnenschirm in rauchgrau, bernstein, blau, gelb oder glasklar und das Ganze noch in fünf Helmgrößen: small (180 mm), medium (187 mm), large (194 mm), extra large (200 mm) und extended extra large (206 mm). In Klammern: größte Kopflänge. Mit Rückspiegel, 360 Gramm, 40 Dollar. Von Skid-Lid II, 1560 California Street, San Diego CA 92101, USA oder amerikanischen Versandfirmen. Bei Unfallbeschädigung stellt die Firma kostenlos einen neuen Helm, wenn ein Unfallbericht geliefert wird. Foto: Renate Lessing.

Der rororo Fahrradkatalog zeigt notgedrungen nur die Spitze des Eisbergs. Allerdings verdienen viele Produkte im Handel auch gar nicht, daß man sich mit ihnen beschäftigt. Wenn der Leser beim Kauf auf gutes Design achtet, wird sich von selbst die Spreu vom Weizen trennen. Vielleicht wird er zunächst vor seinem Gegenüber die rote Karte zükken müssen, seine Eurocard nämlich, mit der Drohung, das gesuchte Objekt im US-Versandhandel zu erstehen. Aber vielleicht kommt bald die Zeit, wo die Junioren im Zweiradgeschäft dafür sorgen, daß zeitgemäße Fahrradartikel die Ansprüche der neuen Kunden erfüllen.

Ein Fahrrad funktioniert in voller Übereinstimmung mit den Gesetzen des rationalen Denkens, und eine Studie über die Kunst der Fahrradwartung ist eigentlich eine Miniaturstudie über die Kunst der Rationalität selbst.

(nach Robert M. Pirsig)

# Inspektion – das Erfolgsgeheimnis jeder Radfahrt

In Zeiten, wo das Heißlaufen eines Hubschrauber-Kugellagers Weltgeschichte macht, muß es möglich sein, für regelmäßige Fahrrad-Inspektionen zu werben. Daß das Fahrrad ein Fahrzeug ist wie jedes andere, mit Wartungsbedürfnissen zumal, merkt man immer dann besonders deutlich, wenn es fern der Haustür ausfällt. Man erkennt dann leider allzu oft, daß das derzeitige Fahrrad einen Kompromiß darstellt, bei dem der Gesichtspunkt der Wartungsfreiheit (weil mit gestiegenen Kosten verbunden) nur vereinzelt eine Rolle gespielt hat. Wenn Fahrräder soviel wie Motorräder kosteten, könnte man eher mit Wartungsfreiheit rechnen.

Wenngleich hier ungern zugegeben wird, daß Fahrräder weniger Kilometer reparaturfrei fahren als Autos, so bleibt doch der Trost, daß die meisten Reparaturen 5-Minuten-Spots darstellen. Denn während die Automobilkonstrukteure mittlerweile die Funktionsteile des Autos erfolgreich durch das Blechkleid vor den Augen des Fahrers versteckt haben, liegt beim Fahrrad alles weitgehend offen, so daß auch ein Fahrer ohne Zweirad-Mechaniker-Ausbildung reelle Erfolgschancen hat. Zum Arbeitsbeginn reicht's dann immer noch.

Dennoch ist auch beim Fahrrad wieder mal vorbeugen besser als heilen. Zumal wenn das gute Stück nach Jahren des Nichtgebrauchs aus Boden oder Keller vorgeholt wird, ist um eine Inspektion mit anschließender Testfahrt kaum herumzukommen. Fachkundige Hilfe hierbei ist oft näher als man denkt:

Die Schuljugend der Nachbarschaft besteht meist aus Experten, denen gegen Anerkennungsgebühr möglicherweise der komplette Entmottungsvorgang delegiert werden kann.

Vollends unumgänglich wird eine komplette Inspektion beim Gebrauchtrad-Kauf. Sorgsam hüte man sich vor dem Schrott der früheren Jahre (der fünfziger Jahre), als die Preise immer tiefer purzelten und die Qualität mit sich zogen. Unbedingt ist der Rahmen auf Verwindungen zu prüfen, um festzu-

stellen, ob man ein Unfallfahrrad vor sich hat, dessen Geradelauf dahin ist. Denn guter Geradeauslauf, erkennbar durch einfaches Freihändigfahren resultiert nur, wenn die beiden Räder hintereinander in der gleichen Ebene liegen. Diese Bedingung kann sich jederzeit ändern, etwa wenn die Radachsen in den Ausfallenden verrutschen, vollends aber bei einem Sturz des Fahrers, wenn der Rahmen deformiert wird.
Ob die Räder vertikal gegeneinander einen Sturz haben, kann man erkennen, wenn man die Schutzbleche abnimmt und in Längsrichtung an den Reifen vorbeipeilt (Voraussetzung: Felgen und Achsen sind schon in Ordnung). Mit einer geraden Latte kann man auch den direkten Test machen: Ziemlich weit unten ans Hinterrad seitlich anlegen und schauen, ob auch der Vorderreifen in zwei Punkten berührt. Wenn ja, liegen die Räder richtig hintereinander. Wenn nurmehr ein Punkt des Vorderreifens berührt wird, messe man die Abweichung des zweiten: 10 Millimeter sind noch tolerierbar. Falls es mehr ist, muß die Ursache behoben werden: verdrillter Rahmen und/oder Vordergabelenden oder Hinterbauenden nicht symmetrisch. Einen verdrillten Rahmen erkennt man, wenn man vor dem Lenker stehend am Steuerkopfrohr vorbei auf das Sitzrohr nach hinten peilt: Die Kanten der beiden Rohre sollten parallel sein. Einen asymmetrischen Hinterbau erkennt man mit der Schnurprobe: Von dem linken Hinterachsstummel nach vorn, ums Steuerkopfrohr herum zurück zum rechten Hinterachsstummel eine Schnur spannen; den Abstand vom Sitzrohr links und rechts messen. Ungleiche Abstände beweisen die Asymmetrie. Fazit: Ein gebrauchtes Fahrrad sollte man nicht kaufen, wenn es verzogen ist, es sei denn, man hat einen genialen Rahmenrichter in der lokalen Werkstatt. Erweist sich das eigene Fahrrad als verzogen, hat man endlich eine Erklärung für unerquickliche Fahreigenschaften. Der Rationalität verpflichtete Fahrer sinnen dann auf Abhilfe.
Ein letzter Appell an die Rationalität: Die Gesetze des Maschinenbaus gelten auch beim Fahrrad. Ohne Schmierung läuft langfristig nichts. Wer sich in der Rolle des Fahrradölens unwohl fühlt, – sei wieder auf die jugendliche Nachbarschaftshilfe verwiesen – honorierte, versteht sich.
Und den wichtigsten Tip zum Abschluß: Man soll sein Fahrrad unbedingt klapperfrei machen! Der psychologische Effekt beim Fahrer ist enorm: Das bislang als müder Klepper eingeschätzte Fahrrad erscheint plötzlich als schwarzer Panther, der zusammen mit dem Fahrer lautlos und elastisch über Schlaglöcher und Bordsteinkanten setzt. Also unbedingt alle Schutzblechbefestigungen festschrauben (mit Nagellack oder ähnlichem, sichern) und Scheuerstellen mit Klebeband ruhigstellen, z. B. auf dem hinteren Schutzblech unter der Gepäckträgerklappe.

## Testfahrt

| in Ordnung | Abhilfe nötig | |
|---|---|---|
| ○ | ○ | Fahrrad beschleunigt und rollt leicht? |
| ○ | ○ | Sattelneigung angenehm? |
| ○ | ○ | Sattel unnachgiebig bei Fahrbahnstößen? |
| ○ | ○ | Satteltyp angenehm? |
| ○ | ○ | Lenkergriffe-Position angenehm? |
| ○ | ○ | Lenker verdrehungssicher? |
| ○ | ○ | Vollbremsung – Bremshebel noch vor Anschlag? |
| ○ | ○ | Bremshebel und Bowdenzüge ohne Spiel? |
| ○ | ○ | Weiche Bremswirkung und ruckfrei? |
| ○ | ○ | Bremsen schleifen nach Loslassen? |
| ○ | ○ | Bremsen quietschen oder stottern? |
| ○ | ○ | Bremswirkung? |
| ○ | ○ | Pedale eiern nicht? |
| ○ | ○ | Miniclips richtiger Länge? |
| ○ | ○ | Tretlagergeräusche und -wackeln? |
| ○ | ○ | Alle Gänge schaltbar? |
| ○ | ○ | Vorderes Kettenblatt eiert? |
| ○ | ○ | Bei voller Kraft Gänge übersprungen oder rausgerutscht? |
| ○ | ○ | Schaltet Schaltung selbst weiter? |
| ○ | ○ | Scheuert Kette irgendwo? |
| ○ | ○ | Räder holpern oder eiern? |
| ○ | ○ | Räder schlackern? |

| in Ordnung | Abhilfe nötig | |
|---|---|---|
| ○ | ○ | Reifen hart aufgepumpt? |
| ○ | ○ | Ruhige Lenkung, auch freihändig? |
| ○ | ○ | Gepäckträger und Zubehör fest verankert? |
| ○ | ○ | Ratter-, Quietsch- oder Scheuergeräusche? |
| ○ | ○ | Scheinwerfer und Rücklicht leuchten hell? |

## Inspektion in acht Schritten

### 1 Bremsen

Wenn das Fahrrad eine *Rücktrittbremse* hat, prüfen Sie sie während der Fahrt durch Zurücktreten. Die Pedalkurbel sollte nicht mehr als 60° zurückgehen, bis die Bremswirkung einsetzt (DIN 79100). Dasselbe gilt für den Übergang von Rücktrittbremse auf Weiterfahrt, also wenn Sie wieder vorwärts treten. Falls sich die Pedalkurbel weiter durchdrehen läßt, können Sie auf ausgeschlagene oder kaputte Teile in der Rücktrittnabe schließen.

Wenn das Rad eine *Felgenbremse* hat, Bremsklötze auf totale Abnutzung überprüfen. Sind die Gummistollen oder -rippen ganz heruntergeschliffen oder steinhart, ist es Zeit, sie zu ersetzen. Haben die Bremsschuhe ein offenes Ende (um die Bremsklötze einzuschieben), vergewissern Sie sich, daß diese offenen Enden nach hinten (entgegen der Fahrtrichtung) weisen. Sonst können beim ersten Bremsen die Bremsklötze nach vorn herausgeschlagen werden. Achten Sie zudem darauf, daß die Bremsklötze voll auf der Felge anliegen, damit ihre Bremskraft voll genutzt wird. Sind Schnellauslöser an den Bremsen (bei Fahrrädern mit Schnellspann-Naben), achten Sie darauf, daß die Betätigungshebel in Arbeitsstellung sind. Kleinstmöglichen Abstand zwischen Bremsklötzen und Felgen einstellen; hierzu mittels Seilzug-Einstellschraube an der Bremse das Spiel aus dem Seilzug nehmen.

Den Bremsbolzen überprüfen Sie, indem Sie versuchen, ihn vor- und zurückzubewegen. Sitzt er locker, mit einem 10er Schraubenschlüssel Mutter anziehen, aber nicht zu fest.

Untersuchen Sie die Bremsseile auf abgeknickte oder abgebrochene Drähte an den Stellen, wo das Bremsseil in den Handbremshebel einläuft oder an der Bremse festgemacht ist. Beschädigte Seile ersetzen.

Etwas Öl in die beiden Enden der Bowdenzughülle laufen lassen. Zu empfehlen ist ein dünnflüssiges Nähmaschinen- oder spezielles Fahrradöl.

### 2 Räder

Halten Sie nach Beulen und Seitenschlag Ausschau. Zupfen Sie auch an den Speichen, um gebrochene herauszufinden. Wenn die Felge mehr als nur ein bißchen Seitenschlag hat, kann sie die Bremswirkung beeinträchtigen und zu einseitiger Reifenabnutzung führen. Am besten das Fahrrad dann in die Werkstatt bringen und zentrieren oder notfalls eine neue Felge einspeichen lassen.

Bei Achsbefestigung mit Muttern prüfen Sie mit dem Schraubenschlüssel (meist 15er), ob die Achsmuttern fest angezogen sind. Haben die Räder Schnellspann-Naben, schauen Sie nach, ob die Schnellspannhebel in gespannter Position dicht anliegen (andernfalls lockern, Justiermutter auf der Gegenseite etwas im Gegenuhrzeigersinn drehen und wieder spannen).

Die Radlager-Einstellung untersuchen Sie folgendermaßen: Fahrrad stillhalten, indem Sie mit einer Hand den Lenker fassen und mit der anderen durchs Speichenrad durchgreifen und das Rad an der Oberseite von unten packen. Versuchen Sie dann, das Rad seitlich hin- und herzubewegen. Wenn mehr als nur ein bißchen Seitenspiel festzustellen ist, sollten Sie die Lagerkonen nachstellen bzw. in der Werkstatt nachstellen lassen. Dieselbe Prozedur gilt fürs Hinterrad, man faßt den Sattel mit der einen und packt das Hinterrad oben mit der anderen Hand.

### 3 Bereifung

Untersuchen Sie die äußere Decke (oder Mantel), und zwar Lauffläche und Seitenwände, und entfernen Sie alle eingezwängten Glassplitter und Steinchen. Mit nur kleinen Rissen kann ein Reifen eine Weile überdauern, aber wenn er größere Schnitte und Stellen zeigt, wo das Gewebe sichtbar wird, sollte man ihn erneuern. Schauen Sie auch nach anderen Abweichungen der Reifen. Eine Beule deutet darauf hin, daß möglicherweise die Karkasse nach Überfahren eines Schlaglochs gebrochen ist. Der Reifen sollte dann eigentlich erneuert werden; wer die Kosten scheut, müßte wenigstens von innen einen Gummiflicken mit Klebstoff dagegenkleben, um dessen Leben zu verlängern. Eins von beiden ist unbedingt anzuraten, sonst riskieren Sie eine Panne.

Den richtigen Reifendruck finden Sie bei Importreifen auf der Reifenwand angegeben (allerdings in psi = *p*ounds per *s*quare *i*nch; 100 psi gleich 7 Bar oder Atmosphären). Gleich überprüfen, falls Pumpe mit Manometer zur Hand.

## Luftdruck

Die populäre Faustregel, den Reifen soweit aufzupumpen, daß er sich mit dem Daumen gerade nicht mehr eindrücken läßt, ist zwar schön körperbezogen, aber nicht sonderlich hilfreich, wenn die neuen Hochdruckreifen bis 7 bar oder Atmosphären aufgepumpt werden. Selbst beim stärksten Daumenprotz ist dann dieser Punkt längst überschritten und die Grenze zum knallend platzenden Pneu nicht erkennbar. Kurz: Der Velofahrer des zwanzigsten Jahrhunderts verfolgt den Luftdruck messend – mit einem Luftdruckprüfer, falls er nicht eine Fußpumpe mit eingebautem Manometer besitzt. Einen Luftdruckprüfer wiederum gibt es hierzulande nur für die Sclaverand-Ventile der Hochdruckreifen (Pressographe, etwa 17 Mark). Ein Grund mehr, sein Fahrrad auf Autoventile umzurüsten, für die es bleistiftförmige Druckprüfer gibt. Oder eben wirklich eine menschenfreundliche Fußpumpe mit Manometer zu kaufen. Das Ablesen bei ihr ist allerdings eine Kunst. Beim Niederdrücken muß ja auch der Widerstand des Ventils überwunden werden, der Zeiger rast erst mal zu hohen Drukken, schnellt aber, wenn der Kolben am Anschlag angelangt ist, auf den eigentlichen Druckwert zurück, und der Druck sinkt danach langsamer, je nachdem wie dicht der Ventilstecker auf dem Ventil sitzt. Die Luftdrucktabelle gibt Anhaltswerte in bar oder psi. Die Reifenbreite ist die erste Zahl in der neuen Reifennorm, also z. B. 37 in der Reifengröße 37–622. Der gleiche Reifen hieß früher 28 × 1 3/8 × 1 5/8, wobei 1 3/8 Zoll das Dickenmaß war. Alles über Ventile weiter unten.

## Luftdrucktabelle

| Reifenbreite mm | Zoll | Empfohlener Luftdruck bar | psi (lb/in) |
|---|---|---|---|
| 57–62 | 2,125–2½ | 2 –2,5 | 30– 35 |
| 47 | 1,75 –2 | 2,5–3 | 40– 45 |
| 37–40 | 1⅜ –1½ | 3,5–4 | 50– 60 |
| 28–32 | 1⅛ –1¼ | 4,5–5 | 65– 75 |
| 28 bis * | 1⅛ –1¼ | 5 –6 | 75– 85 |
| 25 bis * | 1 –1 1/16 | 6 –7 | 85–100 |

* Hochdruckreifen

## 4 Lenker und Lenkerschaft

Sie halten das Vorderrad zwischen den Beinen fest und versuchen mittelsanft den Lenker nach rechts oder links zu drehen. Wenn er nachgibt, ist der Schaft locker und muß der Klemmbolzen von oben mittels Inbus- bzw. Schraubenschlüssel festgezogen werden. Dann versuchen Sie den Lenker selbst in seiner Halterung im Lenkervorbau zu verdrehen (falls er nicht eingelötet ist). Wenn er sich bewegt, muß die Lenkermanschette mittels der Vorbau-Klemmschraube angezogen werden.
Das Steuerkopflager wird getestet, indem Sie sich neben das Fahrrad stellen, sich mit dem Bauch auf den Sattel lehnen und mit der Vorderradbremse das Fahrrad zum Stillstand bringen. Nun versuchen Sie mit dem Körper das Fahrrad vor- und zurückzurucken, um herauszufinden, ob das Steuerkopflager nennenswertes Spiel hat. Wenn ja, muß es nachgesehen werden. Holperiges Drehen weist darauf hin, daß sich die Lagerkugeln in die hochbelasteten Kugelläufe eingedrückt, d. h. sie «gepunktet» haben. Wenn Sie nach Erneuerung der Lagerschalen immer noch nicht freihändig fahren können, ist wohl der Rahmen verzogen.

## 5 Pedalkurbeln

Packen Sie eine Kurbel fest mit der Hand und drehen Sie das Pedal vor und zurück, um herauszufinden, ob das Pedal leicht drehbar ist oder gar Spiel hat. Letzteres sollte minimal sein. Wenn sich das Pedal nicht frei drehen läßt, sollten Sie es in der Werkstatt prüfen lassen. Die Pedalachse könnte verbogen sein, was sich eventuell noch richten läßt. Neue Pedale sind aber billig. Gebrochene oder fehlende Pedalrückstrahler ersetzen. Auch die Kurbeln sind zu prüfen. Halten Sie das Fahrrad fest. Dann versuchen Sie, die Pedalkurbeln von links nach rechts und umgekehrt zu wackeln. Wenn dabei mehr als minimales Spiel zu beobachten ist, muß das Tretlager nachgestellt werden (Batavus-Fahrräder haben hier fertige Autokugellager eingepreßt).

## Generalinspektion: Checkliste

| vorn | 1 Bremsen | hinten |
|---|---|---|
| ○ | Rücktritt nicht zu weitgehend | ○ |
| ○ | Bremshebel der Rücktrittnabe festgeschraubt | ○ |
| ○ | Bremsklötze auf Felge zentriert | ○ |
| ○ | Bremsklötze nicht abgefahren oder verhärtet | ○ |

| vorn | | hinten |
|---|---|---|
| ○ | Bremsschuh richtig nach vorn geschlossen | ○ |
| ○ | Klotz-Felgen-Abstand nicht mehr als 3 mm | ○ |
| ○ | geht einwandfrei in Ausgangsstellung nach Loslassen | ○ |
| ○ | klemmende Teile | ○ |
| ○ | Spiel oder lockere Teile | ○ |
| ○ | freie Seilbewegung | ○ |
| ○ | Bremsbolzen fest | ○ |
| ○ | einzelne Drähte oder ganzes Seil gebrochen | ○ |
| ○ | Hülle des Bowdenzugs geknickt | ○ |
| ○ | Bremshandhebel nicht bis zum Anschlag bei Vollbremsung | ○ |
| ○ | Hebel oder Halterung wackelig | ○ |

| vorn | 2 Räder | hinten |
|---|---|---|
| ○ | Seitenschlag der Felge | ○ |
| ○ | Höhenschlag der Felge | ○ |
| ○ | Felge gekerbt oder verbeult | ○ |
| ○ | Speichen locker, ungleich gespannt | ○ |
| ○ | Speichen gebrochen oder fehlen | ○ |
| ○ | Achslager frei drehbar | ○ |
| ○ | Achskonen zu fest oder ruckartig | ○ |
| ○ | Achse verbogen | ○ |
| ○ | Ausfallenden nicht parallel | ○ |

| vorn | 3 Reifen | hinten |
|---|---|---|
| ○ | Fülldruck | ○ |
| ○ | einseitig abgefahren oder Beulen | ○ |
| ○ | Risse und Einschlüsse | ○ |
| ○ | Schnitte im Gewebe | ○ |
| ○ | Sitzt Ventil gerade? | ○ |

| vorn | 4 Lenkung |
|---|---|
| ○ | locker oder fest |
| ○ | Lager gepunktet |
| ○ | Lenkerschaft sicher geklemmt |
| ○ | Lenker verdrehungssicher im Vorbau |
| ○ | Griffe oder Lenkerband in Ordnung? |
| ○ | Lenker verbogen? |

| links | 5 Pedalkurbeln | rechts |
|---|---|---|
| ○ | Pedale fest eingeschraubt | ○ |
| ○ | Pedallager spielfrei | ○ |
| ○ | Pedalachse verbogen? | ○ |
| ○ | Gummiklötze vollständig? | ○ |
| ○ | Miniclips fest angeschraubt | ○ |
| ○ | Kurbeln festsitzend, dito Bolzen oder Keil | ○ |
| ○ | Kurbel verbogen oder verdrillt | ○ |
| ○ | Tretlager locker | ○ |

| links | | rechts |
|---|---|---|
| ○ | Lagerung zu stramm oder ruckartig | ○ |
| ○ | Achse verbogen | ○ |

| vorn | 6 Kraftübertragung | hinten |
|---|---|---|
| ○ | Kettenräder fest auf Kurbel bzw. Nabe | ○ |
| ○ | Kurbelkeil bzw. Sprengring festsitzend | ○ |
| ○ | Kettenabweiserringe ohne Schlag | ○ |
| ○ | Kettenblätter bzw. Ritzel ohne Schlag | ○ |
| ○ | einzelne Zähne verbogen oder abgenutzt | ○ |
| ○ | Kette geschmiert | ○ |
| ○ | Kette gelängt oder ausgeleiert | ○ |
| ○ | Ketten-Kinken | ○ |
| ○ | Kettenlänge richtig | ○ |
| ○ | Schalthebel fest montiert | ○ |
| ○ | Schaltzüge knickfrei verlegt | ○ |
| ○ | Nabenschaltung: Gänge exakt | ○ |
| ○ | Nabenschaltung: Kein Durchtreten im Gang | ○ |
| ○ | Kettenschaltung: Umwerfer parallel | ○ |
| ○ | Anschlag für kleinstes Rad korrekt | ○ |
| ○ | Anschlag für größtes Rad korrekt | ○ |
| ○ | Schalthebel-Klemmschrauben richtig | ○ |

| vorn | 8 Beleuchtung | hinten |
|---|---|---|
| O | Leuchten fest angebracht | O |
| O | Leitungen isoliert und nicht abstehend | O |
| O | Birnchen nicht geschwärzt | O |

6 Kraftübertragung

Hat das Fahrrad eine *Nabenschaltung* (2-Gang, 3-Gang oder 5-Gang), schaue man zuerst, ob der Schalthebel wackelfrei am Fahrrad befestigt ist. Man untersuche auch die Reihe der Stützpunkte, mit Hilfe derer der Schaltzug am Rahmen verlegt ist. Diese Stützpunkte sollten gleichfalls wackelfrei befestigt sein. Die Schaltteile werden auf gebrochene oder gescheuerte Drähte untersucht; schadhafte sind zu ersetzen. In die Schaltzughülle lasse man von oben etwas Nähmaschinenöl oder spezielles Fahrradöl rinnen.

Wenn Schalthebel und Schaltzug in Ordnung sind, überprüfe man die Einstellung der Schaltung wie folgt: Man stellt das Fahrrad auf den Kopf, so daß sich das Hinterrad frei drehen kann. Drehen Sie die Pedalkurbel in den verschiedenen Gängen. Wenn die Gänge rausrutschen, liegt das Problem in der Nabe, und die Werkstatt muß das in Ordnung bringen. Ist auf der Nabe ein Ölnippel vorhanden (Sturmey-Archer), fülle man etwas Öl nach.

Hat das Fahrrad eine *Kettenschaltung*, untersuche man zunächst wieder die Schaltseile auf Scheuerstellen und Drahtbrüche bei den Schalthebeln und vorderen und hinteren Kettenumwerfer und ersetze sie gegebenenfalls. Etwas Nähmaschinen- oder Fahrradöl von oben in die Hüllen der Schaltzüge rinnen lassen.

Sind an den Schalthebeln Klemmschrauben, wende man zunächst ihnen seine Aufmerksamkeit zu: Man stellt das Fahrrad auf den Kopf, so daß das Hinterrad sich frei drehen kann. Man legt einen Gang ein und dreht die Pedalkurbel. Gleichzeitig achtet man auf die Schalthebel, um zu sehen, ob das Fahrrad von selbst aus dem Gang rutscht. Wenn ja, klemmt die Klemmschraube zu wenig und muß ein wenig im Uhrzeigersinn angezogen werden, aber nicht zu stark.

Jetzt dreht man die Pedalkurbel rückwärts und schaut, ob sich im spannungslosen Trumm ein Knick, sogen. Kinke, in der Kette bildet, der sich zunächst nicht wieder strammzieht, also steif bleibt. Klettert diese Kinke während der Fahrt schließlich das hintere Ritzel hoch und gelangt ins gespannte Trumm, wird sie ruckartig strammgezogen – Ursache für manch unerklärtes Knacken

während der Fahrt. Solche steifen Kinken können vermieden werden, wenn man die Kette mit den Daumen dort seitlich abbiegt oder «knetet».
Danach wird am kopfstehenden Fahrrad die Pedalkurbel gedreht und durch alle Gänge geschaltet, um sicherzugehen, daß der vordere Umwerfer richtig schaltet. Falls die Kette vom vorderen Kettenblatt abspringt, kann eine Nachjustierung des vorderen Umwerfers erforderlich werden, könnte der Ketten-Käfig dejustiert sein oder das Kettenblatt einen Seitenschlag aufweisen. Oder möglicherweise wurden einzelne Zähne des Kettenblatts verbogen. Falls man diese Situationen nicht selbst meistern kann, muß das Fahrrad in die Werkstatt.
Dasselbe Verfahren wiederholt man für den hinteren Kettenumwerfer. Wenn die Kette über das kleinste oder größte Ritzel hinausspringt, bedarf es einer Nachstellung der Anschläge des Umwerfers mittels der vorgesehenen Einstellschrauben.

## Checkliste zur Rahmenbeurteilung

- ○ Vordergabelenden vertikal und horizontal symmetrisch?
- ○ Gabelschaft mittig und nicht verbogen?
- ○ Hinterbau vertikal und horizontal symmetrisch?
- ○ Kettenräder und Kette in einer Ebene?
- ○ Steuerkopf – und Sitzrohr nicht verdrillt?
- ○ Räder vertikal parallel?
- ○ Räder am Lineal anliegend?
- ○ Keine gestauchten Rohre?
- ○ Muffenverbindungen alle mit Lot ausgefüllt?
- ○ Schutzbleche knickfrei?
- ○ Schutzblechbefestigung in Ordnung?
- ○ Gepäckträger sicher befestigt?

### 7 Sattel

Man versuche ihn mit Gewalt nach oben oder unten, rechts oder links zu drehen. Wenn er nicht nachgibt, ist er sicher. Ließ er sich verstellen, muß man den Sattelkloben unter dem Sattel (meist 14er Schlüssel) und den Sattelklemmbolzen am Rahmen (meist 13er Schlüssel) anziehen.

### 8 Beleuchtung

Dynamo und Birnchen prüfen, geschwärzte ersetzen (2,5 Watt – 6 Volt vorn, 0,5 Watt – 6 Volt hinten).

## Schmierplan

Teure Reparaturen vermeidet man am ehesten durch einen selbstauferlegten Zeitplan für die Schmierung. Wer den folgenden Schmierplan nicht unterschreiben kann, muß sich selbst einen erstellen. Rücktrittnaben von F & S und Shimano sollen durch Dauerschmierung wartungsfrei sein.

| | Ölen | Überholen und Fetten |
|---|---|---|
| **monatlich** | | |
| Pedale | ○ | |
| Freilauf im Zahnkranz | ○ | |
| Kettenumwerfer | ○ | |
| Vorder- und Hinternaben | ○ | |
| Kette | ○ | |
| Bowdenzüge | ○ | |
| Felgenbremsen | ○ | |
| **Jedes Jahr** | | |
| Vorderradnabe | | ○ |
| Steuerkopflager | | ○ |
| Freilauf im Zahnkranz | | ○ |
| Pedale | | ○ |
| **Jedes Jahr** | | |
| Hinterradnabe | | ○ |
| Tretlager | | ○ |

# Projekt: Bowdenzüge ölen

«Neuer und verbesserter Mechanismus für die Kraftübertragung» überschrieb 1896 Ernest Bowden aus Mannington, der übrigens nicht mit dem Raleigh-Firmengründer Frank Bowden zu verwechseln ist, sein Patent. Während aber heute den Motorradfahrern leichtgleitende, kunststoffausgekleidete Bowdenzüge zugestanden werden, ist der Fahrrad-Bowdenzug zu einem arg pflegebedürftigen Bandwurm entartet. Die Flaggschiffe der großen Hollandrad-Hersteller haben nicht ohne Grund heute noch Gestängebedienung der Bremsen.

Aber auch ein Bowdenzug kann bis ins Jenseits überdauern, wenn man ihn ständig schmiert. Wenn man das Öl lediglich auf das Ende der Hülle tropft, ist aber wahrscheinlich, daß es sich's dreimal überlegt, ob es nicht besser gleich zu Boden tropft, statt zwischen Hülle und Seil einzudringen.

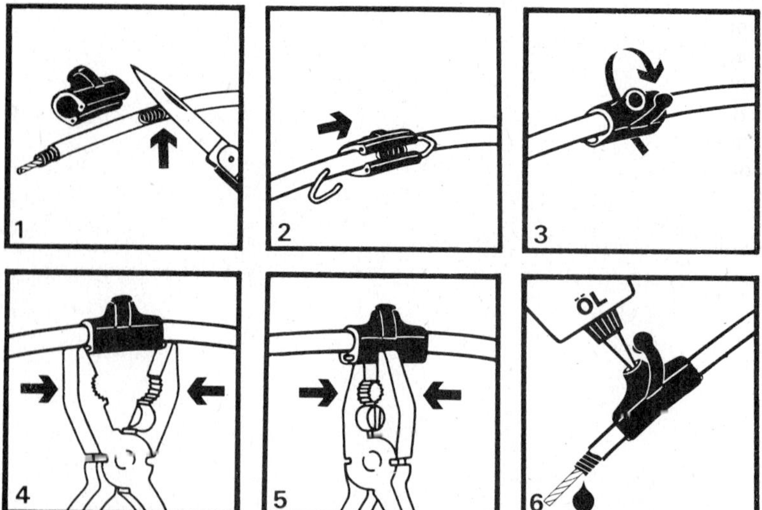


1 Bowdenspirale ca. 5 mm freilegen (möglichst ca. 200 mm vom Griff entfernt).
2 Beide Klammern vom Öler entfernen. Öler über Bowdenzug schieben, dann Klammern wieder bis zur Hälfte einstecken.
3 Öler auf freigelegten Ausschnitt drehen. (Durch geöffneten Verschlußdeckel kontrollieren!).
4 Mit Flach- oder Kombizange beide Klammern ganz in den Öler einschieben.
5 Die Seitenflächen des Ölers und damit die Klammern so zusammendrücken, daß der Öler am Bowdenzug festsitzt.
6 Mit nicht zu dickem Öl schmieren bis Öl sichtbar austropft (Fahrradöl mit Molykote).

Die Dehne-Bowdenzugöler sind nachträglich anzubringen und machen vernünftige Wartung erst möglich. Fahrrad-Packung à 5 Stück etwa 2,– DM. Bezugsquellennachweis: August Fischer, 7342 Urach 1.

Noch eleganter ist eine schwäbische Erfindung aus Urach, der Seilzug-Öler von Dehne, der ohne weitere Umstände mittels eines Taschenmessers installiert werden kann. Von der Bowdenhülle wird etwas Plastikhülle entfernt und auf diese Stelle ein dicht schließender Plastik-Einfüllstutzen geklemmt. Mit Druck aus einem Ölfläschchen, dessen Düse in den Stutzen gesteckt wird, läuft das Öl durch die Drahtspirale der Hülle ins Innere. Man drückt solange, bis das Öl am Bowdenzugende austropft. Empfohlen wird Fahrradöl mit einem Zusatz von Molybdändisulfid, z. B. Molykote. Damit nicht alles Öl gleich beim Bedienungshebel ausläuft, sollte der Öler zwar auf dem höchsten Punkt des Bowdenzugs, aber mindestens 200 Millimeter vom Griff gesetzt werden. Die Packung für Fahrräder enthält vier Öler für Hüllen bis 4,8 Millimeter und einen für Hüllen bis 4,3 Millimeter Außendurchmesser. Bei einigen Raleigh-Fahrrädern Serienausstattung.

## Fahrrad-Shop für Fahrradpendler

Das nachfolgende Interview führte Alice Ness mit Clay Grubic, Inhaber eines Fahrradgeschäfts in Washington, das sich speziell auf Fahrradpendler eingestellt hat.

*Frage: Wo liegen Ihrer Erfahrung nach die Bedürfnisse der Fahrradpendler bei der Ausrüstung?*
Wir waren die ersten, als es um Routenmarkierungen, Radwege, Fahrrad-Wimpel und Verkehrszeichen ging. Besonderes Anliegen ist hierbei, das Fahrrad für den Autofahrer erkennbar zu gestalten. Denn

die größte Sorge des Velofahrers ist doch, daß er vom Autofahrer nicht gesehen werden könnte. Die Leute müssen Reflexkleidung tragen und ihre Fahrräder mit Reflexstreifen bekleben.

*Frage: Warum glauben Sie, daß Autofahrer manchmal keine Rücksicht auf die Velofahrer nehmen?*
Es ist eine große Sorge der Philosophen und Lehrer, daß ein Menschenleben nichts mehr wert ist. Man erkennt das überall. Die Leute beziehen sofortigen Lustgewinn, wenn sie bei ihrem Fernsehgerät in ein paar Sekunden vom einen Kanal zum nächsten schalten können. Sie sind auf diese Befriedigung derart programmiert, daß sie mit der gleichen Einstellung ‹geh mir aus dem Weg› oder ‹hau ab von der Fahrbahn› denken. So läuft das doch.

*Frage: Was sind die häufigsten Reparaturen, die ihre Werkstatt für Fahrradpendler ausführt?*
Meistens ist es ein Plattfuß oder ein gerissener Schaltzug. Solche kleineren Sachen kommen vor, wenn sie unterwegs sind. Es ereilt sie eine Reifenpanne, wo sie am wenigsten damit rechneten. Wir bringen das in Ordnung und lassen sie ein andermal dafür zahlen.

*Frage: Warum kommen Leute mit Pendlerproblemen in ihr Geschäft?*
Weil wir ihnen einen Sofortservice bieten. Unser Geschäftsprinzip ist, die Leute so bald wie möglich wieder auf die Straße zu bringen. Eine Menge Fahrradgeschäfte tun das nicht. Die reparieren Fahrräder halt eins nach dem andern. Dabei verfehlen sie ihre eigentliche Aufgabe. Fahrradpendler sind auf ihr Verkehrsmittel genauso angewiesen wie alle anderen.
Wir haben bis 19 Uhr geöffnet, weil die Fahrradpendler erst etwa zwanzig Minuten nach der Stoßzeit losfahren. Der Stoßverkehr ist gewöhnlich um 18 Uhr abgeklungen, und die Fahrräder fangen 15 bis 20 Minuten später an, bei uns einzutrudeln. So ist's täglich der Trend. Nicht selten ist unsere geschäftigste Zeit zwischen 18 und 19 Uhr.
Unsere Einstellung unterscheidet sich etwas von der der übrigen Läden am Ort. Wenn jemand zur Tür hereinkommt, bemühen wir uns um seine Maschine ohne Ansehen der Person. Wir haben Doktoren, Rechtsanwälte, Studenten, Kongreßabgeordnete und Senatoren, aber unser einziges Interesse ist darauf gerichtet, ihre Maschinen wieder zurück auf die Straße zu bringen.

*Frage: Sie müssen einen ganz hübschen Betrieb laufen haben, wenn Sie soviel Leute in so kurzer Zeit versorgen können?*
Nein, gar nicht, wir sind bloß besonders effizient auf sie eingerichtet. Wir haben einen besonderen Annahmeraum, in den sie ihr Fahrrad bringen und in einen Ständer stellen, bevor sie durch die eigentliche Ladentür kommen. Wir prüfen das Fahrrad durch, stellen die Diagnose und nehmen es nach hinten, wobei wir unterwegs schon die benötigten Ersatzteile einsammeln. Im Hinterraum kommt es in einen Reparaturständer. Wir können recht gut abschätzen, wie lange der Fahrer wird warten müssen. Er kann sich entweder in unsere Kaffee-Ecke setzen und Telefongespräche führen oder durch den Ausstellungsraum schlendern. Es geht sehr leger zu, aber sie wissen, daß sie sich auf uns verlassen können.

*Frage: Was glauben Sie, wieviel Leute von denen, die zu Ihnen kommen, Fahrradpendler sind?*
Etwa 30 bis 40 Prozent unseres Geschäfts tragen die Fahrradpendler. Letzten Herbst machten wir eine Statistik und zählten in nicht ganz zwei Tagen 290 Pendler, die vor unserer Tür vorbeifuhren. Wir liegen an einem Straßendreieck im Herzen der Stadt und können in Nord-Süd- und Ost-West-Richtung zwei Blocks weit sehen. In früheren Jahren zählten wir 160 Fahrer in diesem Dreieck. Die hauptsächlichen Radwege gehen an unserem Geschäft vorbei. Ich selbst habe für ihre Anlage gesorgt und ich weiß Bescheid, was auf ihnen los ist.

*Frage: Mit all Ihrer Erfahrung müssen Sie eine Menge Anekdoten auf Lager haben, über die Fahrradpendler in Ihrem Laden?*
Also ich weiß wirklich nicht, wo ich mit sowas anfangen sollte. Dazu wäre eigentlich viel zu sagen, aber ich bin sicher, daß die Pendlererfahrungen überall so ziemlich die gleichen sind. Ich könnte Ihnen von Leuten erzählen, die ihre Krücken wegwarfen. Oder über Infarktopfer, die wieder zu guter Gesundheit durch tägliche Radfahrten kamen. Ich sehe sie jeden Tag.

«Mopeds, Radfahrer und Fußgänger auf der Fahrbahn oder auf dem Seitenstreifen sind als seitlich bewegliche Hindernisse zu betrachten, die die Fahrbahnbreite und die neben der Fahrbahn vorhandene hindernisfreie Breite vermindern.»

(aus den Straßenbaurichtlinien 1956)

# Fahrradkultur

Wie Flugzeuge ohne Flugplatz, Schiffe ohne Häfen, Eisenbahnen ohne Bahnkörper und -höfe, Autos ohne Straßen und Garagen sind Fahrräder ohne Infrastruktur nicht richtig zu gebrauchen. Wer freilich das Fahrrad in die Rolle eines Freizeitvehikels abdrängt, das mit doppeltem Benzinverbrauch zum Wanderparkplatz chauffiert wird, verschließt vor dieser Erkenntnis gern die Augen. Solange aber die Zweiradbranche selbst (die eigentlich hierfür lieber Motorräder verkauft) kein eindeutiges Bekenntnis zum Fahrrad als Nahverkehrsmittel ablegt, kann man schlechterdings nicht den Verwaltungen allein ankreiden, daß die Fahrradinfrastruktur in den letzten fünfzig Jahren nicht so recht weitergekommen ist.
Statt der deprimierenden Aufstellung einer nationalen Mängelliste ist es vielleicht hilfreicher, sich an den Glanzlichtern der Fahrradkultur im Ausland zu erwärmen. Tatsächlich haben seit vielen Jahren in einigen Ländern der westlichen und fernöstlichen Zivilisation beachtliche Anstrengungen eingesetzt, mit viel Unvoreingenommenheit, Pragmatismus und Innovationsbereitschaft dem Fahrrad zu einem angemessenen Platz an der Sonne zu verhelfen. Es handelt sich hier in Europa vor allem um Holland, die skandinavischen Länder und Großbritannien, die das Fahrrad nie ganz aus den Augen verloren hatten, dann um die Vereinigten Staaten, in denen man vorab die europäische Wirklichkeit in vier Jahren studieren kann, und schließlich Japan und China, die heute zusammen mit den USA die meisten Fahrräder herstellen.

## Niederlande

«Ganz flach – alles klar: Kein Wunder, daß alle velofahren!» mag die erste Reaktion auf das holländische Phänomen sein. Eine andere These erklärt die holländische Fahrradbegeisterung durch die Schockwirkung des verlorenen Burenkriegs, in dem englische Truppen mit Fahrrädern die holländischen Buren in Südafrika besiegten. Wie dem auch sei – die holländische Fahrradkultur ist nicht bloß geographiebedingt; schon die Belgier scheinen zivil nicht

so viel Rad zu fahren. Trotz dieser vermeintlichen Selbstverständlichkeit gibt die Branche in Holland jährlich eine Million Gulden aus, um den Fahrradgebrauch zu fördern. Die Hersteller der niederländischen Vereinigung «de Rijwiel-en Automobiel-Indiustrie» (RAI) – in Holland sind Fahrradlobby und Autolobby friedlich unter einem Dach – und die Groß- und Einzelhändlerverbände unterhalten eine Fahrradstiftung «Stichting: Fiets», deren Aktivitäten vorbildlich genannt werden können. Neben Pressekontakten und Lobbytätigkeit werden Ratgeber-Broschüren, auch technische, und Radwegekarten, Poster und Aufkleber herausgegeben und Wettbewerbe veranstaltet. Bei soviel Branchen-Engagement fürs Fahrrad lassen sich die holländischen Kommunen nicht lumpen. Städte wie Enschede, Tilburg planen fahrradfreundliche Verkehrsberuhigung. Überwiegend vorbildlich gelöst ist auch das Parkproblem («Bike and ride») in den Bahnhöfen der niederländischen Eisenbahnen. In Eindhoven steht zum Beispiel eine ganze bewachte Fahrradhalle zur Verfügung. Der Eerste Enige Echte Nederlandse Wielrijders Bond (ENWB) tritt für die Belange der Velofahrer ein; Adresse: Postbus 2000, Amersfort. Er gibt zweimonatlich eine Zeitschrift «De Vogelvrije Fietser» heraus.
Nach einem velofahrenden Mitglied des holländischen Königshauses soll übrigens die liebevolle Bezeichnung «la petite reine» der Franzosen für ihre Bicyclette geprägt worden sein.

## Großbritannien

Das Land mit den meisten traditionsreichen Fahrradvereinen der Welt hat auch eine rührige Industrie und Händlervereinigung, die gemeinsam das «British Cycling Bureau» in London finanzieren. Dieses pflegt Kontakte zu den velofahrenden Mitgliedern des Unterhauses, betreibt pfiffige Werbekampagnen fürs Fahrrad, hat kürzlich einen Design-Wettbewerb durchgeführt und gibt auch Literatur heraus (darunter Liste der Fahrradverleihe: für Touristen). Bislang größter Erfolg: Mitnahme der Fahrräder in der Eisenbahn zum Nulltarif (vorher halber Erwachsenenpreis). Nächstes Ziel: Befreiung der Fahrräder von der Luxussteuer. Vorzeigestädte sind die Satellitenstadt Stevenage nördlich Londons, Peterborough und Swindon, wobei Stevenage praktisch eine Neugründung auf der grünen Wiese darstellt. Eine Vielzahl von fahrradzentrierten Vereinen kümmert sich um alle Aspekte des Fahrrads, auch speziell Tandems, Dreiräder oder historische Fahrräder. Entsprechend groß ist die Zahl der Zeitschriften. Der größte Verein, der Cyclists' Touring Club, verleiht jährlich eine Plakette für die beste technische Leistung der einheimischen Industrie, setzt aber auch aus, wenn es nichts zu prämieren gibt. Bei der traditionellen Fahrradmesse in Harrogate sind Motorräder nicht dabei.

# USA

Schon 1972 stellte der seinerzeitige US-Innenminister Stewart Udall fest: «Das Fahrrad zurück in die Stadt zu bringen, ist zehnmal wichtiger als der Bau der Concorde.» Mittlerweile hat Präsident Carter den 1. Mai zum «Nationalen Fahrrad-Tag» und den ganzen Mai zum «Monat des Fahrrads» erklärt. Außerdem hat er 1979 eine dringliche Studie über das Energiesparpotential des Fahrrads angefordert. So ist es kein Wunder, daß die National Science Foundation, das amerikanische Gegenstück zur Deutschen Forschungsgemeinschaft, die Fahrrad-Planer fördert. Ihr Ausschuß für Verkehrswissenschaft, das Transportation Research Board (TRB) hat ein eigenes Fahrrad-Komitee, das auf den Jahrestagungen des TRB gut vertreten ist und dessen Vorsitzende eine Planungswissenschaftlerin ist. Sie war auch für die Durchführung besagter Studie verantwortlich, auf deren Veröffentlichung mit Spannung gewartet wird.

Das US-Verkehrsministerium finanzierte den Start von «Bicycle Forum», einer Zeitschrift eigens für Fahrradplanung, die viertelmonatlich erscheint und so gut eingeschlagen hat, daß sie auch ohne Geld vom Verkehrsministerium weiterlaufen kann (10 Dollar pro Jahr, Route 1, Box 80B, Hagerstown, MD 2170).

Zum Vorzeigen sind vor allem die Universitätsstädte Kaliforniens, allen voran das nordöstlich der San-Franzisko-Bucht gelegene Davis. Aber selbst in New York wurden durch Farbstreifen auf der Fahrbahn Radwege abgezweigt. Ihre Feuertaufe erhielten sie beim Streik der New Yorker Verkehrsbetriebe im April 1980, wo an die hunderttausend Pendler aufs Fahrrad umstiegen.

Zu den traditionellen Herstellern der Fahrradbranche sind neue hinzugekommen – zum Teil aus der Autobranche. So baut die Luftfilter-Firma Facet ein Fahrrad mit ergonomischem Kurvenscheibenantrieb für die Radtouristik, oder die Tieflader-Schmiede General Engines Co. fertigt nun auch Elektromotorantriebe für Fahrräder und Dreiräder. Der Verband der Bicycle Manufacturers of America (BMA) unterstützt mit Filmen, Lehrgängen und einem Nachrichtenblatt «Boom in Bikeways» die starke Fahrradbewegung im Lande (BMA, 1101–15th Street NW, Washington, DC 20005). Bei den Fahrradmessen – die weltweit wichtigste im New Yorker Colliseum – sind nur Mofas und keine Motorräder dabei.

Weltweit gewirkt haben die Bemühungen der Consumers' Products Safety Commission (CPSC) um Sicherheit am Fahrrad. In die Ausführungsbestimmungen des Bundesgesetzes über gefährliche Substanzen wurden Sicherheitsanforderungen fürs Fahrrad eingerückt, die jeder Fahrrad- oder Fahrradteile-Hersteller einhalten muß, der in die USA exportieren will. Auch die deutsche Fichtel & Sachs AG mußte ihre Dreigangnabe mit Rücktrittbremse daraufhin umkonstruieren (die neue Sicherheitsnabe «Torpedo S»). CPSC-

Inspektoren kontrollieren in den Fahrradhandlungen und lassen sicherheitsgefährdende Technik gerichtlich beschlagnahmen.
Von den Fahrradvereinen ist die hundertjährige League of American Wheelmen (LAW) die tatkräftigste. Während sie nach ihrer Gründung 1880 den Straßenbau für die amerikanischen Velofahrer forcierte, erfaßt ihre jetzige Lobbytätigkeit alle Aspekte des Velofahrens bis zum Widerstand gegen Einfuhrzoll-Anhebung auf Importreifen. Eine besonders erfreuliche Neugründung von Aerodynamikern und Autoingenieur-Studenten ist die International Human Powered Vehicle Association (IHPVA), die entstand, weil der internationale Radrenn-Verband UCI in Genf einmal mehr an seinem unsinnigen Stromlinienverbot festhielt und neue amerikanische Rekorde nicht anerkennen wollte. Es ist zu hoffen, daß die spektakulären Fahrrad-Gehäuse irgendwann eine Auswirkung auf die Stadtfahrrad-Technik haben werden.
Große Innovationsfreudigkeit herrscht auch bei den Herstellern von zerstörungssicheren Fahrradabstell-Anlagen. Fahrraddiebstahl und -plünderung scheint schon so zum Problem geworden zu sein, daß viele Amerikaner sich neben dem Edelfahrzeug eine Schrottlaube («Klunker» genannt) halten, mit der sie ungeschoren in der Stadt parken können. Nachdem einige Universitäten vergleichende Schlösser-Tests durchgeführt haben mit dem Ergebnis, daß die meisten innerhalb von Minuten geknackt werden können, wurde der Ruf nach Fahrrad-Schließfächern laut. Solche Schließfächer, in die das Fahrrad geschoben und dann die Tür mit dem eigenen Schloß oder per Münzautomat verschlossen wird, gibt es jetzt in kalifornischen Universitäten und Colleges und an den Stationen der Schnellbahn BART um die San-Franzisko-Bucht. Die 650 Schließfächer können für 5 Dollar monatlich oder 50 Dollar jährlich gemietet werden, wobei für den Schlüssel 10 Dollar hinterlegt werden müssen. Außerdem hat die BART noch 1350 selbstgefertigte konventionelle Fahrradständer. In San Diego läuft der Modellversuch der Stadtbusse mit Fahrradständer am Heck weiter; an manchen Haltestellen (in 4 Kilometer Abstand) kann man mit Fahrrad zu- oder absteigen. Zwischen San Franzisko und Oakland fährt während des Berufsverkehrs ein Bus mit Anhänger zum Fahrradtransport, weil die Brücken über die Bucht keine Rad- oder Fußwege haben.

## Japan

Die japanische Fahrradindustrie hat während des ersten Fahrradbooms in den Vereinigten Staaten enorm abgesetzt, während die damaligen bundesdeutschen Billigfahrräder aus Qualitätsgründen nicht importiert wurden. Die japanische Fahrradkultur ist fast genauso alt wie die westliche. Schon einmal – zwischen den Kriegen – waren japanische Fahrräder auch in Holland konkurrierende Importware.

In Japan selbst wird die Fahrradnutzung mit Regierungs- und Industriehilfe mächtig gefördert. Durch ein Gesetz stehen jährlich umgerechnet zehn Millionen Mark aus Wetteinnahmen für die Fahrradförderung zur Verfügung. Das Japan Bicycle Promotion Institute entfaltete denn auch in den vergangenen zehn Jahren beeindruckende Aktivitäten. Neben der Marktforschung für die einheimische Industrie, unter anderem durch eigene Büros in New York und Düsseldorf, wird auch aktiv Verkaufsförderung betrieben. Ein Ausstellungsschiff mit Fahrrädern an Bord, die «Shin Sakura-Maru», hat mittlerweile die Hafenstädte Hinterindiens, Afrikas und des Nahen Ostens bereist, um für die japanischen Produkte zu werben.
In der Welt einmalig ist jedoch das Japan Bicycle Technical Center, das Fahrrad-Forschungsinstitut mit 65 Forschern und Technikern, die ergonomische und physiologische Grundlagenforschung, Sicherheitsforschung und die Entwicklung neuer Fertigungs-Technologien bis zur Pilotproduktion durchführen. In Inuyama City gelegen, hat das 1968 gebaute Institut noch Zweigstellen in Tokio und Osaka. Unter solchen Vorzeichen kommt auch der Radwegebau gut voran – der achte Fünfjahresplan für Straßenbau hat 12600 Kilometer neue Radwegekilometer zum Ziel. Selbst im luftverpesteten Tokio gibt es jetzt sonntags zwei abgesperrte Fahrrad-«Paradiese» bei den Parks. Darüber hinaus errichtet die Japan Bicycle Road Development Association ein Netz von «Velotels» in 100 Kilometer Abstand in ganz Japan – unseren Jugendherbergen vergleichbar, aber mit Fahrradverleih und -werkstätte. Fünfzig solcher Velotels sind fertig bzw. im Bau.
In der neuen Hochschulstadt Tsukuba, 60 Kilometer nördlich von Tokio, wird ein «Community Bicycling System» geplant. Im Großversuch soll das kommunale Fahrrad erprobt werden, das in der Nähe der Wohnung bestiegen und irgendwo stehengelassen werden kann. Fahrradstraßen verbinden Wohngegenden mit öffentlichen Einrichtungen. Sie gehen bis vor die Tür der Hörsäle des akademischen Areals.
Auch das Fahrradparkproblem wird gesehen. Die Regierung hat ein Programm «Fortschrittlicher Maßnahmen zum Fahrrad-Parken» entworfen. Die Kommunen werden aufgefordert, adäquate Parkmöglichkeiten zu schaffen bei einer Regierungsbeteiligung von 40 Prozent der Kosten. Wildes Parken soll eingeschränkt werden. Verschiedene Parktürme und -häuser sind geplant bzw. stehen bereits. So in der Stadt Kasukabe ein Parkhaus für 1556 Fahrräder mit sechs Roboter-Kränen, die das Fahrrad packen und an irgendeiner Stelle parken und nach Einstecken der Gebührenkarte auch wieder finden und ausliefern – für 100 Yen einmalig oder 2000 Yen monatlich. Neun Computer regeln den Ablauf an den fünfzig überdachten Eingabestellen für Fahrräder. Für Kriminalfilme scheinen diese Parkhäuser nicht so geeignet zu sein, da sich niemand ins Dunkel-Einsame begeben muß.

## Bundesrepublik Deutschland

Wie man beim Vergleich der Rundschreiben von 1935 und 1978 erkennt, hat sich in der Verantwortung für Radwege in Deutschland in vierzig Jahren fast nichts geändert: Der Bundesverkehrsminister ist nur für Radwege an Bundesstraßen, die Länderverkehrsminister sind nur für solche an Landstraßen, die Kreistage nur für solche an Kreisstraßen und schließlich die Gemeinden für innerörtliche Radwege und solche zu den Vororten zuständig. Nach der gegenwärtigen Gesetzeslage kann offenbar der Bundesverkehrsminister den Gemeinden keine Auflagen zum Radwegebau machen. – Dabei steht das Bundesverkehrsministerium selbst recht gut da, wenn man die folgende Längenstatistik (1979) anschaut:

| Radwege an | Radweglänge km | Straßenlänge km | Radweganteil |
|---|---|---|---|
| Bundesstraßen | 6954 | 32252 | 21,6 % |
| Landesstraßen | 5137 | 65377 | 7,9 % |
| Kreisstraßen | 3660 | 66003 | 5,5 % |
| Stadtstraßen | 4155 | | |

(Städte über 40000 Einwohner)

Ersichtlich geht das Engagement für Radwege zurück, je näher man der Entscheidungsebene der Gemeinden kommt. Solange der Bund zahlen muß, also entlang der Ortsdurchfahrt einer Bundesstraße, werden gern Radwege angelegt. Aber ansonsten sind die Städte angewiesen, den Radwegebau aus den Straßenbaumitteln abzuzweigen. Man kann sich vorstellen, daß in den verstrichenen Jahren jede Gemeinde mit schon dreistelliger Postleitzahl alles zusammenkratzte, um ihre Vision von einem autogerechten Klein-Los-Angeles zu verwirklichen. Für Radwege war da wenig übriggeblieben. Andererseits war immer zu hören, daß mangels Planungsvorbereitung die Straßenbaumittel jährlich nicht ausgeschöpft wurden.

Von einer Fahrradlobby war in den Gemeinderäten wenig zu spüren. In Deutschland ist ja die Vielzahl der Fahrradclubs seit Anfang des Jahrhunderts rapide zusammengeschmolzen – im Gegensatz etwa zu Frankreich, England und den USA. Offensichtlich ist das Fahrrad im Laufe des 20. Jahrhunderts so zur Selbstverständlichkeit geworden – dem Spazierstock vergleichbar –, daß man meinte, sich für seinen Gebrauch nicht extra organisieren zu müssen: in unserem Verbändestaat ein mittlerweile lebensgefährlicher Irrtum.

## Schon 1935: Erlasse – aber kein Gesetz

Der Generalinspektor für das deutsche Straßenwesen
Nr. 1350-27-L. II

Berlin W 8, den 31. Oktober 1935
Pariser Platz 3

Rundschreiben Nr. 90/35

An alle
wegeunterhaltungspflichtigen Länder und Provinzen

Betr.: Radfahrwege

Alle Bemühungen, das Interesse am Radfahrwegebau und die Einsicht zu wekken, daß die Schaffung brauchbarer Radfahrwege eine dringende Verpflichtung aller Träger der Wegebaulast ist, haben zu einem merkbaren Erfolge noch nicht geführt. Bei der Fülle der Aufgaben, welche die Motorisierung des Straßenverkehrs bringt, scheut jeder Wegeunterhaltungspflichtige die Übernahme neuer Kosten. Ich kann aber unter keinen Umständen zugeben, daß diese Frage in erster Linie vom finanziellen Standpunkt beurteilt wird. Der Verkehr mit Fahrrädern gehört zum Gemeingebrauch der Wege und hat schon allein damit den gleichen Anspruch auf ausreichende Betreuung wie jede andere Verkehrsart. Soziale Rücksichten verpflichten gerade dieser Verkehrsart gegenüber sogar zu erhöhter Fürsorge. Danach geht es nicht an, die finanzielle Lösung des Problems allein in der privaten Selbsthilfe der Fahrradinteressenten zu suchen. Alle, zum Teil jahrzehntelange Versuche haben auch bislang höchstens zu bescheidenen und nur vorübergehenden, örtlichen Teilerfolgen geführt. Auch alle Forderungen nach einer zwangsweisen Sonderbesteuerung der Radfahrer durch das Reich für den Radfahrwegebau haben aus sozialen und fiskalischen Gründen nach wie vor keine Aussicht auf Erfolg. Ebenso geht die Auffassung fehl, daß das Reich sich verpflichtet fühlen müßte, Reichsmittel zum Radfahrwegebau den öffentlich-rechtlichen Verbänden oder auch privaten Stellen zur Verfügung zu stellen. Nur die ehrliche Anerkennung ihrer Verpflichtung durch die Träger der Straßenbaulast und die Einsicht, daß hier ein ernstes Problem des Wegebaus der Lösung harrt, und schließlich der gute Wille jeder zuständigen Stelle ist der einzige Weg, die berechtigten Ansprüche des Radfahrers endlich zu erfüllen.
Die gerade jetzt den Verwaltungen vorliegende Aufgabe, die Arbeiten des nächsten Jahres festzulegen, bietet Gelegenheit, planmäßig die nötigen Maßnahmen in die Haushaltsanschläge einzufügen. Dabei ist zu bedenken, daß der Radfahrwegebau auch eine wichtige Voraussetzung für die weitere Entwicklung des Kraftverkehrs durch die Beseitigung der schweren Gefahrenmomente zwischen beiden Verkehrsarten ist. Der Radfahrweg muß den Erfordernissen des Radfahrverkehrs besser entsprechen als die Fahrbahn der Straße, wobei besser keineswegs kostspielig zu bedeuten braucht. So wird am besten die im Interesse aller Straßenbenutzer liegende Trennung der Radfahrer vom übrigen Verkehr ohne alle, stets unzulänglich bleibenden Polizeimaßnahmen durchgeführt.
Zur Mithilfe bei den vielseitigen Überlegungen hierzu steht die Reichsgemeinschaft für Radfahrwegebau E. V., Berlin NW 7, Dorotheenstr. 11, zur Verfügung, die mit meiner Billigung die Interessen der Radfahrer bei der Planung und Anlage von Radfahrwegen sachkundig vertritt. Sie hat im ganzen Reich

Gaustellen eingerichtet, die ich in meinem Rundschreiben Nr. 130/1934 bereits bekanntgegeben habe. Diese Stellen ständig und rechtzeitig, schon im Zeitpunkt des Entwerfens, zur Zusammenarbeit mit den örtlichen Verwaltungsstellen heranzuziehen, ist nötig, um die Aufgabe so zu lösen, wie es den Erfordernissen des Radfahrverkehrs entspricht.
Ich richte noch einmal diesen Aufruf an alle Wegeunterhaltungspflichtigen, ihre dringende Verpflichtung zur Schaffung guter Radfahrwege anzuerkennen und sie in enger Fühlung mit der Reichsgemeinschaft für Radfahrwegebau und deren Einrichtungen planvoll und tatkräftig in Angriff zu nehmen. Was bislang von seiten der öffentlich-rechtlichen Verwaltung geschah, ist vielerorts auch deswegen Stückwerk geblieben, weil diese planmäßige Zusammenarbeit fehlte.

gez. Dr. Todt
Beglaubigt: gez. Thiele, Verwaltungssekretär

(aus H. J. Schacht: Technische Richtlinien für den Radwegebau, Reichssportverlag, Berlin 1935

## 1978: Der Bundesverkehrsminister hat auch nicht mehr Druckmittel

**Betr.: Radwegebau**

Sehr geehrte Herren Kollegen!
In der Öffentlichkeit wird vielfach und in zunehmendem Maße gefordert, den Bau von Radwegen zu aktivieren und zu verstärken. Es besteht der Eindruck, daß die Anzahl der Radwege allgemein den Bedarf nicht deckt.
Die Trennung des Radverkehrs von den übrigen Arten des Straßenverkehrs dient nicht allein dem Zweck, den Kraftfahrzeugverkehr flüssig zu halten, sondern ist vor allem ein bewährtes Mittel, die Verkehrssicherheit zu verbessern. Es ist bekannt, daß die Radfahrer an den Unfällen mit Personenschaden mit mehr als 7 % beteiligt sind.
Bereits vor Jahren habe ich zu erkennen gegeben, daß mir sehr daran liegt, den Bau von Radwegen an Bundesfernstraßen im Rahmen der Möglichkeiten zu fördern und auszuweiten. Ich darf in diesem Zusammenhang auf mein Rundschreiben an die obersten Straßenbaubehörden der Länder vom 17. März 1970 – BMV – StB 4/6/1 – Isl 4006 Sch 70 – aufmerksam machen. Mit Genugtuung habe ich festgestellt, daß an insgesamt 2561 km Bundesstraßen in den Jahren 1971 bis 1976 neue Radwege gebaut worden sind. Das ist mehr als das Doppelte der Länge der im gleichen Zeitraum neu gebauten Bundesstraßen (1104 km). Ich bitte, auch weiterhin bei der Planung von Bundesfernstraßen in jedem Einzelfall gründlich zu prüfen, ob Radwege angelegt werden können. Die bauliche Trennung von den Fahrbahnen des übrigen Verkehrs ist dabei vorzuziehen. Im übrigen darf ich auf die vorhandenen Richtlinien für Einsatz und Gestaltung der Radwege hinweisen.

Die Bemühungen aller Beteiligten Baulastträger sollten koordiniert werden, um ein möglichst einheitlich gestaltetes Netz von Radwegen zu erzielen.
Ich würde es begrüßen, wenn Sie bei den Straßen Ihres Zuständigkeitsbereiches entsprechend verfahren und mein Anliegen zugleich an die übrigen Baulastträger in ihrem Land herantragen würden.

Quelle: Der Bundesminister für Verkehr, 23. Juni 1978.

Übrigblieben der Bund Deutscher Radfahrer (BDR), ein Radrennverband, von dessen Ortsvereinen keine Radweg-Aktionen bekannt wurden. Dasselbe dürfte für den RKB Solidarität gelten (Rad- und Kraftfahrerbund), der – wie sein Name sagt – sein Schwergewicht längst auf den Motorsport verlegt hat. Vorausdenkende Planer oder Stadtoberhäupter sorgten vereinzelt für Ausnahmen von der traurigen Regel, daß fürs Fahrrad in den Rathäusern nichts geschah. So bleibt das ernüchternde Resumee, daß in den fetten Jahren mit etwas Weitblick vorbildliche Radwegenetze hätten geschaffen werden können.
Allerdings gab es seit 1953 eine Aktivität des Fachverbands Fahrrad- und Kraftradteile (FTV) in seiner Geschäftsstelle in Wuppertal: die Gruppe Radwegebau – Arbeitsgemeinschaft zur Förderung des Radwegebaus. Ihr spektakulärster Erfolg war dem Vernehmen nach die Verhinderung eines Radfahrverbots für Kinder unter zehn Jahren durch den früheren Bundesverkehrsminister Seebohm. Ansonsten schreibt die Gruppe Radwegebau aufgrund von Meldungen der Gemeinden eine Radwegestatistik großer Städte über 40000 Einwohner, sowie der überörtlichen Kreis-, Landes- und Bundesstraßen fort und entsendet pensionierte Polizisten in die einschlägigen Gremien. Die Radwegestatistik ist einmal aufgeschlüsselt nach Bundesländern – wieviel Kilometer Radwege im überörtlichen Verkehr da sind und wer sie unterhält bzw. bezahlt hat (sog. Baulastträger: Bund, Länder, Kreise, Gemeinden); die Bestandsaufnahme der Radwege in den Städten nennt nur nach der Größe ihres Radwegenetzes in Relation zu ihrem Gesamtstraßennetz führende Städte – was wohl einen zu positiven Eindruck abgibt (siehe Tabelle). Vor allem die Meldungen von Kommunen «einschließlich land- und forstwirtschaftlicher Wege» führen zu einer totalen Verschleierung des tatsächlichen Radwegebestands innerorts! In der Statistik sind übrigens die Radwege in fremder Baulast – also z. B. ein Radweg entlang einer Bundesstraße innerorts, den der Bund bezahlt – mit eingerechnet. Mit Vorsicht sind auch einige Zahlen in der Liste der in der Projektierung neuer Radwege z. Z. führenden Städte zu genießen, denn auch hier können es einige Kommunen nicht lassen, ihre Meldung mit dem Ausbau von Wald- und Wirtschaftswegen anzureichern.

Erst durch den dritten Fahrradboom seit der Suez-Krise wurden auch die deutschen Bundespolitiker aufmerksam. Den Anfang machte wohl 1978 die Studie «Fahrrad im Nahverkehr» des um die Wohnqualität besorgten Ministeriums für Raumordnung, Bauwesen und Städtebau. Von Bundeskanzler Schmidt ist zwar der Ausspruch (1979) überliefert: «Deutschland ist nicht gedient, wenn Eppler künftig mit dem Fahrrad ins Büro fährt – oder ich das tue», aber schließlich kam am 12. September 1979 wenigstens ein Kabinettsbeschluß zustande:

10. Verstärkung der energiewirtschaftlichen Akzente in der Verkehrspolitik
Der Bundesminister für Verkehr sieht über die bereits am 16. Mai 1979 vom Bundeskabinett beschlossenen Maßnahmen zur Energieeinsparung im Verkehrsbereich hinaus derzeit keine weiteren Möglichkeiten, die zu einer direkten fühlbaren Einsparung im Mineralölbereich führen könnten. Der Bundesminister für Verkehr wird jedoch weiterhin in der Verkehrspolitik verstärkt energiewirtschaftliche Akzente setzen.

Beschluß
Der Bundesminister für Verkehr wird beauftragt, die energiewirtschaftlichen Akzente der Verkehrspolitik zu verstärken, um insbesondere die alternativen Angebote zum Individualverkehr mit dem Pkw zu verbessern.
Im einzelnen wird der Bundesminister für Verkehr beauftragt:
a) im Gemeinsamen Ausschuß Bund-Länder-Kommunale Spitzenverbände Maßnahmen vorzuschlagen, die geeignet sind, den öffentlichen Personennahverkehr attraktiver zu gestalten:
b) in Zusammenarbeit mit den Bundesländern ein Radwegeprogramm an Bundesstraßen aufzustellen und im «Gemeinsamen Ausschuß Bund-Länder-Kommunale Spitzenverbände» nach Möglichkeiten zu suchen, den Fahrradverkehr im Landes- und Kommunalstraßenbereich zu verbessern;
c) bei der Fortschreibung des «Koordinierten Investitionsprogramms für die Bundesverkehrswege bis 1990» die zukünftigen investiven Maßnahmen verstärkt unter energiewirtschaftlichen Gesichtspunkten zu sehen.

Quelle: Presse- und Informationsamt der Bundesregierung, Nr. 107/S. 993.

Zuvor hatte die Opposition im Bundestag eine Kleine Anfrage zum Verkehrsmittel Fahrrad eingebracht, deren Beantwortung durch den Bundesminister für Verkehr am 14. November 1979 im Bundestag verlesen wurde:

Bessere Verkehrsbedingungen für das Verkehrsmittel «Fahrrad»

Der Bundesminister für Verkehr – A 23/00.02.10/8 Va 7 – hat mit Schreiben vom 13. November 1979 die Kleine Anfrage namens der Bundesregierung wie folgt beantwortet:

*1. Welche Bedeutung hat die Bundesregierung dem Fahrrad als Verkehrsmittel innerhalb der vom Bund finanzierten Forschung im Bereich des Verkehrswesens seit 1970 beigemessen?*
Seit 1970 hat die Bundesregierung sechs Forschungsaufträge, die den Fahrradverkehr betreffen, mit einem Gesamtvolumen von 755000 DM in Auftrag gegeben.

Ein weiterer Forschungsauftrag mit einer Auftragssumme von 200000 DM ist gegenwärtig in Vorbereitung.
Im Forschungsprogramm der Bundesanstalt für Straßenwesen wird für die Jahre 1980/81 die den Fahrradverkehr betreffende Forschung etwa 20 v. H. des Gesamtetats von 7 Mio DM betragen.
Schwerpunkte der bisherigen Forschungsarbeiten beziehen sich überwiegend auf grundsätzliche Untersuchungen der Fahrradbenutzung, der Gesamtentwicklung im Fahrradverkehr, der Abhängigkeit zwischen zu erwartender Benutzung und Ausbau des Fahrradwegenetzes, infrastrukturelle Verbesserungsmöglichkeiten unter besonderer Berücksichtigung von Sicherheitsaspekten (u. a. Studie «Fahrrad im Nahverkehr»).
Darüber hinaus begrüßt die Bundesregierung Initiativen der Wirtschaft im Bereich der Forschung und technologischer Innovationen.

*2. Wie beurteilt die Bundesregierung die Möglichkeiten und Chancen des Verkehrsmittels «Fahrrad», bei entsprechend fahrradgerechter Infrastruktur zur Lösung innerstädtischer Verkehrsprobleme beizutragen?*
Die Bundesregierung ist der Auffassung, daß dem Verkehrsmittel «Fahrrad» künftig wachsende Bedeutung zukommen wird; dabei werden regionale Unterschiede, vor allem durch topographische Gegebenheiten, zu beobachten sein.
Allgemein gesehen, wird in innerstädtischen Bereichen für bestimmte Entfernungen der Fahrradverkehr den Individualverkehr teilweise substituieren können.

*3. Wie beurteilt die Bundesregierung die allgemeinen Verkehrsbedingungen und innerörtlichen Verkehrssicherheitsrisiken für das Fahrrad in der Bundesrepublik Deutschland?*
Die Bundesregierung beurteilt die allgemeinen Verkehrsbedingungen für Radfahrer in der Bundesrepublik Deutschland wegen der an einem erheblichen Teil des Straßennetzes fehlenden Radwege als weithin ungünstig.
Eine Verbesserung dieser Lage läßt sich grundlegend nur durch die Trennung des Radverkehrs vom Kraftfahrzeugverkehr, d. h. hauptsächlich durch den Bau von Radwegen und die Einrichtung verkehrsberuhigter Zonen, erreichen.
Bereits im Jahre 1970 hat der Bundesminister für Verkehr die Obersten Straßenbaubehörden der Länder gebeten, dem Radwegebau mehr Aufmerksamkeit zu widmen und die Trennung des Radverkehrs vom Kraftfahrzeugverkehr in stärkerem Maße anzustreben.
Das Verkehrssicherheitsrisiko für den Radfahrer im Innerortsverkehr läßt sich nicht genau bestimmen, da der Bundesregierung keine Angaben über die Anzahl der von Radfahrern zurückgelegten Kilometer vorliegen. Aus der Anzahl der in den zurückliegenden Jahren verunglückten Radfahrer ergibt sich eine Erhöhung der Gefährdung der Radfahrer. 1978 lag die Anzahl der innerorts verunglückten Radfahrer um 17 v. H. über derjenigen des Jahres 1974. Die Anzahl der innerorts getöteten Radfahrer ist in derselben Zeit jedoch um 3,7 v. H. zurückgegangen.

*4. Liegen der Bundesregierung vergleichende internationale Statistiken über die Gefährdung von Radfahrern im innerstädtischen Verkehr vor, wenn ja, mit welchen Ergebnissen?*
Vergleichende internationale Unfallstatistiken, die zu Schaden gekommene Radfahrer erfassen, und die zwischen innerstädtischen und sonstigen Bereichen differenzieren, liegen nicht vor. Dagegen liegt eine alle regionalen Bereiche umfassende internationale Unfallstatistik, die auch die Radfahrer erfaßt, vor. Vergleiche zeigen, daß unter elf europäischen Ländern mit starker Verkehrsdichte kaum gravierende Abweichungen erkennbar sind. Unter den elf Ländern rangiert die Bundesrepublik Deutschland hierbei nach Belgien und den Niederlanden an dritter Stelle.

*5. Welche in- und ausländische Modelle mit welchen Ergebnissen sind der Bundesregierung hinsichtlich der Verbesserung der innerstädtischen Verkehrsbedingungen für das Fahrrad bekannt?*
Modelluntersuchungen im wissenschaftlichen Sinne hinsichtlich einer Verbesserung innerstädtischer Verkehrsbedingungen sind der Bundesregierung nicht bekannt. Dagegen ist in mehreren westlichen Ländern wie England, Schweden und Holland ein intensiver Ausbau einer fahrradgerechten Infrastruktur mit gutem Erfolg durchgeführt worden.
Vergleichbare Anstrengungen sind vereinzelt auch in Deutschland zu beobachten.

*6. Welche kurz-, mittel- und langfristige Maßnahmen*
*– der Stadt- und Verkehrsplanung,*
*– verkehrsrechtlicher und verkehrsregelnder Art,*
*– finanzieller Art*
*hält die Bundesregierung für erforderlich, um die Verkehrsbedingungen des Fahrrades im innerstädtischen Bereich entscheidend zu verbessern?*
Die Zuständigkeit für konkrete Maßnahmen liegt bei den Städten und Gemeinden einschließlich der Landkreise. Der Bund hält die Schaffung von zusammenhängenden und einheitlich gestalteten Radwegenetzen für eine entscheidende Voraussetzung zur Verbesserung der Verkehrsbedingungen des Fahrrads. Darüber hinaus kann der Bau von Straßen, die den Ortskern entlasten, diese Verkehrsbedingungen verbessern. In diesem Zusammenhang ist auf das Ortsumgehungsprogramm der Bundesregierung von 1979 bis 1985 besonders hinzuweisen. Es sieht den Bau von 342 Ortsumgehungen von insgesamt 1000 km Länge bei 2,3 Mrd. DM vor. Der Bund gewährt Zuwendungen für den Bau bestimmter Radwege nach § 5 a Fernstraßengesetz und nach dem Gemeindeverkehrsfinanzierungsgesetz.

*7. Wo sieht die Bundesregierung besondere Schwierigkeiten bei der Verwirklichung der in Frage 6 genannten Maßnahmen?*
Die Bundesregierung mißt der Koordinierung der Planungsträger und der Verstärkung der Planungskapazitäten im städtischen Bereich große Bedeutung bei. Sie wird daher dieses Problem auf der nächsten Sitzung des Gemeinsamen Ausschusses von Bund, Ländern und Kommunalen Spitzenverbänden zur Verbesserung der Verkehrsverhältnisse der Gemeinden zur Diskussion stellen.

*8. Welche Bedeutung mißt die Bundesregierung der Verbesserung der Verkehrsbedingungen für das Fahrrad außerorts bei?*
Der Beschluß des Bundeskabinetts vom 12. September 1979, durch den der Bundesminister für Verkehr beauftragt wurde, in Zusammenarbeit mit den Bundesländern ein Radwegeprogramm an Bundesstraßen aufzustellen, zeigt die Bedeutung, die die Bundesregierung der Verbesserung der Verkehrsbedingungen für den Fahrradverkehr im Außerortsbereich beimißt.
Die Arbeiten hierzu sind angelaufen.
Seit 1971 hat sich der Bestand an Radwegen bis heute um rd. 11 v. H. erhöht, so daß nunmehr 21,6 v. H. aller Bundesstraßen mit Radwegen ausgestattet sind.

Quelle: Drucksache 8/3366, Deutscher Bundestag, 8. Wahlperiode, 14. 11. 1979.

Die Formulierungen wirken zunächst etwas zurückhaltend – der Bundesverkehrsminister ist zwar für den Straßenverkehr zuständig, müßte aber für den *Bau* innerörtlicher Radwege die Kommunen wie den sprichwörtlichen Hund zum Jagen tragen. Ein Großteil der Antwort besteht denn in der Erklärung des Kompetenzenwirrwarrs. Eingestandene Schwachpunkte sind z. B. die mangelhafte Erfassung der Fahrleistungen der Velofahrer, auf der allein eine seriöse Abschätzung des Sicherheitsrisikos aufbauen könnte. Eine solche Erhebung ist überfällig, wenn man nicht weiter mit absoluten Unfallziffern allein operieren will – eine einer abendländischen Regierung unwürdige Farce. Das ist durchaus durch eine repräsentative Erhebung zu machen: Als Autofahrer muß man ja auch nicht jährlich seinen Kilometerstand nach Bonn melden.
Das Papier muß wohl allerseits etwas zu glatt erschienen sein, denn am 30. April 1980 wurde vom Bundesverkehrsministerium noch ein «Bericht über Probleme des Radverkehrs» nachgeschoben, aus dem dann auch hervorging, was die Bundesanstalt für Straßenwesen, das Forschungsamt des Verkehrsministeriums, zum Fahrrad untersuchen ließ und läßt. Die Studie «Fahrrad im Nahverkehr» kam ja vom Ministerium für Raumordnung, Bauwesen und Städtebau, das merkwürdigerweise nicht zur Beantwortung hinzugezogen wurde.

1. Allgemeines
In der Bundesrepublik Deutschland hat sich in den letzten Jahren in der Bevölkerung das Bewußtsein für das Fahrradfahren erheblich verstärkt. Am deutlichsten wird dies dadurch sichtbar, daß sich mehrere Institutionen und Gruppen gebildet haben, deren Aufgabe es ist, das Fahrradfahren zu fördern.
Hierzu gehören u. a. der Allgemeine Deutsche Fahrrad-Club (ADFC), unterteilt in 7 Regionalgruppen, mit Sitz in Bremen, die Gruppe Radwegebau (Arbeitsgemeinschaft zur Förderung des Radwegebaus) mit Sitz in Wuppertal und Gruppen sowie Bevölkerungsinitiativen mit regionaler Bedeutung. Daneben hat das Umweltbundesamt sich des Fahrradverkehrs angenommen.
Über die Anzahl der in der Bundesrepublik vorhandenen Fahrräder und ihre Benutzung (Verweildauer im öffentlichen Straßenverkehr) liegen keine ausreichenden Angaben vor. Die Schätzung der vorhandenen Fahrräder liegen zwischen 28 und 40 Millionen.
Seit 1971 werden jährlich 3 Millionen Fahrräder abgesetzt. 1979 erreichte der Inlandabsatz rd. 3,9 Millionen Fahrräder.
85 % aller Haushalte und etwa 60 % aller Bürger sind mit einem Fahrrad ausgestattet. 8 Millionen Jugendliche zwischen 6 und 16 Jahren sind auf das Fahrrad als Verkehrsmittel angewiesen. Für die Benutzer des Fahrrades kommen vorwiegend Entfernungen bis zu 8 km in Betracht. Im Bundesgebiet sind 60 % aller zurückgelegten Wege im Verkehr (Regional- und Fernverkehr) kürzer als 3 km und somit für den Radfahrer geeignet.
Von besonderer Bedeutung sind die mit dem Fahrradverkehr verbundenen Unfallzahlen. Angesichts fehlender Angaben über die Beteiligung der Fahrräder im Straßenverkehr können daher nicht – wie bei den Kraftfahrzeugen – die Unfallzahlen auf die Verkehrsleistungen bezogen werden.

| | insgesamt | gegenüber 1978 | davon unter 15 Jahren | gegenüber 1978 |
|---|---|---|---|---|
| Getötete | 1164 | −13,7 % | 326 | −12,6 % |
| Schwerverletzte | 15021 | − 2,6 % | 6801 | − 6,0 % |
| Leichtverletzte | 32696 | + 4,9 % | 14370 | + 1,7 % |
| Verunglückte | 48881 | + 2,0 % | 21497 | − 1,1 % |
| davon innerorts | 42461 | + 2,4 % | | |
| davon außerorts | 6420 | − 0,5 % | | |

Dies bedeutet für alle Altersgruppen

- bei den Getöteten: niedrigster Stand seit 1957
  1957: 1340 Getötete = 100
  1978: 1349 Getötete = 101
  1979: 1164 Getötete = 87
- bei den Verletzten: weniger als 1957/1959/1960 aber erheblich mehr als in den Jahren bis 1975
  1957: 52940 = 100
  1970: 40531 = 77
  1978: 46589 = 88
  1979: 47717 = 90

Von den verunglückten Radfahrern entfielen 1979 auf Kinder (unter 15 Jahren):

| | |
|---|---|
| bei den Getöteten | 28,0 % |
| bei den Schwerverletzten | 45,3 % |
| bei den Leichtverletzten | 44,0 % |
| insges. Verunglückte | 44,0 % |

Nach neuesten vom Statistischen Bundesamt *nicht* veröffentlichten Angaben hat sich das Unfallgeschehen bei den Radfahrern 1979 wie folgt entwickelt:

Aus dem Bericht der Bundesanstalt für Straßenwesen (Unfall- und Sicherheitsforschung Straßenverkehr, Heft 25, 1979) geht über das Unfallgeschehen bei radfahrenden Kindern folgendes hervor: steiler Anstieg der Unfallhäufigkeit radfahrender Kinder im Alter bis zu 15 Jahren in den letzten 10 Jahren, höchste Unfallhäufigkeit radfahrender Jungen bei der Altersklasse der 13jährigen, Unfallhäufigkeit bei Mädchen insgesamt niedriger, Maximum bei den 11jährigen bereits erreicht,

- Jungen unter 10 Jahren erleiden durchschnittlich schwerere Unfallfolgen als Jungen über 10 Jahre,
- 6- bis 9jährige Jungen am meisten gefährdet,
- Unfallstellen sind den verunglückten Kindern meist gut bekannt,
- zahlreiche kleinere Unfälle von der Statistik nicht erfaßt,
- häufigste Unfallursachen unachtsames Einfahren in den fließenden Verkehr, Fehler beim Abbiegen, Verstoß gegen das Rechtsfahrgebot, Nichtbeachten der Vorfahrt.

Im internationalen Vergleich ist die Gefährdung der Kinder als Fußgänger und Radfahrer (getrennte Zahlen für Radfahrer liegen nicht vor) in der Bundesrepublik Deutschland verhältnismäßig hoch.

Fahrradunfälle sind weit überwiegend ein Problem des innerörtlichen Verkehrs. 1979 waren 87 % aller verunglückten Radfahrer dem Innerortsbereich zuzurechnen.

Hieraus ergibt sich, daß die Bemühungen aller Verantwortlichen sich vor allem darauf konzentrieren müssen, die Sicherheit für den Radfahrer zu erhöhen.

## 2. Sicherheitsfragen

### 2.1 Verkehrserziehung

Um die Sicherheit des Fahrradverkehrs bemüht sich neben dem Bundesminister für Verkehr (Vorschriften für den Bau und die Ausrüstung von Fahrrädern, sowie für das Verhalten der Radfahrer im Straßenverkehr) der Deutsche Verkehrssicherheitsrat (DVR) und die in ihm zusammengeschlossenen Verbände, besonders die Deutsche Verkehrswacht (DVW), der ADAC sowie die Deutsche Shell AG.

Der DVR koordiniert mit finanzieller Unterstützung des Bundesministers für Verkehr die Bemühungen seiner Mitglieder um mehr Sicherheit für Radfahrer, besonders der radfahrenden Kinder. Im März 1980 hat eine Projektgruppe beim DVR (Beteiligte: DVR, DVW, ADAC, Verband der Fahrrad- und Motorradindustrie, Kultusminister, BMV) die Arbeit mit dem Ziel aufgenommen, ein auf wissenschaftlichen Grundlagen abgestütztes Programm zur Verbesserung der Sicherheit radfahrender Kinder zu entwickeln. Diesem Programm liegen wissenschaftliche Untersuchungen über das Radfahrverhalten der Kinder (beginnt bereits unter 6 Jahren) und über geeignete verkehrserzieherische Maßnahmen (Einübung richtigen Verhaltens über Eltern insbesondere in der Verkehrspraxis) zugrunde.

In der Vergangenheit hat der DVR erhebliche Anstrengungen zur Aufklärung und Erziehung radfahrender Kinder unternommen. Die DVW hat die Grundlagen für die Ausbildung der Radfahrer in der Schule (Radfahrprüfung im 4. Schuljahr) geschaffen. Sie versorgt die Schulen jährlich mit dem entsprechenden Vorbereitungs- und Prüfungsmaterial. Der ADAC führt bundesweit Radfahrturniere durch. Die Deutsche Shell AG hat inzwischen über 1000 Jugendverkehrsschulen initiiert und teilweise finanziert; diese sind Teil der schulischen Radfahrausbildung.

### 2.2 Verkehrsregeln für Fahrradfahrer

Die Straßenverkehrsordnung regelt in einer Reihe von besonderen Vorschriften den Verkehr mit Fahrrädern. Hier sind zu nennen § 2 (grundsätzlich hintereinander fahren), § 5 (ausreichender Seitenabstand zum Fahrrad durch überholende Kraftfahrzeuge), § 9 (abbiegende Radfahrer), § 21 (Mitführen von Kindern bis zu 7 Jahren durch mindestens 16 Jahre alte Fahrradfahrer), § 23 (Verbot des Anhängens von Radfahrern an Kraftfahrzeuge), Zeichen 237 (Radweg).

Über die Anlage und Kennzeichnung der Radwege enthält die für die Straßenverkehrsbehörde bindende Allgemeine Verwaltungsvorschrift zur StVO eingehende Regelungen.

Über die Benutzung der Gehwege durch radfahrende Kinder soll demnächst folgende Regelung in die StVO aufgenommen werden:

- Kinder bis zum vollendeten 6. Lebensjahr müssen die Gehwege benutzen.
- Kinder bis zum vollendeten 10. Lebensjahr dürfen die Gehwege benutzen.
  (endgültige Regelung s. S. 226).

## 3. Zulassungs-, Bau- und Ausrüstungsvorschriften für Fahrräder

Nach dem geltenden Recht sind Fahrräder zulassungs-, betriebserlaubnis-, kennzeichen- und versicherungsfrei. Es gibt somit keine besonderen Zulassungsvorschriften für Fahrräder. Da bislang auch kein Bedürfnis für derartige Vorschriften ersichtlich ist, ist ihre Einführung in die StVZO zunächst auch nicht beabsichtigt. Reglementierende Vorschriften sollten im übrigen nur dann erlassen werden, wenn ihre Notwendigkeit unabweisbar ist.

Fahrräder müssen jedoch den Bau- und Betriebsvorschriften der Straßenverkehrs-Zulassungs-Ordnung entsprechen. Hier kommen folgende Vorschriften in Betracht (mit kurzgefaßtem Inhalt):

§ 30 StVZO: Beschaffenheit der Fahrzeuge

Auch Fahrräder müssen so gebaut und ausgerüstet sein, daß ihr verkehrsüblicher

Betrieb niemanden schädigt oder mehr als unvermeidbar gefährdet, behindert oder belästigt.
§ 31 StVZO: Verantwortung für den Betrieb der Fahrzeuge
§ 32 Abs. 3 StVZO: Am Umriß der Fahrzeuge dürfen keine Teile so hervorragen, daß sie den Verkehr mehr als unvermeidbar gefährden. Auch an Fahrrädern sind demnach scharfe Kanten, Ecken und dergleichen zu vermeiden.
§ 64 StVZO: Lenkeinrichtung
Fahrzeuge, also auch Fahrräder, müssen leicht lenkbar sein.
§ 64 a: Einrichtungen und Schallzeichen
Fahrräder müssen mit mindestens einer hell tönenden Glocke ausgerüstet sein. An Fahrrädern sind Radlaufglocken nicht zulässig.
§ 65 StVZO: Bremsen
Fahrräder müssen zwei voneinander unabhängige Bremsen haben
§ 67 StVZO: Lichttechnische Einrichtungen an Fahrrädern s. Punkt 2.
Lichttechnische Einrichtungen an Fahrrädern:
In den vergangenen Jahren haben sich Fachleute immer wieder mit der Verbesserung der lichttechnischen Einrichtungen für Fahrräder beschäftigt.
Einige Vorschläge konnten in der letzten Verordnung zur Änderung der StVZO vom 15. Januar 1980 (BGBl. I S. 37) verwirklicht werden. Bei dieser Gelegenheit ist § 67 StVZO neu gefaßt worden.
Dabei sind folgende Bestimmungen hervorzuheben:
- Die Anbringung eines nach vorn wirkenden weißen Rückstrahlers ist zulässig.
- Die Anbringung zusätzlich nach hinten wirkender roter Rückstrahler zum vorgeschriebenen roten Rückstrahler ist zulässig.
- Die Anbringung einer auch im Stand wirkenden Schlußleuchte (lichtmaschinenunabhängige Schlußleuchte) ist zulässig.
- Zusätzlich nach den Seiten wirkende gelbe rückstrahlende Mittel sind zulässig.

Durch die Verbesserung der lichttechnischen Einrichtungen wird ein Beitrag zur Hebung der Verkehrssicherheit getan. Unerläßlich ist jedoch ein Minimum von Pflege und Wartung der lichttechnischen Einrichtungen, um deren betriebsbereiten Zustand jederzeit sicherstellen zu können.

Abstandsmarkierer für Fahrräder

Der Wunsch, an Fahrrädern Abstandsmarkierer (Abstandsanzeiger, Sicherheitskellen u. ä.) zu verwenden, ist in der Vergangenheit wiederholt vorgetragen worden. Diese Einrichtungen können einen Beitrag zur Verkehrssicherheit dadurch leisten, daß die schnelleren Verkehrsteilnehmer dazu angehalten werden, zu Radfahrern einen größeren seitlichen Abstand einzuhalten. Die angebrachten Rückstrahler sollen bei Dunkelheit die Erkennbarkeit von Radfahrern verbessern.
Unter Abwägung der Vor- und Nachteile sind zunächst für einen Zeitraum von 2 Jahren diese Einrichtungen zugelassen worden. Die einzuhaltenden Mindestbedingungen sind in «Vorläufigen Richtlinien für Abstandsmarkierer an Fahrrädern» (Verkehrsblatt 1978 S. 479) bekannt gemacht worden. Hier ist u. a. festgelegt, daß Abstandsmarkierer bei Berührung mit Personen oder Gegenständen nachgeben müssen, ohne daß Verletzungen auftreten können.
Nach Ablauf der 2jährigen Versuchszeit wird zu prüfen sein, ob die Zulassung von Abstandsmarkierern auch für die Zukunft für gerechtfertigt gehalten wird.

4. Fahrradwegebau

Nach Ansicht der Bundesregierung kann eine nachhaltige Verbesserung der Bedingungen für den Fahrradverkehr neben einer intensiven Verkehrserziehung nur dann erzielt werden, wenn vorhandene Fahrradwege zu Fahrradwegenetzen ergänzt bzw.

neue Fahrradwegenetze geschaffen werden, auf denen die Radfahrer vom übrigen Verkehr ungehindert fahren können.

4.1 Ausgangslage
Bei einer Fortdauer der Energiekrise einerseits und dem Wunsch der Bevölkerung andererseits ist eine Zunahme des Fahrradverkehrs zu erwarten, wenn ein geeignetes Radwegenetz angeboten wird. Damit wäre dann auch mit einer entsprechenden Abnahme der Kfz-Fahrten zu rechnen, wodurch eine Verkehrsberuhigung, Verringerung der Luftverschmutzung und der Verkehrslärmbelästigung sowie schließlich eine Energieeinsparung erreicht werden kann.

4.2 Derzeitiger Stand
Die vorhandenen Radwege an Straßen des überörtlichen Verkehrs verdeutlicht die folgende Tabelle:

Längenstatistik (1979)

| Straßenart | Netzlänge km | Radwege km | Anteil der Radwege (3 von 2) % |
|---|---|---|---|
| 1 | 2 | 3 | 4 |
| a) Bundesstraßen | 32252 | 6954 | 21,6 |
| b) Landesstraßen | 65377 | 5137 | 7,9 |
| c) Kreisstraßen | 66003 | 3660 | 5,5 |
| zusammen | 163632 | 15751 | 9,6 |

Damit ist der Anteil der Radwege an Bundesstraßen mit 21,6% am größten. Dies wurde u. a. dadurch erreicht, daß an insgesamt 2561 km Bundesstraßen in den Jahren 1971 bis 1976 neue Radwege gebaut worden sind.
Wünschenswert wäre es, daß der Fahrradverkehr auch auf solchen land- und forstwirtschaftlichen Wegen zugelassen würde, auf denen dies derzeit nicht möglich ist. Dabei stellt sich jedoch das bislang noch nicht gelöste Problem der Verkehrssicherungspflicht. Initiativen des BMV beim BML in dieser Richtung sind in Kürze zu erwarten.

4.3 Bisherige Initiativen:
- Seit 1961 sind den obersten Straßenbaubehörden der Länder mehrere Rundschreiben über die Förderung und *Vereinheitlichung* des Radwegebaues, die *Trennung* des Radverkehrs vom übrigen Fahrzeugverkehr sowie die Richtlinien für Radverkehrsanlagen der Forschungsgesellschaft für das Straßenwesen von 1963 als Regelwerk zugegangen.
- Im Jahre 1974 hat der Bundesminister für Verkehr die neuen Richtlinien für die Anlage von Landstraßen – Teil I: Querschnitte (RAL-Q) eingeführt, die Angaben über die *Einsatzkriterien*, die Leistungsfähigkeit, die Ausbildungsform und die Abmessungen von Radwegen enthalten.
- Mit Schreiben vom 23. 6. 1978 hat der Bundesminister für Verkehr seinen Länderkollegen eine Koordinierung der verschiedenen zuständigen Baulastträger (Länder, Kreise, Gemeinden) vorgeschlagen. (Anlage 1)

- Ein BMV-Schreiben an die obersten Straßenbaubehörden der Länder vom 20. 7. 1978 enthält Näheres zur Ausfüllung des Ministervorschlages zur Koordinierung der Planungen. Eine Erhebung des Bestandes an Radwegen aller Straßen wurde eingeleitet. (Anlage 2)
- Der Bundesminister für Verkehr hat die Länder mit Schreiben vom 16. Juli 1979 gebeten, alle Radwege an Bundesstraßen kartographisch zu erfassen. Ziel dieser Erhebung ist es, weiteres Grundlagenmaterial für die Radwegeplanung und die Koordinierung zu erhalten. Gleichzeitig sollen damit bestehende Lücken im Radwegenetz aufgedeckt werden. (Anlage 3)
- Hinweise für die Behandlung des Radverkehrs – der Forschungsgesellschaft für das Straßenwesen – Ausgabe 1979 – (Anlage 4).

4.4 Neue Initiativen des Bundesverkehrsministeriums
Das Bundeskabinett hat den Bundesminister für Verkehr am 12. 9. 1979 beauftragt, die energiewirtschaftlichen Akzente der Verkehrspolitik zu verstärken, um insbesondere die alternativen Angebote zum Individualverkehr mit dem Pkw zu verbessern und in Zusammenarbeit mit den Bundesländern ein Radwegeprogramm an Bundesstraßen aufzustellen und im «Gemeinsamen Ausschuß Bund-Länder-Kommunale Spitzenverbände» nach Möglichkeiten zu suchen, den Fahrradverkehr im Landes- und Kommunalstraßenbereich zu verbessern.
Der Bundesminister für Verkehr hat hierfür zunächst allgemeine Grundsätze für ein Programm «Radwege an Bundesstraßen in der Baulast des Bundes» entworfen und diese am 31. Januar 1980 mit den obersten Straßenbaubehörden der Länder abgestimmt. Diese Grundsätze sollen demnächst in den Ländern eingeführt werden. Sie sehen in technischer Hinsicht Aussagen über die netzstrukturellen, verkehrstechnischen und raumordnerischen Voraussetzungen für den Bau von Radwegen vor.

4.5 Zielsetzung
Die Länder sollen bis zum 15. 8. 1980 ihre Beiträge für das Programm – Radwege an Bundesstraßen in der Baulast des Bundes – unter Anwendung der Grundsätze vorlegen. Anschließend wird das Programm beim BMV zusammengestellt.

5. Besondere Infrastrukturprobleme

5.1 Anbindung an den ÖPNV
Soweit der Fahrradverkehr – vor allem in ländlichen Bereichen – die Aufgabe eines Zubringerverkehrs zum ÖPNV übernehmen muß, ergibt sich das Problem der wettergeschützten und diebstahlgesicherten Unterstellmöglichkeiten.
Während dies bei der Deutschen Bundesbahn bei einer ganzen Reihe von Bahnhöfen und Haltepunkten zufriedenstellend gelöst ist, sollte dies an U- und Busbahnhöfen in der Zukunft bei der Planung stärker berücksichtigt werden. Hier dürfte neben dem Fahrradwegebau einer der Schwerpunkte künftiger Investitionen liegen.

5.2 Beförderung von Fahrrädern im ÖPNV
Auf diesem Gebiet laufen in verschiedenen Städten und Gemeinden Versuche wie Gestellung von besonderen Wagen bei U- und S-Bahn, Möglichkeiten der Mitnahme von Fahrrädern in Bussen durch besondere außen angebrachte Halterungen usw. Auswertungen und Ergebnisse sowie Schlußfolgerungen aus diesen Versuchen liegen bisher nicht vor.

5.3 Fahrrad am Bahnhof

Die Deutsche Bundesbahn sieht in dem Serviceangebot «Fahrrad am Bahnhof» in erster Linie einen Anreiz für zusätzlichen Verkehr im Ausflugsbereich. 81,9% derer, die von diesem Angebot Gebrauch machen, sind Bahnreisende; daher sieht die DB ihre Zielsetzung als erfüllt an. Der Service wird vorwiegend in Fremdenverkehrsgebieten angeboten, und zwar an allen Orten, wo eine entsprechende Nachfrage erkennbar ist und die örtlichen Verhältnisse dies zulassen.

Zahl der Verleihbahnhöfe:

| | |
|---|---|
| 1970 | 140 |
| 1974 | 260 |
| 1975 | 286 |
| 1976 | 281 |
| 1977 | 259 |
| 1978 | 257 |
| 1979 | 261 |

Zahl der zur Verfügung gestellten Fahrräder:

| | |
|---|---|
| 1970 | 1177 |
| 1974 | 2215 |
| 1975 | 2471 |
| 1976 | 2598 |
| 1977 | 2558 |
| 1978 | 2733 |

Mietpreis / Tag

| | |
|---|---|
| für Bahnreisende | 4,– DM/Tag |
| für sonstige Kunden | 8,– DM/Tag |

Entwicklung der Vermietzahlen

| | |
|---|---|
| 1970 | 25217 |
| 1974 | 57869 |
| 1975 | 69831 |
| 1976 | 70304 |
| 1977 | 77526 |
| 1978 | 90641 |

6. Fahrradwegekarte

- Wie bereits oben ausgeführt, hat der Bundesminister für Verkehr die Länder gebeten, alle vorhandenen Radwege außerhalb der Ortschaften entlang der Bundesstraße kartographisch zu erfassen. Diese Unterlagen dienen als Arbeitsmaterial für die Verwaltung; sie sind für Veröffentlichungszwecke ungeeignet.
- Eine zusammenfassende Kartendarstellung aller vorhandenen Radwege im Bundesgebiet existiert bisher nicht. Deshalb ist es ein berechtigtes Anliegen, diese Frage eingehend zu verfolgen. Hierzu ergibt sich folgendes: Eine bundesweite Radwegekarte setzt einen Maßstab von mindestens 1 : 100000 voraus, um Radwege hinreichend erkennbar zu machen. Eine Ausfertigung eines solchen Kartenwerkes ließe sich in diesem Maßstab kaum in handlicher Form herstellen.

Anregungen zur Herausgabe von Fahrradwegekarten sind in der Vergangenheit immer wieder an den BMV herangetragen worden.

Die Erstellung von Fahrradwegekarten zum öffentlichen Verkauf ist jedoch keine Aufgabe des Bundesverkehrsministeriums. Kartographische Institute wurden angeregt, spezielle Fahrradwegekarten für das Radwandern zu erstellen.

- Einzelnen Instituten wurde empfohlen, regionale Karten zu erstellen.
- Der «Deutsche Wanderverlag» hat «Rad-Wanderführer» einzelner Regionen herausgegeben. Bei diesem Verlag ist ein «Radwege-Atlas» in Vorbereitung.
- Einige Städte (z. B. Berlin, Bremen) und Kreise (z. B. Neuß) haben Radwegekarten aufgestellt.

7. Forschung
Vom Bereich Unfallforschung der Bundesanstalt für Straßenwesen (BASt) sind die in der beiliegenden Liste (Anlage 5, siehe S. 234) enthaltenen Untersuchungen zum Fahrradverkehr zum Teil bereits abgeschlossen worden; einige Projekte befinden sich noch in Arbeit, andere sind im laufenden Forschungsprogramm geplant.
Die bisherigen Ergebnisse lassen sich kurz dahingehend zusammenfassen: Kinder benutzen das Fahrrad heute bereits in einem Alter, in dem sie noch nicht zur Schule gehen. Es ist notwendig, hierfür bessere Verkehrserziehungsmethoden zu entwickeln. Diese bestehen im wesentlichen darin, die Eltern verstärkt in die Verkehrserziehung ihrer radfahrenden Kinder einzuschalten und ihnen Anleitung für ein verkehrspraktisches Training mit den Kindern im Straßenverkehr zu geben. Die Umsetzung dieser Erkenntnisse in ein die künftige Arbeit auf diesem Gebiet bestimmendes Programm erfolgt im Rahmen der bereits erwähnten Projektgruppe im Rahmen des Deutschen Verkehrssicherheitsrates. Im Forschungsprogramm der Bundesanstalt für Straßenwesen wird für die Jahre 80/81 die den Fahrradverkehr betreffende Forschung etwa 20 % des Gesamtetats ausmachen.
Weitere Forschungsaufträge u. a. auf technischem Gebiet des Fahrradwegebaus sind vom Bundesministerium für Verkehr und der Forschungsgesellschaft vergeben worden (Anlage 6, s. S. 236–237).

8. Finanzierungsfragen
Fahrradwege sind, soweit sie nicht an Bundesstraßen liegen, Angelegenheiten der Länder, Kreise und Gemeinden. In der Regel werden die für den Fahrradwegebau aufzuwendenden Mittel in Größenordnungen liegen, die von deren Haushalten getragen werden können. Eine Förderung durch den Bund kann nach § 5 a des Fernstraßengesetzes und nach dem Gemeindeverkehrsfinanzierungsgesetz (GVFG) erfolgen.
Nach GVFG ist jedoch derzeit eine Förderung nur dann möglich, wenn durch den Bau eines Fahrradweges der Fahrradverkehr aus einem im GVFG genannten Straßentyp der Fahrradverkehr ausgegliedert und dadurch der übrige Verkehr auf der GVFG-Straße (insbesondere innerörtliche Hauptverkehrsstraße) verbessert wird.
In der letzten Zeit sind wiederholt Anregungen zur Erweiterung des Förderungskatalogs des GVFG (Einbeziehung des generellen Fahrradwegebaus) an den BMV herangetragen worden. Diese Frage ist im Finanzierungsarbeitskreis des Gemeinsamen Ausschusses des Bundes, der Länder und Kommunalen Spitzenverbände zur Verbesserung der Verkehrsverhältnisse in den Gemeinden (GA) und im GA selbst behandelt worden. Dabei hat sich herausgestellt, daß die Länder derzeit nicht bereit sind, über eine Erweiterung des GVFG-Förderungskataloges – gleich welcher Art – zu diskutieren, solange nicht feststeht, welche realen Belastungen durch das Verkehrslärmschutzgesetz künftig auf das GVFG zukommen werden und solange nicht die durch das Haushaltsstrukturgesetz von 1975 verfügte 10 %ige Kürzung der GVFG-Mittel rückgängig gemacht worden ist. Zu letzterem ist gegenwärtig eine Gesetzesinitiative der CDU/CSU-Bundestagsfraktion in der parlamentarischen Behandlung.
Der bisherige Verlauf (Ablehnung in den verschiedenen Bundestagsausschüssen und im Plenum) zeigt, daß – auch im Hinblick auf die derzeitige Haushaltslage – nicht damit gerechnet werden kann, daß diese Gesetzesinitiative letztlich Erfolg haben wird.

Zweimal im Schulleben geht's in die Jugendverkehrsschule – mit ungewohnten Leihfahrrädern. Das Kommando ist bereits vom Kultusministerium zum Innenministerium übergegangen – die Klassenlehrerin ist abgemeldet.
Foto: Renate Lessing

Der Problem-Bericht zeigt zunächst, daß getötete Radfahrer meist Jugendliche über 15 Jahre und Erwachsene sind, die von der jetzt anlaufenden Kinder-Verkehrserziehungswelle des Deutschen Verkehrssicherheitsrats nicht mehr erfaßt werden. Die Verstreuung der Verkehrsregeln für Radfahrer über die ganze Straßenverkehrsordnung stellt kein Ruhmesblatt dar. Sie sollten – im Interesse der Erwachsenen – redaktionell überarbeitet werden. Die angesprochene Regelung des Radfahrens auf dem Gehweg wurde endgültig für Kinder bis zum vollendeten *achten* Lebensjahr geregelt.
Jede Umsicht lassen die Zulassungs-, Bau- und Ausrüstungsvorschriften für Fahrräder vermissen. Hier fehlt ein benutzerorientiertes Gesetz wie der amerikanische «Hazardous Substances Act». Das entsprechende Gerätesicherheitsgesetz (früher Maschinenschutzgesetz) gilt ausgerechnet «nicht für Fahrzeuge, soweit sie verkehrsrechtlichen Vorschriften unterliegen». So sind die dürren Vorschriften der Straßenverkehrszulassungsordnung die einzigen gesetzlich verbindlichen Normen fürs Fahrrad. Und es ist eine Fehlinterpretation des § 32 (3) StVZO, wenn man daraus mit Gewalt eine Vorschrift zum Schutz des Fahrers vor Schnittverletzungen am eigenen Fahrrad biegt. «Auch an Fahrrädern sind demnach scharfe Kanten, Ecken und dergleichen zu vermeiden» darf bis auf weiteres als Privatauslegung des Referenten gelten. Im Stich läßt der Verordnungsgeber den Fahrzeughalter auch beim allgegenwärtigen Diebstahlsproblem. Vor zuviel Rücksicht auf die Fahrradmontierer wird die primitivste Diebstahlsvorkehrung nicht vorgeschrieben: die Anbringung einer gut sichtbaren Rahmennummer an jedem Fahrrad wie beim Mofa. Da müssen alle Bemühungen der Polizei, der neuerlichen Diebstahlwelle Herr zu werden, von vornherein zum Scheitern verurteilt sein – ohne Rahmennummer und Typenschild mit Baujahr, Rahmenhersteller und Herkunftsland geht nichts. Der Fahrer möchte bei einem Gabelbruch ja auch wissen, an wen in Jugoslawien er sich halten muß, nachdem der Importeur einem vielbeachteten Gerichtsurteil zufolge von der Schadensfreiheit der Importware ausgehen darf. Durch diese Unterlassung leistete der Verordnungsgeber dem Qualitätsverfall der deutschen Fahrräder Vorschub – letztlich ein Bärendienst für das Ansehen von «Made in Germany».
Daß das Fehlen von Mindestverzögerungswerten für Fahrradbremsen ein Skandal ist, wurde schon angesprochen. So begegnen nun auf demselben Radweg Mofas mit einer Mindestverzögerung von 2,5 Meter pro Quadratsekunde den Fahrrädern mit einer «am Fahrzeug fest angebrachten Einrichtung, welche die Geschwindigkeit des Fahrzeugs zu vermindern ... mag» – ungleicher geht's nimmer, zumal bei Nässe. Dänemark und Norwegen schreiben bei Kindertransport wenigstens eine auf die Nabe wirkende Bremse vor! (Trommelbremse oder Rücktrittbremse)
Solchen Tiefstand der Bremsen gleichen die Änderungen bei den lichttechnischen Einrichtungen auch nicht mehr aus. Man könnte sie als Gefälligkeitsänderungen klassifizieren, die dann vorgenommen werden, wenn die deut-

sche Industrie neue – durchaus wünschenswerte – Produkte anbringt, oder der Dynamohersteller meint, die Lichtmaschine müsse nun ausdrücklich vorgeschrieben werden, damit die Rennleute nicht mit Akku-Beleuchtung allein trainieren. Nur – von sich aus wird das Kraftfahrtbundesamt für die Fahrer des Fahrrads nicht kreativ. Im Gegenteil, als einmal nicht die Industrie, sondern die Velofahrer die skandinavische Abstandskelle propagierten, reagierte man pikiert mit vorläufigen Richtlinien, zweijähriger Versuchszeit und Forschungsauftrag über die «Auswirkung von Sicherheitseinrichtungen von Fahrrädern». Solche Studien mit denselben Abstandshaltern liegen aber in Europa bereits vor. Die Mittel für dieses Projekt hätte man sparen und statt dessen in einer Energiesparstudie übers Fahrrad anlegen können. Fazit: Gefälligkeitsänderungen für deutsches Zubehör – ja, sinnvolle Änderungen für eine sichere Fahrradnutzung – nur, wenn ihre Notwendigkeit unabweisbar ist. Fünfzig Jahre lang konnte man die Sicherheitsbedürfnisse der Velofahrer offenbar erfolgreich abweisen, denn so alt ist der unveränderte Wortlaut der Fahrradbestimmungen in der StVZO, außer im Paragraphen über die lichttechnischen Einrichtungen. Vor fünfzig Jahren war aber das Automobil noch eine relativ seltene Erscheinung im Straßenfrieden, und man konnte noch solche rührenden Unzulänglichkeiten über die Fahrradbremsen in eine Verordnung schreiben. Heute noch daran festzuhalten, ist angesichts der Unfallopfer unter den Velofahrern unhaltbar. Die Verdrehung des § 32 (3) in der Problemstudie und das Abheben auf die Fachleute, die sich «immer wieder» mit der Verbesserung der lichttechnischen Einrichtung beschäftigt haben (bei der amerikanischen Consumers Product Safety Commission wohlgemerkt und dann bei den Marketing-Abteilungen der deutschen Zubehörfirmen) legt die Interpretation nahe, daß die eigene Untätigkeit der Behörde bewußt ist, aber für den Bundestag beschönigt werden mußte. Insofern ist der Fahrradverkehr ein hervorragendes Stück Anschauungsunterricht in Staatsbürgerkunde: wer im Verbändestaat ohne Interessenvertretung dasteht – z. B. indem er sich auf ein Fahrrad setzt –, den beißen die Hunde.

Beim Fahrradwegebau an Bundesstraßen steht das Verkehrsministerium – wie gesagt – gut da. Etwas kreative Kompetenzerweiterung stünde jetzt zu Gebote, und ist auch in Angriff genommen worden, wenngleich die Problemstudie darüber schweigt: Auch das Verkehrsministerium hat eine fahrradfreundliche Stadt ausgeschrieben und Neumünster im Holsteinischen den Zuschlag bekommen. Aber die Stadtväter zuckten im letzten Augenblick zurück. Nun soll einer anderen Stadt mit über 100000 Einwohnern die Förderung zuteil werden.

Düsterer sieht's wieder bei der Bundesbahn aus. Das Serviceangebot «Fahrrad am Bahnhof», das private Firmen für die Bundesbahn mit Billigfahrrädern durchführen, wird gern zur Imagepflege eingesetzt. Tatsächlich wird gleichzeitig die Mitnahme des Fahrrads in der Bundesbahn rapide abgebaut. Die Züge des Intercity-Zweistundentakts nehmen keine Fahrräder mit, und auch in die neuen Zweit-Klass-IC-Wagen wurden zwar Ablagen für Skis, aber nicht für Fahrräder eingeplant. Die Gepäckwagen der übrigen D-Züge sucht man ausgerechnet am Wochenende für einen Ausflug vergebens, die Begleitschaffner kosten da mehr. Vollends entlarvt sich der Gegenkurs der Bundesbahndirektion anläßlich der von allen guten Geistern verlassenen Gebührenerhöhung für die Fahrradmitnahme von 2,50 auf 4 Mark für einfache Fahrt! (In England gilt hier Nulltarif.) Eine vierköpfige Familie, die am Wochenende einen Fahrradausflug per Anfahrt auf der Bundesbahn plant, darf so mit einem Aufschlag von 32 Mark zum Fahrpreis rechnen (die vielgepriesene Familienkarte halbiert die Fahrradkarten keineswegs!). Offensichtlich sollen die Bahnkunden so dem Fahrradverleih zugetrieben werden, denn der verlangt akkurat 4 Mark Mietpreis. Bevor man aber sein vertrautes und gepflegtes Fahrrad für irgendeine Schindmähre mit noch unbekannten Sattelfreuden am Zielort eintauscht, sollte man noch einmal eine Güterabwägung anstellen, ob die 8 Mark für das eigene hin und zurück nicht doch das bessere Geschäft sind. Eine Zumutung sind sie allemal, und es bleibt zu hoffen, daß geharnischter Protest die Bundesbahndirektion ihren Winkelzug zurücknehmen läßt.

Vollends undurchsichtig müssen dem Bürger die Auslassungen über Finanzierungsfragen vorkommen. Dem Probleme-Papier zufolge sieht es so aus, daß die Förderung des generellen Fahrradwegebaus durch den Bund im politischen Hick-Hack um das Gemeindeverkehrsfinanzierungsgesetz auf der Strecke bleibt. Insofern haben die «kommunalpolitischen Blätter» vielleicht sogar recht, wenn sie 1980 schreiben: «Dem unstreitig vorhandenen Fahrradboom können die Kommunalpolitiker zur Zeit kaum anders als mit Demonstrationen guten Willens begegnen. Denn wie sollen die Kommunen jetzt in Windeseile komplette Radwegenetze anlegen, wenn nach wie vor das Verkehrs- und Wegerecht den Autofahrern die höchste Priorität zumißt?»

Soweit also der nachgeschobene Probleme-Bericht des Bundesverkehrsministeriums. An sich hat das Fahrrad ja noch mehr Aspekte, die in den Zuständiqkeitsbereich anderer Ressorts fallen. Vom Ministerium für Jugend, Familie und Gesundheit kommt allerdings bislang Fehlanzeige. Außer der Studie «Fahrrad im Nahverkehr» hat man auch vom Bundesminister für Raumordnung, Bauwesen und Städtebau nichts mehr gehört. Bei diesem Vakuum sprang das Umweltbundesamt in Berlin, eine Behörde des Innenministeriums ein. In Erkenntnis der Umweltentlastung durch Fahrradgebrauch wurde es initiativ und schrieb einen Wettbewerb für ein Modellvorhaben «Fahrradfreundliche Stadt» aus, wobei sich 125 Städte bewarben. Eine größere Stadt sollte eine vorbildliche Fahrradverkehrs-Infrastruktur auf Kosten des Umweltbundesamts planen und dann mit eigenen Mitteln verwirklichen, so daß die Auswirkungen messend verfolgt werden können. Zwei Städte erhielten schließlich den Zuschlag: Detmold und Rosenheim. Dazuhin wurde noch eine Begleitrunde organisiert: Augsburg, Bad Oeynhausen, Böblingen/Sindelfingen, Castrop-Rauxel, Landshut, Marburg, Norderstedt, Offenburg und Trier. Diese Städte werden gleichzeitig eine fahrradfreundliche Struktur in Planung geben, wobei die Besonderheiten eines Kurorts, einer Universitätsstadt oder eines industriellen Ballungsgebiets ausgetestet werden sollen. In ein paar Jahren wird dann der Nachweis erbracht sein, was den Fahrradfreunden jetzt schon sonnenklar erscheint, nämlich daß das Fahrrad eine Entlastung der Städte bewirkt. Dem Umweltbundesamt gebührt damit eindeutig die Palme der «fahrradfreundlichen Behörde», die der ADFC jährlich verleihen sollte. Überdies brachte das Umweltbundesamt die Verbände der Fahrradbranche und die Fahrradnutzer an einen Tisch, um über die Einrichtung einer «Stiftung Fahrrad» einig zu werden, die zu verstärkter Öffentlichkeits- und Lobbyarbeit für das Fahrrad in der Lage sein soll, wie schon in der Studie «Fahrrad im Nahverkehr» gefordert.

## Länder

Große Unterschiede in der Fahrradfreundlichkeit gibt es auch bei den Ländern. Nordrhein-Westfalen und Hessen fördern aus Landesmitteln gezielt den Radwegebau innerhalb der Gemeinden, während die übrigen Länder nicht über den Rahmen des Gemeindeverkehrsfinanzplanungsgesetzes hinausgehen, und dies gibt Geld nur für die Entlastung überörtlicher Straßen. Aus dieser Sachlage heraus definieren sich die Länderministerien denn auch gern auf den Radtourismus hin, teils weil sie sich aus dem städtischen Radwegebau heraushalten wollen, teils weil der Radtourismus für den Fremdenverkehr gewinnbringend gesehen wird.

## Gemeinden

Die rauhe Wirklichkeit in Städten mit nur rudimentären Radwegenetzen läßt die Schulung der Fahrradbesitzer im Umgang mit dem Fahrrad im Großstadtverkehr angebracht erscheinen: In Frankfurt jedenfalls gab es 1979 in der Volkshochschule einen Kurs von Gerhard Knadelbach «Radfahren in der Großstadt». Der Lehrgang behandelte «die Straßenverkehrsordnung und deren Wirklichkeit im innerstädtischen Straßenkampf». Die außergewöhnlich zahlreichen Teilnehmer testeten die in Frankfurt vorhandenen Radwege mit dem Fazit: «Frankfurt hat einen großen Nachholbedarf an Radwegen.» Frankfurt hat zwar 330 Kilometer gut ausgebaute Radwege, aber die liegen, wie die Frankfurter Allgemeine Zeitung bemerkte – «ironischerweise nur an stark befahrenen Autostraßen» (wehe dem Gemeindeverkehrsfinanzierungsgesetz!). Die Stadtverordnetenversammlung beschloß im September 1979, das Radwegenetz der Stadt im Rahmen der Generalverkehrsplanung «Zug um Zug ergänzend zu planen und auszubauen». Allerdings blamierten sich bei der Anhörung des Ortsbeirates in der Nordweststadt zur Planung eines Schulradwegenetzes die städtischen Planer mit «völlig überaltetem Kartenmaterial» (FAZ).

Das Beispiel steht stellvertretend für den Mikrokosmos, in dem überall in der Bundesrepublik die Entscheidungen für oder gegen das Fahrrad fallen. Nach stets gleicher Choreographie agieren Stadträte, Tiefbauleute, Geschäftsleute, auftragnehmende Verkehrsplaner, Bürgermeister, Redakteure, Fahrradinitiativen, Elternbeiräte und auch schon mal die Volkshochschule zusammen oder gegeneinander. Die größte Attraktion des Fahrrads, seine Wirtschaftlichkeit wirkt sich hier vielfältig als Handikap aus. Radwege bauen bringt nicht soviel ein wie Straßen bauen – also erfolgt der Druck der ortsansässigen Tiefbaufirmen auf die Stadträte für Straßenbauprojekte. Die Radfahrer tanken nicht in der Tankstelle des Stadtrats XY – also erklärt er den Stadtratskollegen, der Radwege fordert, kurzerhand zum Spinner, oder das Plenum bricht gleich in schallendes Gelächter aus, wie es vom Augsburger Stadtrat berichtet wird. Das Fahrrad ist auch kein technischer Fetisch – also sind überdachte Radständer für den Schulneubau nicht durchzusetzen, wohl aber eine Startelektronik in der Turnhalle.

Unbestreitbar ist die Radwegeplanung in Bewegung geraten. Gemeinden weisen ruhige Sträßchen aus und drucken eigene Radwegepläne. Diese oft arg weit auseinanderliegenden Furten durch den Stadtverkehr sind ohne gut erkennbares Leitsystem fast wertlos. Der Velofahrer erkennt im Straßengetümmel nicht, welche Straßen im Planergehirn als Fahrradstraßen ausgewiesen sind. Die Fahrradwege – die existierenden wie die geplanten – gehören in den amtlichen Stadtplan aufgenommen. Fußgänger und Autofahrer brauchen schließlich auch keine besondere Karte, um durch die Stadt zu kommen.

Koordinierungsaufgaben, nämlich z. B. die Leute vom Vermessungsamt dazu zu bringen, die Planungen des Tiefbauamts auch wirklich in den Stadtplan aufzunehmen, besorgt am besten ein hauptamtlicher Fahrradbeauftragter in der Stadtverwaltung. Die 50 größten amerikanischen Städte haben bereits einen Fahrradbeauftragten eingestellt und seit Februar 1980 gibt es den ersten deutschen Fahrradbeauftragten, den Verkehrsingenieur Rebal, in der Stadtverwaltung von Mainz. Aufgrund eines SPD-Antrags im Stadtrat hat ihn der Oberbürgermeister ernannt. Erste Amtshandlung von Rebal war eine Fragebogenaktion nach dem Bedürfnis der velofahrenden Bürger, deren Auswertung zur Stund noch ansteht. Als nächstes sollen flankierende und imagefördernde Maßnahmen fürs Fahrrad ergriffen werden. Mittlerweile hat auch Wilhelmshaven einen Fahrradbeauftragten.

Ein Beispiel ist ein Aufruf an die Geschäftsinhaber, mehr Fahrradständer vor ihren Läden aufzustellen. In Frankfurt ist die Aufstellung laut Sondernutzungssatzung gebührenfrei – und anderswo wird es nicht anders sein. Solange die Geschäftsinhaber den Eindruck haben, daß solcher Service nicht honoriert wird, wird der Appell wenig Wirkung zeigen.

## Fahrradbranche

Daß ein Zweiradhändler im Stadtrat ist, dürfte die Ausnahme sein. Selbst wenn, bleibt das Problem, daß der Zweiradhändler zwei Herren dient, dem Motorradfahrer und dem Fahrradfahrer. Nachdem aber das Fahrrad bislang meist nur als Zusatzgeschäft für schlechte Motorradzeiten gesehen wurde, ist oft eindeutig, wem die wahre Liebe gehört. Die Zielgruppen der Motorrad- und Fahrradjünger sind leider hoffnungslos verschieden – bis auf den Maschinenbau zur Herstellung ihrer Untersätze verbindet sie nichts. Insofern erinnert manchmal das Zweiradgeschäft an einen Shop, in dem gleichzeitig Planierraupen und Modelleisenbahnen angeboten würden.
Der Verband des Deutschen Zweiradhandels e. V. (VDZ) mit Sitz in Bielefeld ist daher mehr als Schutz- und Trutzbund der Händler gegenüber den Lieferanten zu sehen, die den Händlern die Bedingungen zu diktieren versuchen. Durch Einsatz für Radwege hat sich der Verband noch nicht profiliert.
Die Großhändler, bei denen die Zweiradhändler ihre Fahrradteile besorgen, sind im Verband der Kraftfahrzeugteile- und Zweirad-Großhändler e. V. (VKG) in Ratingen organisiert. Die Fusionierung war in den schlimmen Nachkriegsjahren erfolgt, doch kümmert sich weiterhin die Fachgruppe Zweirad-Großhandel innerhalb des VKG um die speziellen Zweiradbelange. Die Mitglieder stellen teilweise als sog. montierender Großhandel auch Fahrräder aus Fertigrahmen her (sog. Konfektionsfahrräder), um sie ihren Einzelhandelskunden zu verkaufen. Die Großhändler drucken auch die Teilekataloge, aus denen die Zweiradhändler ihre technischen Informationen beziehen, und wollen sich neuerdings verstärkt um die Schulung ihrer Kunden kümmern.
Einige Fahrradfirmen, vor allem solche, die zugleich Motorräder herstellen, sind im Verband der Fahrrad- und Motorradindustrie e. V. (VFM) in Bad Soden organisiert. Vorstandsmitglieder in seiner Fachabteilung «Fahrräder» sind (1980) G. Heidemann, W. Kynast und B. Kalkhoff. Für den Verband gibt der frühere Motorjournalist Herbert Allenberg einen dreiwöchigen Pressedienst «Zweirad-Report» heraus. Der VFM hat auch einen Arbeitskreis «Motorrad-Sicherheit» finanziert. Zum Thema Sicherheitsförderung ist hierzu dem Bericht des VFM für 1978 noch zu entnehmen: «Der Arbeitskreis Motorrad-Sicherheit setzte seine Arbeit fort. Der Rückgang der Motorrad-Unfälle ist als Beweis für die Richtigkeit der Arbeit zu deuten ... In der Bundesrepublik wurde im Berichtsjahr auf Initiative der Deutschen Verkehrswacht ein Schulgroßversuch ‹Mofa-Unterricht› in allen Bundesländern gestartet. Die Mitgliedsfirmen stellten dazu eine größere Anzahl Mofas

kostenlos zur Verfügung. Ein wissenschaftlich vorbereitetes Modell ‹EMS – Einführung in den motorisierten Straßenverkehr› wurde von der BASt gestartet. Unsere Industrie ist daran beteiligt.» Der VFM beherbergt außerdem die Zweirad-GmbH, einen Zusammenschluß mit den anderen Verbänden, um im zweijährigen Rhythmus die «Internationale Fahrrad- und Motorradmesse (IFMA) in Köln zu organisieren (letzte September 1980).
Etwas mehr fahrradspezifisch ist der Verband der Fahrrad- und Kraftradteile-Industrie e. V. (FTV) in Wuppertal. Vorsitzender ist Alfred Thun sen., Chef der erfolgreichen Thun-Gruppe, die sich auf Fahrrad-Kurbelgarnituren spezialisiert hat. Der FTV beherbergt die Gruppe Radwegebau, an der dem Vernehmen nach auch die übrigen Verbände außer VDZ festhalten.
Bleibt zu hoffen, daß mit der geplanten «Stiftung Fahrrad» eine Verbesserung der Öffentlichkeitsarbeit fürs Fahrrad kommt. VFM, FTV und VKG sind bereit, sich finanziell zu beteiligen.

## Fahrrad-Organisationen

Die Hauptarbeit fürs Fahrrad wird mittelfristig den Organisationen der Velofahrer bleiben. Lokale Initiativen haben sich an vielen Orten gebildet, um die lokalen Entscheidungsträger zu Verbesserungen des Radverkehrs zu bewegen. Aber auch auf Länder- und Bundesebene ist eine Interessenvertretung der Velofahrer erforderlich, weil hier die Weichenstellungen im großen Stil erfolgen. Die Gründung des Allgemeinen Deutschen Fahrrad-Clubs (ADFC) e. V. in Bremen gibt Hoffnung, daß hier ein Sprachrohr der Fahrradnutzer entsteht, das mit dem Gewicht einer größeren Mitgliederzahl erfolgreich funktionieren kann. Der 1980 in Bremen stattgehabte erste Kongreß «Velo ... City» war ein erster Erfolg in Richtung einer fahrradfreundlicheren Bundesrepublik.

## Radwege-Baukasten

Preise wurden freundlicherweise vom Ulmer Tiefbauamt und seinem Bauhof 1981 ermittelt und schwanken möglicherweise von Region zu Region.

*Neuer Radweg*

| | |
|---|---|
| – 2,50 Meter befestigte Breite erbaut auf der grünen Wiese einschließlich Untergrund und Bordkante) | 150,– Mark pro Meter |
| dazu kommen Grunderwerb und Vermessung | 40–50 Mark pro Meter |
| Aufpreis für roten Belag (5 mm) | 26,50 pro Quadratmeter |

| | |
|---|---|
| – Fahrrad-Symbol aufgemalt in weißer Farbe | ca. 60–80 Mark |
| – dito in rückstrahlendem weißen Thermoplast | ca. 250,– Mark |
| – Zeichen 237 als Folie auf Radweg geklebt | ca. 220,– Mark |
| – Schild mit Zeichen 237, rückstrahlende Folie | 35,– Mark |
| – Pfosten für Schild einschl. Aufstellung | 120,– Mark |
| – Poller zur Abweisung von Falschparkern je nach Ausführung (billiger, wenn der Bauhof sie selber gießt) | 200–300 Mark |
| – Schild mit Zeichen 138 «Radfahrer kreuzen», rükstrahlend | 35,– Mark |
| *Abmarkierung von Radfahrstreifen auf Fahrbahn* | |
| – weiße Linie 12 cm Thermoplastik 10 + 2 mm eingelegt | 9,– Mark pro Meter |
| – dito, 3 mm aufgelegt | 4,70 Mark pro Meter |
| – dito, Kaltplastik, 3 mm aufgelegt | 5,10 Mark pro Meter |
| – Fahrradsymbol in weißer Thermoplastik bzw. Kaltplastik | ca. 250,– Mark |
| *Wegweisung* | |
| – Schild Zeichen 421, reflektierend | 50,– Mark |
| – Schild Zeichen 442, reflektierend | 40,– Mark |
| – Zusatzschild 723 n «Radfahrer frei», reflektierend | 25,– Mark |
| *Umwidmung eines Gehweges in gemeinsamen Geh- und Radweg* | |
| – durchzogene weiße Linie (Farbe) pro Meter | 2,50 Mark |
| – Aufpreis für rückstrahlenden weißen Thermoplast pro Meter | 4,70 Mark |
| – Neuaufbringung roten Kunstharzes, Deckschicht ca. 1 mm dick pro $m^2$ | 20,– Mark |
| – Absenkung des Radweges an Kreuzung | 2000–3000,– Mark |
| a) durch Versenkung des Bordsteins (in Ausnahmefällen notwendiger Umbau von Post-, Kanal- und Stromversorgungsschächten usw. bis zu | 5000,– Mark |
| b) Beton-Formsteine billiger, halten aber nur 20 Jahre | |
| – Geländer aus Stahlrohr zur Trennung von Geh- und Radwegen pro Meter | ca. 130,– Mark |
| – Zusatzschild «keine Mofas», reflektierend | 25,– Mark |
| *Ausweisung von Alternativrouten* | |
| – Einmündung einer Anliegerstraße mit erhöhtem kreuzendem Gehweg pro Meter Straßenbreite | 400–500 Mark |
| – Schild Zeichen 250, reflektierend | 30,– Mark |
| – Zusatzschild 848, reflektierend | 25,– Mark |
| – Pfosten mit Aufstellung | ca. 120,– Mark |
| Zusatzschild 900 | 15,– Mark |
| dito reflektierend | 25,– Mark |

| | |
|---|---|
| *Kreuzungsbauwerke* | |
| – Unterführung für Geh- und Radweg<br>Lichte Höhe ca. 2,50, lichte Weite ca. 3,50 m<br>außerhalb bebauter Gebiete<br>pro Meter Länge | 12000–15000,– Mark |
| – Rampenanschlüsse | ca. 50000,– Mark |
| – kleine Zusatzampel für Radfahrer<br>(angebracht an vorhandenen Pfosten) | 300,– Mark |
| – dito mit eigener Phase (Änderung im<br>Steuergerät usw.) allerdings nicht an allen<br>Anlagen möglich, je nach Bauart des<br>Geräts | ca. 6000,– Mark |
| – eigene Ampel einschließlich Aufstellung,<br>wie oben | + 1000,– Mark |
| – Verkehrsinsel (ca. 2 m breit, 10 m lang<br>mit abgesenktem Randstein und<br>beleuchteten Pollern) | ca. 4000,– Mark |
| – handbediente Ampelanlage für<br>Überquerung vielbefahrener Straße,<br>2 Ampeln | 22000,– Mark |
| – Betätigung durch Induktionsschleife<br>im Boden Mehrkosten | ca. 2000,– Mark |

## Liste der Forschungsprojekte zum Fahrradverkehr der Bundesanstalt für Straßenwesen

Bereich Unfallforschung (Prof. Dr. Ing. Lenz) – (nach der Anlage zum Bericht des BMV vom 15. 4. 80)

Die Bundesanstalt für Straßenwesen wurde 1970 durch Beschluß des Bundestages zur zentralen Stelle für die Unfallforschung im Straßenverkehr bestimmt. Die BASt hat dem Bundesverkehrsministerium wissenschaftlich gestützte Entscheidungshilfen zu liefern. Teils leistet sie selbst Forschungsarbeit (z. B. Straßenbautechnik), teils erteilt sie Forschungsaufträge nach außen. Ergebnisse werden in den grünen Heften «Unfall- und Sicherheitsforschung Straßenverkehr» veröffentlicht, die kostenlos bezogen werden können (Bundesanstalt für Straßenwesen, Brühler Str. 1, 5000 Köln 51)

| Lfd. Nr. | Projekt-Nummer | Thema | Stand |
|---|---|---|---|
| 01 | Heft 9 | «Gundlagen zum Zweiradverkehr (bis 50 m)» von H. op de Hipt, 1977 (vergriffen), (Kurzfassung «Fahrrad» beim Umweltbundesamt) | |
| 02 | Heft 25 | «Das Verkehrsverhalten radfahrender | |

| | | | |
|---|---|---|---|
| | | Kinder und Jugendlicher». von H. J. Küting, R. Boigs, W. Winkler, 1979. TÜV-Hannover – medizinisch-psychologisches Institut | |
| 03 | Heft 27 | «Unterrichtsverlauf an Jugendverkehrsschulen». von K. D. Eubel, M. Wirthmann, Fernuniversität Hagen | |
| 04 | 7613 | Ausländische Maßnahmen zur Erhöhung der innerörtlichen Verkehrssicherheit (Teil 7.2.2: Radfahrersicherheit) | abgeschlossen 1979 |
| 05 | 7506 | Örtliche Untersuchung von Fußgänger- und Radfahrerunfällen | laufend Abschluß 1980 |
| 06 | 7539/1 | Einfluß von Radwegen auf die Verkehrssicherheit (außerorts in 2 Landkreisen Südwestdeutschlands) | abgeschlossen 1977 |
| 07 | 7539/2 | Einfluß von Radwegen auf die innerörtliche Verkehrssicherheit | laufend Abschluß 1980 |
| 08 | 7539/3 | wie 7539/1, jedoch Auswertung der Daten Niedersachsens | laufend Abschluß 1980 |
| 09 | 7802 | Maßnahmen zur Sicherung des innerörtlichen Fahrradverkehrs | laufend Abschluß 1980 |
| 10 | 8010 | Verbesserung der Fahrradausbildung für Kinder | geplant 1980/81 |
| 11 | 8024 | Verbesserte Führung des Radverkehrs im innerörtlichen Bereich | laufend Abschluß 1981 |
| 12 | 8026 | Erweiterung der Verkehrskonflikttechnik auf den Zweiradverkehr | geplant 1980/81 |
| 13 | 8036 | Auswirkung von Sicherheitseinrichtungen an Fahrrädern | geplant 1980/81 |

Projekte, die mittelbar dem Radverkehr gewidmet sind, wurden nicht aufgeführt – auch wenn sie besondere Bedeutung haben mögen – wie zum Beispiel FP 7616 «Nichtmotorisierte Verkehrsteilnahme», FP 7411 «Verkehrsbeteiligung von Kindern und Jugendlichen». (letzteres erschienen als Heft 19 [1978])

## Besetzung des Verkehrsausschusses (1980)

Dem neuen Verkehrsausschuß des Deutschen Bundestages gehören an
von der CDU/CSU Klaus Bühler, Wolfgang Feinendegen, Dirk Fischer, August Hanz, Bernd Hinsken, Dr. Dionys Jobst, Karl-Heinz Lemmrich (Vorsitzender), Peter Milz, Gerhard O. Pfeffermann, Rudolf Seiters, Willi-Peter Sick und Günter Strassmeir,
von der SPD Max Amling, Robert Antretter, Lothar Curdt (stellv. Vorsitzender), Klaus Daubertshäuser, Freimut Duve, Ernst Haar, Lothar Ibrügger, Volkmar Kretkiwski, Kurt Leuschner, Günter Pauli, Günter Topmann und Manfred Wimmer
sowie von der FDP Klaus-Jürgen Hoffie, Rolf Merker und Dr. Horst-Ludwig Riemer.

## Vom Bundesverkehrsministerium (BMV) und von der Forschungsgesellschaft für das Straßenwesen e. V. vergebene Forschungsaufträge für den Bereich Fahrradverkehr

(aus der Anlage zum Bericht über Probleme des Fahrradverkehrs des BMV vom 30. 4. 80)
Die Forschungsgesellschaft ist ein eingetragener Verein von Planern und Tiefbauingenieuren, die Auftragsforschung teils selber durchführen, teils fürs Bundesverkehrsministerium koordinieren

1. Einsatzgrenzen für Radwege an zweispurigen Außenortsstraßen (Dr.-Ing. Klöckner) (BMV)
2. Untersuchung über die Beeinflussung des Verkehrsablaufs an städtischen Knotenpunkten mit Lichtsignalanlagen durch Fußgänger und Radfahrer (Dr.-Ing. Trapp) (BMV)
3. Ermittlung der zu erwartenden Nachfrage im Fahrradverkehr in Abhängigkeit vom Ausbau des Radwegenetzes (Prof. Teichgräber) (BMV)
4. Das Potential des Fahrrades als Verkehrsmittel im Außenortverkehr (Sozialdata München) (BMV)
5. Möglichkeiten und Grenzen für die Verlagerung von Kurzstreckenfahrten mit dem Pkw auf das Fahrrad (Büro Hoffmann/Schreiber) (Forschungsgesellschaft)
6. Untersuchung über die Tendenz der Gesamtentwicklung des Fahrradverkehrs (Dr.-Ing. Schubert) (1976) (BMV)

Atmosphärisch ist anzumerken, daß die Erforschungen von «Grenzen» (siehe 1 und 5) in der gegenwärtigen Situation etwas verwegen früh erscheint. Von entsprechenden Untersuchungen über «Grenzen» von Autobenutzung oder -Straßenbau hat man jedenfalls nie etwas gehört. Bleibt zu hoffen, daß hier nicht Argumente für Nichttätigwerden aufbereitet werden sollen.
Die Forschungsgesellschaft hat auch einen Arbeitsausschuß «Radverkehr und Fußgänger», der die Richtlinien für Radverkehrsanlagen verfaßt. Sie haben keinen Gesetzes- oder Verordnungscharakter, sondern stellen lediglich Empfehlungen dar. Sie sollen April 1981 erscheinen. Es liegen vor:

«Vorläufige Richtlinien für Radverkehrsanlagen», Köln 1963
«Hinweise für die Behandlung des Radverkehrs», Köln 1979

beide zu beziehen bei der Forschungsanstalt für das Straßenwesen, Maastrichter Straße 45, 5000 Köln. In der Einleitung zu den «Hinweisen» taucht ebenfalls bereits die «Grenze» auf: «Dabei ist allerdings zu berücksichtigen, daß dem Einsatz des Fahrrads natürliche Grenzen gesetzt sind, vor allem weil es in der Regel nur für Entfernungen bis 5 km und bei günstigen Witterungsbedingungen benutzt wird» – irgendwo richtig, aber Überdachung der Radwege wie in Stevenage oder Tilburg relativiert bereits eine der «Grenzen». Neu und positiv ist die Aussage: «Zunächst muß festgestellt werden, daß Planungsmaßnahmen für Radfahrer nicht allein auf Verkehrszählungen aufbauen dürfen, sondern daß hier intensive Angebotspolitik betrieben werden muß». Bisher galt für Radwegeplanung ja eher das Brückengleichnis: Man stelle sich an einen Fluß und zähle die den Fluß durchschwimmenden Personen. Zählt man genügend, kann die Brücke gebaut werden. Die Gruppe Radwegebau kommentiert die Hinweise noch folgendermaßen: «Man darf nur hoffen, daß sie (die Richtlinien) auch in Zukunft im Sinne des augenblicklich allseitigen Verpflichtungsgefühl, für den Radverkehr mehr tun zu müssen, gutwillig ausgelegt werden und darin von der Bürokratie nicht nach Anhaltspunkten gesucht wird, wie man sich im Einzelfall einer unbequemen Aufgabe entledigen kann»

Arbeitsgruppe Straßenentwurf.
Arbeitsausschuß: Anlagen des Fußgänger- und Radverkehrs.
Leiter: Dr.-Ing. Schubert, Hannover. Mitarbeiter: Baudir. Dipl.-Ing. Bartz, Berlin, Dipl.-Ing. Bertelmann, Hannover, Dipl.-Ing. Bittner, München, Baudir. Dr.-Ing. Groth, Hamburg (Baubehörde), H. Hoffmeister, Wupptertal (Gruppe Radwegebau), Dipl.-Ing. Hülsen, Köln, Prof. Dr.-Ing. Kirsch, Aachen (Inst. Stadtbauwesen RWTH), Dr.-Ing. Köhler, Hamburg, Dipl.-Ing. Linde, München, Dr.-Ing. Oeding, Geesthacht, Landschaftsarchitekt Parrandíer, Frankfurt, Dr. Ing. Pfundt, Köln (HUK-Verband e. V.), Dr.-Ing. Richard, Köln, Gewerbebaudir. Dr.-Ing. Schacht, Würzburg*, Min.-Rat Dipl.-Ing. Zinken, Düsseldorf.

Der Arbeitsausschuß kommt bisher offensichtlich ganz ohne Vertreter einer Velofahrerorganisation, z. B. des ADFC, aus – unschön!

* früher Leiter der «Zentralstelle für Radfahrwege», Berlin (1927–1945)

# Projekt: Bundesweiter Städtevergleich im Radwegbestand

Nachdem die Radwegestatistik der Gruppe Radwegebau nicht zwischen Radwegen oder Grüner-Plan-Feldwegen unterscheidet, können pfiffige Tiefbauleute ihre Kommune nach Belieben zur fahrradfreundlichen Stadt aufwerten, indem sie einen Verschnitt aus Rad- und Feldwegen nach Wuppertal melden. Da auch die vom Bundesverkehrsministerium angestrebte Radwege-Erhebung möglicherweise nicht die innerörtlichen Radwege enthält, fehlt immer noch die Information, nach der man die Fahrradfreundlichkeit einer Gemeinde beurteilen könnte. Hier ist es an der Zeit, einen guten Gedanken aus Schweden zu übernehmen, den der Stadtplaner Nils Rosén seit acht Jahren propagiert. Er publiziert jährlich eine Liste der fahrradfreundlichsten Kommunen, wobei er die Fahrradfreundlichkeit folgendermaßen berechnet:

$$FF = \frac{R + U + P}{E} \times 100$$

hierbei ist R die Kilometerzahl gesonderter Radwege, U die Zahl der Unter- oder Überführungen, P die Zahl der Parkmöglichkeiten (in Hunderten) und E die Einwohnerzahl in Tausenden. Beidseitige Radwege werden nur einfach gerechnet. Es spricht für das Wirken von Nils Rosén, daß seine Heimatstadt Västerås im letzten Jahr mit 332 Punkten auf den ersten Platz des schwedischen Städtevergleichs gerückt ist.
Die Ermittlung der Fahrradfreundlichkeit der eigenen Stadt ist ein Projekt, das sich je nach Größe der Stadt von einem einzelnen oder einer Gruppe an einem oder mehreren Wochenenden durchführen läßt. Was ist zu tun?

– Alle Radwege bis zur Gemeindegrenze sind abzufahren und ihre Länge in Kilometern zu messen. Falls es eine Radwegekarte gibt, ist sie eine große Hilfe, ersetzt aber nicht das Abfahren, da oft auch Fahrbahnen, die zusammen mit dem übrigen Verkehr benutzt werden müssen, markiert sind. Ist keine Radwegekarte da, bittet man das Tiefbauamt um Überlassung einer Lichtpause seiner Unterlage gegen Berechnung. Als Radwege zählen nur *gesonderte* Rad- und/oder Gehwege, die durch eines der blauen Schilder mit Fahrradsymbol oder durch ein Ausnahmeschild zum allgemeinen Verkehrsverbot (weiß mit rotem Rad) ausdrücklich für Radfahrer freigegeben sind. Seitenstreifen auf der Fahrbahn oder Feldwege ohne Beschilderung für Radfahrer, sowie Anliegerstraßen oder Einbahnstraßen, die von Radfahrern in Gegenrichtung befahren werden dürfen, zählen nicht, weil noch Mischverkehr möglich ist. Und wie gesagt, beidseitige Radwege nicht doppelt zählen, sondern einfach. Dadurch wird allerdings der Fall, daß nur für eine Fahrtrichtung ein Radweg existiert und für die Gegenrichtung nicht, etwas zu positiv bewertet. Feldwege ab Stadtrand (erkennbar an den Ortsschildern auf Straßen) sollte man nur einrechnen, wenn sie durchgehend beschildert auf kürzestem Wege zu einem Vorort führen. Sonst profilieren sich die Gemeinden ausschließlich mit ihren Grüner-Plan-Wegen.

– Bei der Zählung der Unter- oder Überführungen sollte man das Kriterium anlegen, ob sie ohne abzusteigen zu bewältigen sind. Eine rüstige Rentnerin auf einem Hollandrad ohne Schaltung müßte die vorhandenen Steigungen nehmen können, sonst haben die Unter- bzw. Überführungen ihren Sinn verfehlt und zählen nicht. Falls für Gegenverkehr eine besondere Unterführung existiert, sollte man auch hier nur einfach zählen. Die vorgeschlagene Zählweise beinhaltet die Annahme, daß die Unterführung soviel kostet wie ein Radwegkilometer – vielleicht vertretbar, weil die Unterführung oft nur Teil einer größeren Straßenbaumaßnahme ist.

– Bei den Fahrradständern zählt man die Zahl der abstellbaren Fahrräder – mit Ausnahme vielleicht der gedankenlos aufgestellten Rillenplatten, an die das Rad nicht angeschlossen werden kann. 100 Stehplätze sind nach der vorgeschlagenen Zählweise einem Radwegkilometer gleichwertig.

– Die Einwohnerzahl der Gemeinde (nebst Vororten) erfährt man bei ihrem Statistikamt (meist Einwohner- und Standesamt)

Wichtig ist, daß das Meßfahrrad seriös mißt. Am besten geht das mit einem Tachometer mit Kilometerstand, wobei man den Tachoantrieb abschraubt, wenn ein Radwegstück zu Ende ist, und erst wieder zu Beginn des nächsten anschraubt. Der Kilometerstand addiert so die tatsächlichen Radwegkilometer. Der Kilometerzähler «Multito» von Huret hat gar einen Tageskilometerzähler, doch empfiehlt sich für genaues Messen auch dort lieber den Riemen ab- und aufzuwerfen. Zuvor eicht man die Kilometeranzeige, z. B. über fünf Straßenkilometer. Ist die Anzeige dann 4,8 km, muß man von der Endanzeige 96 Prozent nehmen, um den wirklichen Kilometerstand zu erhalten. Das Resultat FF, die Fahrradfreundlichkeit der eigenen Stadt, hält man, zusammen mit der Geschichte des Zustandekommens, in einer Pressemitteilung fest. Kopien davon gehen an die
- lokale Zeitung(en)
- regionale Zeitung(en)
- fahrradfreundliche Gemeinderäte und/oder Fraktionsvorsitzende
- Ersten Bürgermeister, Baubürgermeister und Tiefbauamt
- ADFC-Bundesgeschäftsstelle, Fedelhören 18, 2800 Bremen 1, wichtig für den bundesweiten Vergleich
- die Pressestelle des Verkehrsministers des jeweiligen Bundeslandes

## Besucher unter Messeschock

Durch Rahmenprogramme des Umweltbundesamts kamen zur IFMA 1980 viele Fahrradinteressierte nach Köln. Hier ein Bericht des Bundesverbands der Bürgerinitiativen Umweltschutz e. V., der allerdings richtiger an die Zweirad-Gesellschaft mbH, Gartenstraße 2, 6232 Bad Soden, hätte adressiert werden müssen. Die Messe- und Ausstellungs-GmbH in Köln hat auf die Ausgestaltung der Messe kaum Einfluß.

**Betr.: Internationale Fahrrad und Motorrad Ausstellung 1980**

Sehr geehrte Damen und Herren,
im Rahmen des Forums «Fahrrad und Umwelt» hat sich der Bundesverband Bürgerinitiativen Umweltschutz (BBU) dieses Jahr erstmals an der IFMA beteiligt. Zusammen mit den Grünen Radlern im BBU haben wir einen Stand besetzt und an den Veranstaltungen des Forums teilgenommen.
Wir möchten uns hiermit bei Ihnen nochmals sehr bedanken für die Unterstützung unserer Veranstaltungen durch die Messe GmbH und die gute Vorbereitung des Forums!
Es war für viele aktive Fahrradfahrer ein Erlebnis an der IFMA teilzunehmen – im positiven Sinne ebenso wie im negativen. Positiv war das breite Angebot an Fahrrädern aus vielen Ländern, die Informationsveranstaltungen und die Möglichkeiten zum Gedanken- und Informationsaustausch.
Als negativ empfanden wir die Mischung von Morrad und Fahrrad und die sich daraus ergebenden Folgen. Unseren Beobachtungen nach gibt es zwischen aktiven Motorradfahrern und aktiven Fahrradfahrern so gut wie keine gemeinsamen Interessen, kaum gemeinsame Probleme und auch sonst wenige Berührungspunkte. Im Gegenteil – einen krasseren Widerspruch als den zwischen einem Lederanzug-Motorradfahrer und einem bewußt und engagiert lebenden Fahrradfahrer kann man sich kaum vorstellen. Das haben auch zahlreiche Gespräche und Beobachtungen am Stand gezeigt.
Dies wäre grundsätzlich noch nicht besonder schlimm, wenn nicht dazukäme, daß die Prioritäten eindeutig beim Motorrad und nicht beim Fahrrad liegen. Die Messe wird beherrscht und fast erdrückt vom Motorrad – als Fahrradfahrer fühlt man sich manchmal fast als allenfalls geduldeter Gast eines Spektakels, das letztendlich den hohen, chromblitzenden Geschwindigkeiten gilt. Einige Begleitumstände haben diesen Eindruck bei uns noch verstärkt: wir haben z. B. keinen Fahrradständer beim Messegelände gefunden – dafür jedoch einen riesig bewachten Motorradparkplatz. Meine mehrmaligen Versuche, mit dem Fahrrad zur Messe zu kommen, waren eigentlich mehr Selbstmordversuche als eine akzeptable Art der Fortbewegung. Die Polizei hat sich einzig um Motorräder gekümmert – Fußgänger und Fahrradfahrer mußten sich ihren Weg selbst auf der Straße suchen (Gehwege waren bis auf wenige Ausnahmen sowieso zugeparkt).
Da wir einerseits auf der IFMA die Notwendigkeit und die Vorteile einer Fahrradausstellung gesehen haben, andererseits jedoch die jetzige Organisationsform nicht für optimal halten, möchten wir folgende Vorschläge machen:
1) Zukünftig wird Motorrad- und Fahrradmesse getrennt, die Fahrradausstel-

lung wird sich dann in kurzer Zeit zur größten und wichtigsten Fahrradmesse der Welt entwickeln.

2) Bei einer solchen Fahrradmesse wird das Forum «Fahrrad und Umwelt» weiterentwickelt und ausgebaut.

3) In die Fahrradmesse werden weitere «Randbereiche» des Fahrrads aufgenommen, z. B. wesentlich mehr Zubehör, Fahrradständer, Schließfächer für Fahrradfahrer etc; Planungskonzepte werden vorgestellt und verglichen; Fahrradfreundliche Städte stellen sich vor etc.

Wir sind sicher, daß alle diese Maßnahmen zu einem wesentlichen Zuwachs an fahrradinteressierten Messebesuchern führen wird. Wir jedenfalls würden für eine solche Messe im großen Rahmen werben und uns sehr gerne aktiv an der Vorbereitung beteiligen!

Nochmals meinen besten Dank und die Hoffnung, daß Sie uns bald und positiv auf unsere Vorschläge antworten werden.

Der Allgemeine Deutsche Fahrrad-Club (ADFC) will sich des Diebstahlproblems annehmen: Ein zentraler Fahndungs-Computer wird mit den Fahrrad-Daten der Mitglieder gefüttert, so daß die Besitzer gestohlener Fahrräder schnell ausfindig gemacht werden können.
Foto: Renate Lessing.

Die Landesverkehrswacht Baden-Württemberg stellte eine Wanderausstellung für die Schulen über Fahrrad- und Motorradsicherheit zusammen. Das futuristische Poster werden die Schüler zu Hause aufhängen und dadurch stets die Reparaturanleitungen für Felgenbremsen und Lichtanlage vor Augen haben. Fotos: Renate Lessing.

Tilburg in Holland
Hier macht das Radfahren in der Stadt Spaß

Die quer durch Tilburg führende Fahrradstraße ist 16 Kilometer lang; ansonsten ist nur Anliegerverkehr zugelassen. Das zentrale Parkhaus liegt direkt an der Straße und einem Einkaufszentrum gegenüber.

Trockene Abstellmöglichkeiten für einige hundert Fahrräder bietet die Überdachung des zentralen Parkhauses.

Parkende Velofahrer haben es näher zum Einkaufen als parkende Autofahrer.

Die Fahrradstraße in der Innenstadt ist für Motorräder ganz gesperrt. Die Polizei fährt Rad.

An den meisten Kreuzungen der Fahrradstraße haben die Velofahrer Vorfahrt.

An dieser ampelgeregelten Kreuzung gibt eine in die Fahrradstraße eingelegte Drahtschleife induktiv den Velofahrern grünes Licht.

Zur Verlangsamung sind für den kreuzenden Autoverkehr Holperschwellen eingebaut.

Die Teerrinne zeigt die Lage der Drahtschleife. Sie ist allerdings so dicht bei der Ampel, daß bis zum Grünwerden doch noch angehalten werden muß.

Hier verläuft die Tilburger Trasse als reiner Radweg, der demnächst überdacht werden soll.

Direkt an der Fahrradstraße gelegen: Reparaturwerkstätte einer Fahrradinitiative.

Für Autos ist die Fahrradstraße als Einbahnstraße ausgeschildert, die aber von den Velofahrern in Gegenrichtung befahren werden kann.

Außerhalb der Innenstadt Radweg mit getrennten Fahrbahnen und eigener Beleuchtung.

Zusätzlich zur Fahrradstraße wurden in ganz Tilburg Parkmöglichkeiten für Fahrräder geschaffen. Auch von privater Seite ...

... ausgiebig Radstreifen markiert ...

... und Katzenkopfpflaster entschärft. Alle Fotos: Renate Lessing.

Stevenage – die vorbildliche Retortenstadt bei London: Fahrrad- und Fußgängerverkehr auf tieferer Ebene ohne halsbrecherische Steigungen oder düstere Unterführungen, Autoverkehr auf erhöhten Trassen mit der für England typischen Vorfahrtsregelung durch Kreisverkehr.

Klein-Stevenage in Ulm – eine Bundesstraßen-Kreuzung wurde großzügig angelegt, da hier nicht die Stadt, sondern der Bund zahlt. Allerdings wurde die Autotrasse nicht erhöht, so daß recht steile Abfahrten in die undurchsichtigen Unterführungen entstanden. Foto: Renate Lessing.

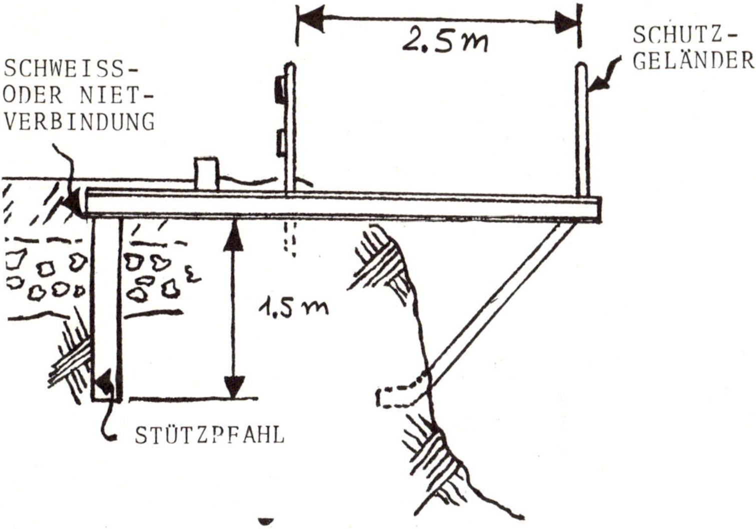


Bau eines Radwegs überm Flußufer – oft die einzige Möglichkeit, zusätzlich Raum zu schaffen. Bild: UBDC

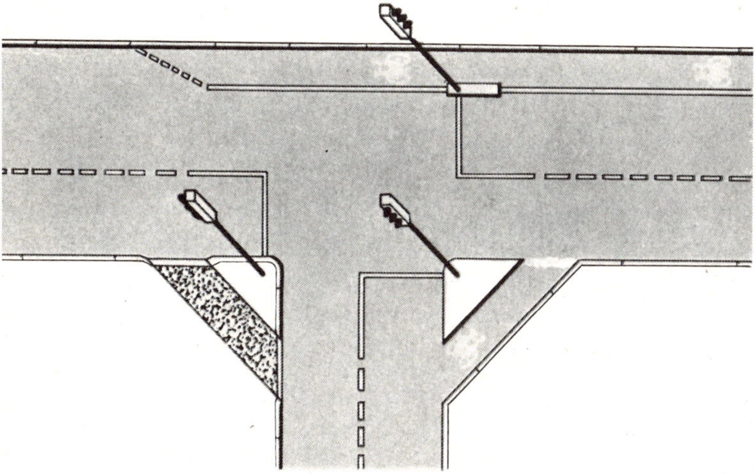

Eine für schnelle Durchfahrt der Velofahrer optimierte T-Kreuzung. Der Radstreifen (oben) hat ständig Durchfahrt. Furten (unten) lassen Rechtsabbieger auch bei roter Ampel durch. Mit Rücksicht auf die Fußgänger können durch einen Holperbelag die Velofahrer zum Langsamfahren angehalten werden (unten links). Bild: Mike Hudson.

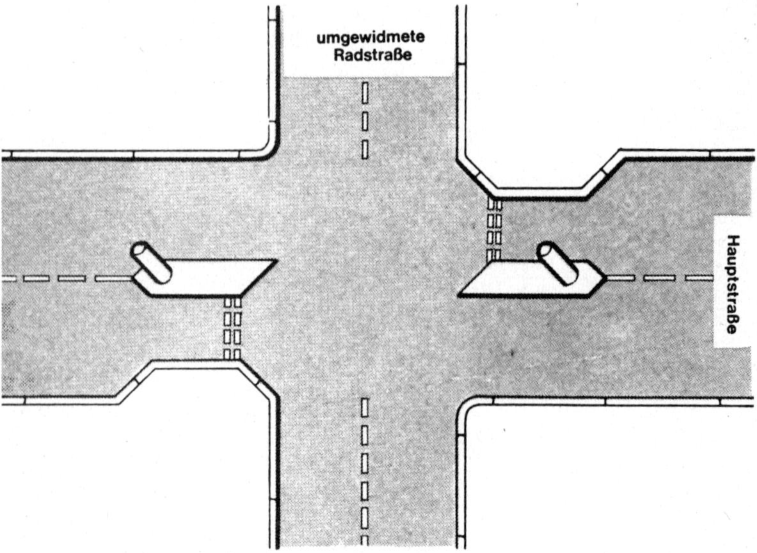
umgewidmete
Radstraße
Hauptstraße

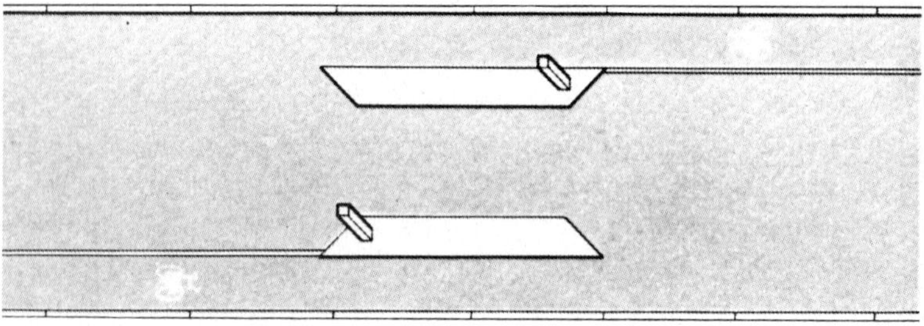

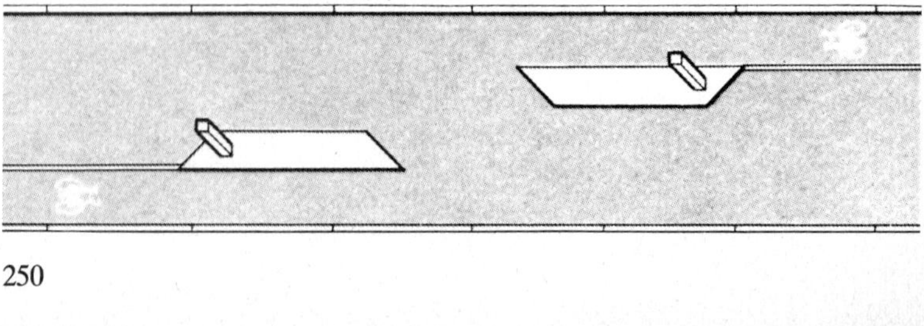

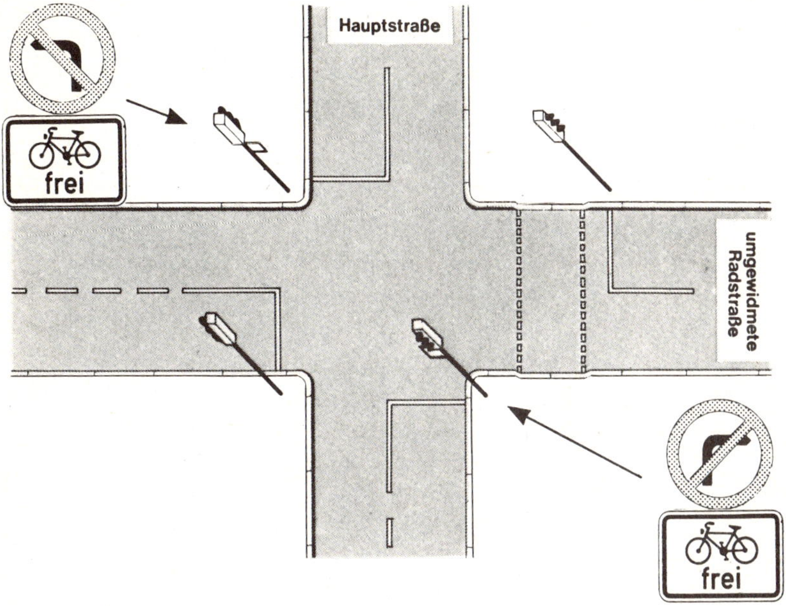


Kreuzung einer Radfahrerstraße mit einer Hauptstraße. Werden die Ampeln durch Schleifen in der Radstraße nur induktiv geschaltet, ist die Beeinträchtigung der Verkehrskapazität der Hauptstraße minimal. Zur Verkehrsberuhigung werden nur Linksabbieger in die Radfahrerstraße zugelassen. Bild: Mike Hudson.

◀ Das britische Straßenverkehrsgesetz sieht die Möglichkeit der Straßenverengung vor, um den Fahrzeugverkehr zu verlangsamen: Vor einer Kreuzung (oben) oder durch Inseln (unten) oder zur Entmutigung von Fernlastzügen (ganz unten).

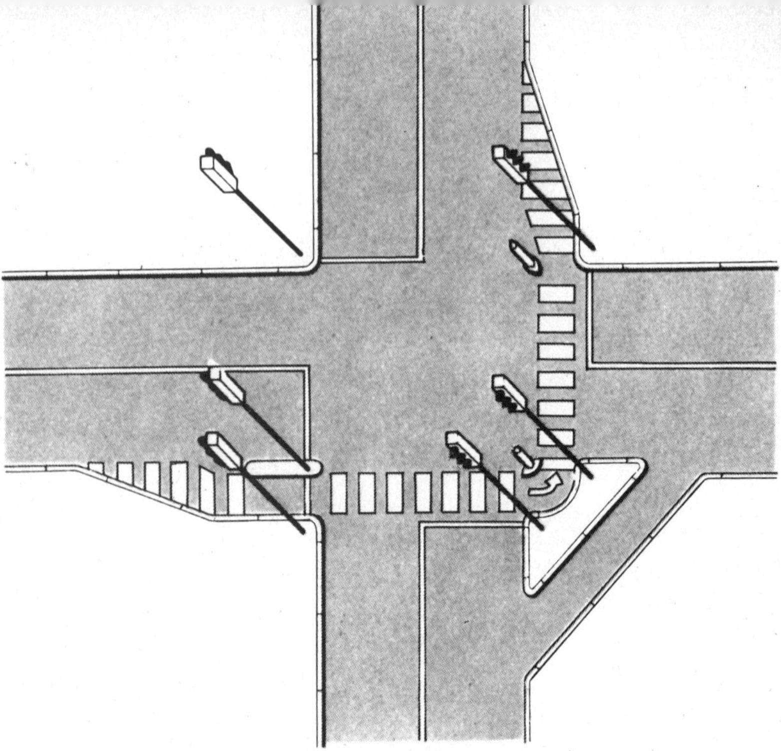

Das schwedische Parlament hat 1973 ein Radwegbau-Handbuch initiiert, das unter anderem auch das Linksabbiegen à la Fußgänger alternativ empfiehlt. Mittels Zebrastreifen werden die vorgesehenen Bahnen markiert und mittels eigener Fahrradampeln geregelt. Unten auch eine Furt für ampelfreies Rechtsabbiegen. Bild: Mike Hudson.

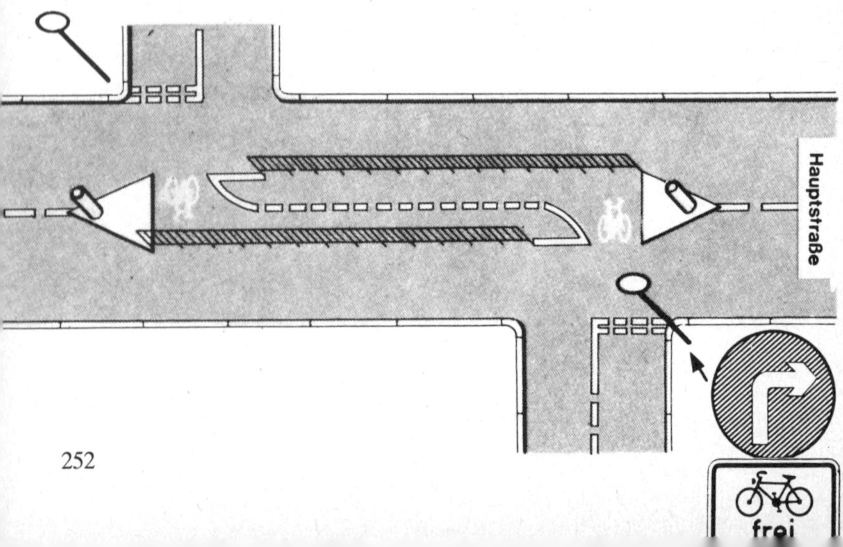

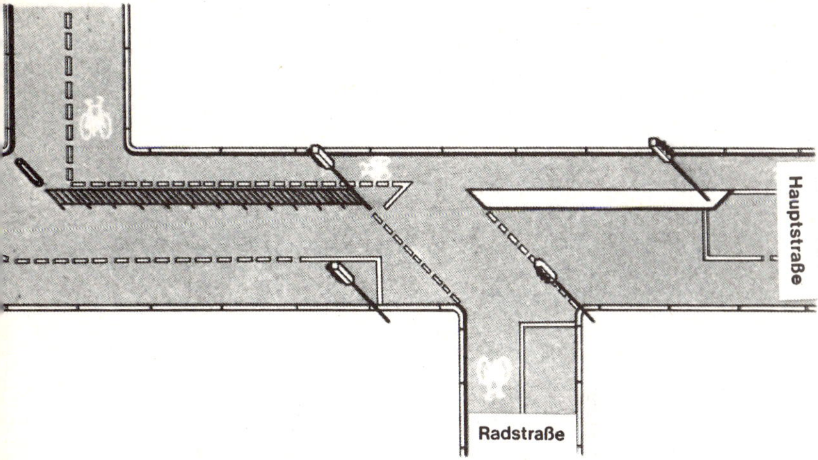


Andere Radweg-Gatter-Lösung bei der versetzten Kreuzung einer Radfahrerstraße mit einer Hauptstraße, die einseitig noch einen Radstreifen hat. Je zwei Ampeln regeln den Verkehr auf der Radstraße und auf der Hauptstraße. Bild: Mike Hudson.

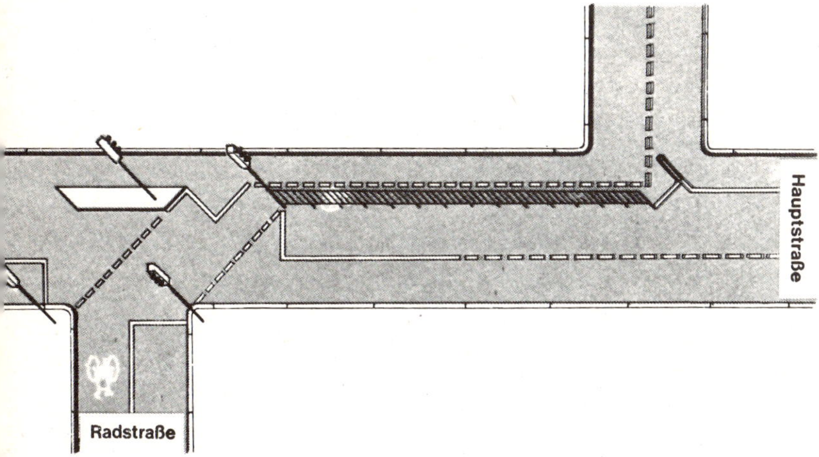


◀ Vorbildliche Lösung einer versetzten Kreuzung durch ein Radweg-Gatter in Straßenmitte. Selbst Hauptstraßen mit stärkerem Verkehr können so in zwei Schritten überquert werden und häufig bereits vorhandene Fahrbahnteiler genutzt werden. Bild: Mike Hudson.

LANDESHAUPTSTADT MAINZ
STADTVERWALTUNG

Sehr verehrter Verkehrsteilnehmer!

**Durch das Abstellen Ihres Kraftfahrzeuges auf dem Geh- bzw. Radweg behindern Sie andere Verkehrsteilnehmer.**

Dies wird normalerweise als Ordnungswidrigkeit geahndet.

**Bitte tragen auch Sie in Zukunft durch ein diszipliniertes Verhalten gegenüber den Radfahrern und Fußgängern zu einem besseren gegenseitigen Verständnis bei.**

Ihre

**Stadtverwaltung Mainz**

**- Der Beauftragte für Belange der Fußgänger und Radfahrer**
Amt für Verkehrswesen
Zitadelle Bau B, Zi. 128
6500 Mainz 1
Telefon: 12/2909

Der erste Fahrradbeauftragte einer bundesdeutschen Stadt ist der Verkehrsingenieur Gunter Rebahl in Mainz. Zusammen mit der Bauzeichnerin Monika Cezanne plant und koordiniert er im Amt für Verkehrswesen alle Fahrradangelegenheiten, macht Umfragen, fährt Radwege ab und ermahnt Falschparker auf Radwegen erst mal mit einem freundlichen «Denkzettel». Inzwischen hat auch Wilhelmshaven einen behördlichen Fahrradbeauftragten.

Paulus
Kirche
Frauenstr.
Keplerstr.
Karlstr.
Roth str.
Schaffnerstr.
Karl-Schefold-Str.
Schaffner str.
Karlsplatz
Syrlinstr.
Boden str.
Ensingerstr.

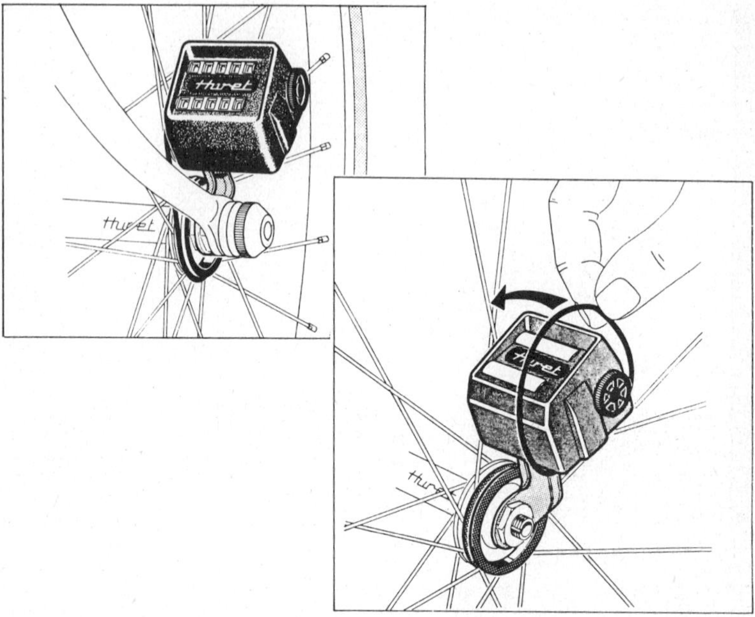


Für die Vermessung der Radwegekilometer einer Gemeinde besonders geeignet: geräuschloser Kilometerzähler «Multito» von Huret mit Tageskilometerzähler, 29,– DM. Entweder man stellt vor jedem Radwegstück auf Null, liest am Ende ab und notiert, oder man legt nur auf Radwegen den Riemen auf und erhält so gleich die Summe. Der kleinere Durchmesser der Stufenscheibe ist für 650er, der größere für 675er und 700er Räder – also muß man eichen.

Festigkeitsprüfung eines Rahmens in Inuyama. Foto: JBPI ▶

Vorhergehende Seite:
Viele Radwegkonzepte existieren nur im Hinterkopf der Planer, sind also in der Stadtlandschaft absolut unauffindbar. Zusätzliche Wegweis-Schilder und ein Radwegeplan müssen dem Konzept dann zum Leben verhelfen. Auch für Nichtgeübte gut lesbar sind die Bollmann-Bildkarten der Innenstädte, in die die Fahrrad-Infrastruktur durch Raster und Schraffierungen übertragen wird. (Gesamtverzeichnis: Bollmann-Bildkarten-Verlag KG, Postfach 1526, 3300 Braunschweig)

Japanisches Fahrradtechnik-Zentrum in Inuyama. 65 Wissenschaftler und Techniker machen von der Grundlagenforschung, über Teile – und Fertigungsanlagenentwicklung bis zur Pilotproduktion alles, was den Vorsprung der japanischen Fahrradindustrie sichert. Foto: JBPI

Japan hat zwei Radsport-Zentren (abgebildet das bei Shuzenji) – kostenlose Attraktion für ganze Familien. Geboten werden: 5 km-Ring, 400 m-Pisten, 1 km-Rundkurs für Anfänger, Schwimmbäder und der Verleih von Fahrrad-Sonderkonstruktionen. Foto: JBPI

Eins der neunzehn «Velotels» der Japan Bicycle Road Development Association, Servicestationen mit Fahrradverleih und Familienunterkünften. In diesem hier in Koromogawa können 102 Personen für 15,– DM pro Nacht übernachten; 145 Leihfahrräder stehen zur Verfügung. Geplant ist ein Netz von insgesamt 50 solcher Stationen in 100 Kilometer Abstand. Foto: JBPI

Fahrradüberdachung D 570 der E. Vogel GmbH, Postfach 4180, 5912. Hilchenbach 4. Die Firma hat ein großes Programm von Fahrradparkern.

Die Parkrosette FS 3040 für 20 Fahrräder braucht freien Platz von 5,10 Meter Durchmesser. Johannes Melzer KG, Postfach 150008, 4000 Düsseldorf 15

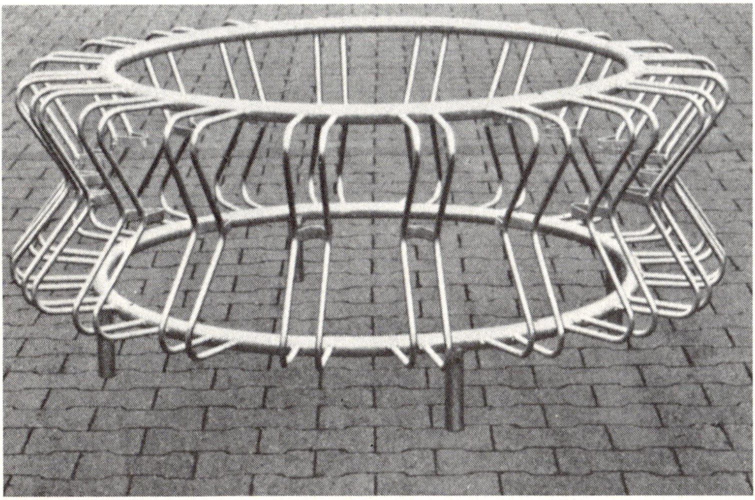

Im BAYER-Werk in Leverkusen sind 6414 Werksfahrräder auf dem Gelände, Sonderkonstruktion mit Doppelstangen, Mantelschoner und Fahrzeugnummer. Sie kosten das Werk 200,– DM Anschaffung sowie jährlich 53,– DM Unterhalt. Rote Fahrräder dürfen das Werksgelände nicht verlassen; auf solchen mit gelbem Unterrohr kann man nach Hause fahren. 1750 Pendler haben Sondergenehmigung, ihre Privatfahrräder aufs Gelände zu nehmen; dazu kommen noch 500 Pendler der Baufirmen auf dem Werksgelände.

Rechts oben:
Werkseigene Überwachungsplakette bei Bayer, Wiedervorführung in zwei Jahren. Ein rotes Rad kann vom Akademiker bis zum Auszubildenden jeder beanspruchen, dessen Abteilungsleiter die Notwendigkeit nachweist. Hier eins mit gelbem Unterrohr, mit dem das Werksgelände verlassen werden darf. Foto: Bayer.

Rechts unten:
Die Bayer-Werksfahrräder werden in einer eigenen Fahrradwerkstatt oder in mobilen Werkstattwagen repariert. Hier eine Sammelstelle. Foto: Bayer.

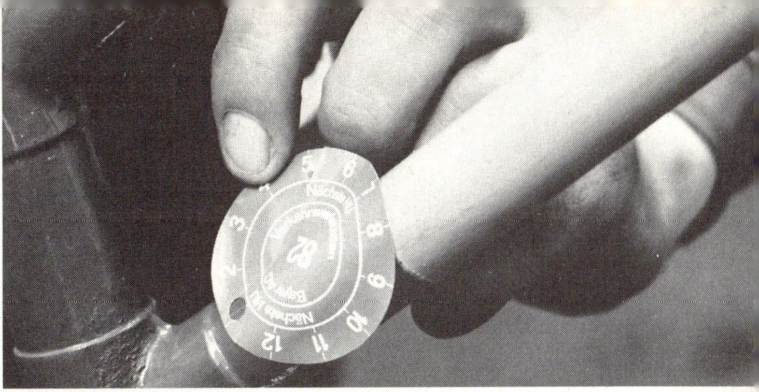

Reparatur-
Sammelstelle
für
Werksfahrräder
Geb. K 9 Ost

028
EIGENTUM DER STADT BREMEN
1.) Benutzung frei zwischen
Bürgerweide und Innenstadt
(Bereich zwischen Wallanlagen und Weser)
über Bahnhof – Herdentor oder
über Bahnhof – Bgm.-Smidt-Str.
2.) Benutzung nur durch Erwachsene auf
eigene Gefahr.
Vor Antritt jeder Fahrt bitte
Verkehrs- und Betriebsicherheit prüfen.
Besonders
Bremsen (2)
Scheinwerfer
Bereifung
Rückleuchte
Glocke
Radbefestigung

Fotos: Hinte

Wenn's beim Händler hängt, ein bißchen zu durchsichtig, etwa so wie bei dem Stuttgarter Pianotransport, der auf seine Wagen «Treibt Hausmusik» schreibt.

Erste Zeichen einer Annäherung an den Fahrrad-Käufer: Aufkleber von Johannes Lehmkuhl, Großhändler in Oldenburg (links) und von den Kalkhoff-Werken, dem größten deutschen ausschließlich Fahrräder herstellenden Fabrikanten.

Negativwerbung an die Adresse des Fahrradhändlers: Auch bei den Vollidioten unter seinen Kunden soll er sich vor Regreßansprüchen sicher fühlen. Die Plakatserie ist ein Renner in den Werkstätten der Autobranche, weil sie so ein herrliches Überlegenheitsgefühl vermittelt. Fotos: Renate Lessing.

# Bilder aus dem Straßenleben

Die Velofahrer-Perspektive ähnelt in vielen Städten beängstigend der Froschperspektive. Je nach Tageszeit dominieren im Straßenbild Erwachsene mit vollbeladenen Velos oder Jugendliche auf dem Schulweg. Es soll Leute geben, die ihr ganzes Leben lang nie Augenzeuge eines Fahrradunfalls wurden.

Fotos
Unfallbilder: Verkehrsamt Ulm,
alle übrigen: Renate Lessing.

UL-HW

## Versicherung

**Unfall durch Radfahrerin**

ESSLINGEN. Eine achtjährige Radfahrerin hat in der Hindenburgstraße in Esslingen, wie die Polizei ermittelte, einen folgenschweren Unfall verursacht. Weil das Mädchen mit ihrem Zweirad plötzlich auf die Fahrbahn geriet, mußte ein in Richtung Esslingen fahrender Autofahrer scharf abbremsen. Dabei stieß er mit einem entgegenkommenden Personenwagen zusammen. Während die beiden Autofahrer verletzt wurden, kam die gestürzte Achtjährige ohne Blessuren davon. An den beiden beteiligten Fahrzeugen entstand ein Sachschaden in Höhe von 10000 Mark.

Noch sind Fahrräder in der verbundenen Hausratsversicherung und der Privathaftpflichtversicherung automatisch eingeschlossen. Die Mitversicherung gegen Diebstahl gilt von 22 Uhr bis 6 Uhr allerdings nur für Einbruchdiebstahl (Nachweis durch aufgebrochenes Türschloß) und bis zu einer Höchstentschädigung von 500 DM pro Fahrrad. Zwischen 22 Uhr und 6 Uhr sollte man also ein Fahrrad im Keller oder sonstwo einschließen. Sonst genügt, wenn es in verkehrsüblicher Weise durch ein Schloß gesichert ist.

Der Allgemeine Deutsche Fahrrad-Club e. V. (ADFC) bietet seinen Mitgliedern die gebündelte «Gothaer Fahrradversicherung» an, einen speziell auf die Interessen der Velofahrer zugeschnittenen Versicherungsschutz:

a. **Fahrradkaskoversicherung:** Zerstörung, Beschädigung, Verlust des Fahrrads sowie der Bestand- und Zubehörteile durch Diebstahl, Einbruchdiebstahl, Raub, Unterschlagung, Verwechslung, unbefugte Benutzung, mut- und böswillige Handlungen Dritter, Unfälle. Entschädigt werden Reparaturkosten bzw. Neuwert abzüglich Selbstbeteiligung des Versicherungsnehmers von 10% des Schadens, mindestens 30 DM. Fahrrad muß im Freien abgeschlossen sein, nach beendetem Gebrauch in verschlossenem Raum untergebracht sein.

b. **Haftpflichtversicherung** für den berechtigten Fahrer bis zur Versicherungssumme von 1 Million DM.

c. **Unfallversicherung** für den berechtigten Fahrer mit 5000 DM Kapital im Todesfall, 25000 DM Kapital bei Dauervollinvalidität, Krankenhaustagegeld 10 DM.

d. **Rechtsschutzversicherung** für den berechtigten Fahrer bis zur Versicherungssumme von 50000 DM, umfassend Zivilrechtschutz, Strafrechtsschutz, Vertragsrechtsschutz für Streitigkeiten aus Verträgen im Zusammenhang mit dem Fahrrad.

Diese Versicherung wird durch den ADFC für seine Mitglieder vermittelt. Wer ausführlicher informiert werden möchte – auch über Mitgliedschaft im ADFC, das Fahrradregister usw., wende sich an den ADFC, Postfach 107744, 2800 Bremen 0421/35656.

Manche Zweirandhändler vermitteln die Rafadi-Radschutzversicherung der Radschutz AG, Herzog-Garibald-Str. 17, 8000 München 90. Es handelt sich um eine Diebstahlversicherung.

FIAT

Verkehrs-
Beruhigung

# Anhang

## Händlerverzeichnis

«Nicht alle Fahrradhändler und -mechaniker geben sich beim Verkauf der Räder die Mühe, dem Kunden wirklich erstklassige und für ihn besonders geeignete Ware anzubieten, sondern sie verkaufen vielmehr, was gerade am Lager ist ... Es ist darum vorteilhaft, von solchen Händlern zu kaufen, die einem Radfahrklub angehören und schon darum Vertrauen verdienen.» (Ing. Otto Lüders «Der Radfahrsport», Ullstein, Berlin, 1925)

Solange der ADFC kein Händlerverzeichnis zusammengestellt hat, muß hier auf das VDZ-Wartungs- und Reparatur-Verzeichnis des Händlerverbands zurückgegriffen werden: Ein bei einer eingetragenen Firma gekauftes Fahrrad wird von allen anderen Firmen des Verzeichnisses repariert. Die Tatsache, daß die Eintragung 150 Mark kostet, läßt positive Rückschlüsse auf die Fahrradfreundlichkeit der eingetragenen Zweiradhändler zu.

## VDZ-<br>Wartungs- und Reparatur-Verzeichnis (III)

«Das dritte, erweiterte Wartungs- und Reparatur-Verzeichnis legt der Verband des Deutschen Zweiradhandels (VDZ) vor. Es ermöglicht den aufgeführten Firmen, ihre Fahrradkunden an Kollegenbetriebe zu verweisen, die an anderen Plätzen der Bundesrepublik und in West-Berlin den gleichen Kundendienst wie sie selbst übernehmen. Die genannten Firmen haben sich gegenüber dem VDZ schriftlich verpflichtet, alle Fahrräder ordnungsgemäß zu warten und zu reparieren, die bei auswärtigen Kollegen gekauft wurden.»

**Orte mit ihren VDZ-Wartungsdiensten in alphabetischer Folge**

| | |
|---|---|
| **8450 Amberg** | asb hobby + sport im DEZ<br>Fuggerstraße 4, Tel. (09621) 12095 |

| | |
|---|---|
| **8450 Amberg** | Zweirad-Center Peter Stadler<br>Am Vilstor 8 + 11<br>Tel. (09621) 15506 |
| **8750 Aschaffenburg** | Zweirad-Heeg<br>Goldbacher Straße 15<br>Tel. (06021) 22517 |
| **8058 Aufhausen/Erding** | asb hobby + sport im Sempt-Markt<br>Pretzener Straße 10, Tel. (08122) 3822 |
| **2960 Aurich 1 (Ostfriesland)** | Zweirad-Thedinga<br>Lilienstraße 4, Postfach 1804<br>Tel. (04941) 2270 |
| **5920 Bad Berleburg 4** | Hans Altensen<br>Berghausen, Tel. (02751) 5815 |
| **6380 Bad Homburg v.d.H.** | Fahrrad-Diehl<br>Haingasse 8, Tel. (06172) 26305 |
| **8740 Bad Neustadt** | Georg Raab, Inh. Alfred Raab<br>Hohnstraße 29, Postfach 1553<br>Tel. (09771) 2570 |
| **3423 Bad Sachsa** | Arnulf Eisnach<br>Uffeplatz 3, Postfach 1129<br>Tel. (05523) 2157 |
| **2407 Bad Schwartau** | Reinhard Westphal<br>Rantzauallee 25, Tel. (0451) 21272 |
| **2072 Bargteheide** | Julius Reeck (Inh. K. Reeck)<br>Hamburger Straße 2, Postfach 1141<br>Tel. (04532) 6076 |
| **8580 Bayreuth** | Heinrich Hensel KG. Inh. Weidner<br>Maxstraße 17, Tel. (0921) 64944 |
| **1000 Berlin 12** | Fahrradhaus Otto Klein<br>Bismarckstr. 62, Tel. (030) 3413204 |
| **1000 Berlin 20** | Fahrradhaus Otto Klein<br>Moritzstraße 24, Tel. (030) 3333107 |
| **1000 Berlin 21** | Fahrradhaus Resi-Rad-Sport<br>Joachim Gnilka<br>Turmstraße 25, Tel. (030) 3945706 |
| **1000 Berlin 44** | Zweirad-Center<br>Karl-Marx-Straße 48<br>Tel. (030) 6241657 |
| **4800 Bielefeld 1** | Motorrad-Bangert<br>Detmolder Straße 401–403<br>Tel. (0521) 23651 |
| **5520 Bitburg** | Zweirad Schmitt, Inh. M. Gstöttner<br>Hauptstraße 36, Postfach 76<br>Tel. (06561) 2876 |
| **4290 Bocholt** | Paul Rose KG<br>Ostwall 8–12, Postfach 291<br>Tel. (02871) 12934 |
| **4630 Bochum 6** | Johannes Kretzer<br>Hochstraße 46, Tel. (0234) 81303 |
| **2081 Bönningstedt** | Erwin Lahn<br>Kieler Straße 82, Tel. (040) 5566284 |
| **5300 Bonn** | Gottfried Heinen<br>Maxstraße 49, Tel. (02221) 652703 |

| | |
|---|---|
| **4250 Bottrop** | Johann Beelert<br>Bogenstraße 15, Tel. (02041) 20532 |
| **2880 Brake (Utw.)** | Mech.-Meister Erwin Lahn<br>Golzwarder Straße 70<br>Tel. (04401) 4244 |
| **3492 Brakel, Kr. Höxter** | J. Herdemerten OHG<br>Ostheimer Straße 26<br>Tel. (05272) 471 |
| **3300 Braunschweig** | Zweirad-Center R. Hahne KG<br>Verkauf und Büro: Casparistraße 12<br>Werkstatt: Wendenstraße 58<br>Tel. (0531) 44339 |
| **3300 Braunschweig** | Zweirad-Päschke, Dieter Päschke<br>Celler Straße 124 a |
| **2800 Bremen 1** | Rafa-Haus, Manfred Block<br>Fehrfeld 62, Tel. (0421) 76954 |
| **2800 Bremen 21** | Dutschke Zweirad-Center<br>Lindenhofstr. 7–11, Postfach 210145<br>Tel. (0421) 611556 |
| **5040 Brühl** | Günther und Erich Tondorf<br>Markt 21, Tel. (02232) 42663 |
| **8872 Burgau** | asb Auto-Service-Zweirad<br>Dieselstraße 1, Tel. (08222) 1054 |
| **3167 Burgdorf (H)** | Zweirad-Center Schiwy, Inh. Erich Kelb<br>Schmiedestraße 48, Tel. (05136) 5749 |
| **8263 Burghausen (Obb.)** | Fahrrad Hitzler Hans Hitzler<br>Marktler Str. 27, Tel. (08677) 4673 |
| **8731 Burkardroth** | Anton Kaiser, Zweiradfahrzeuge<br>Obere Marktstr. 23, Tel. (09734) 256 |
| **5244 Daaden (Sieg)** | Zweiradhaus Herbert Kämpflein OHG<br>Mittelstraße 47, Tel. (02743) 2276 |
| **4354 Datteln** | Ernst Heinen<br>Castroper Str. – Ecke Südring<br>Tel. (02363) 4433 |
| **8360 Deggendorf** | Zweirad Salmannsberger<br>Pferdemarkt 18, Tel. (0991) 6773 |
| **2840 Diepholz 1** | Zweirad Schottler<br>Hindenburgstraße 2<br>Tel. (05441) 3405 |
| **7710 Donaueschingen** | Fahrrad- und Nähmaschinen-Haus<br>Peter Hermann<br>Käferstraße 12, Tel. (0771) 2427 |
| **4600 Dortmund 1** | Noll<br>Münsterstr. 72, Tel. (0231) 812977 |
| **4600 Dortmund** | Schulte-Braucks, Inh. H. Mönnich<br>Siegburgstraße 17, Ammerstraße 68<br>Tel. (0231) 339668 |
| **4600 Dortmund-Aplerbeck** | Hermann Sors<br>Köln-Berliner Straße 6–8<br>Tel. (0231) 455229 |
| **5160 Düren** | Peter Schuster<br>Josef-Schregel-Straße 7, Postfach 316<br>Tel. (02421) 15132 |

**5160 Düren**
2-RAD Center Jäger & Gothe
Kölnstraße 41, Postfach 303
Tel. (02421) 14192

**4000 Düsseldorf**
Weishaupt Autobedarf
Fürstenwall 210–212, Postfach 8512
Tel. (0211) 371073

**4100 Duisburg-Homberg**
Wilhelm Adams
Inh. Wilma Sattler
Kirchstraße 151, Tel. (02136) 33340

**4100 Duisburg 11**
Fahrrad Eliab, Inh. Hanns Kuttler
Weseler Str. 113, Tel. (0203) 400694

**4100 Duisburg 1**
Fahrradhaus Hartmann
Inh. H. Husemann
Ruhrorter Straße 103
Tel. (0203) 311121

**4100 Duisburg 14 (Rheinhausen)**
Zweiradhaus A. Hessels
Bertastr. 1–3, Tel. (02135) 72221

**4100 Duisburg-Buchholz**
Zweiradhaus Kuhnen
Sittardsberg, Tel. (0203) 701293

**4100 Duisburg 14 (Rheinhausen)**
Wilhelm Verrode KG
Atroper Str. 2, Tel. (02135) 73719

**2970 Emden-Borssum**
Reinhard Docter u. Sohn
Zweirad-Center
Petkumer Straße 298
Tel. (04921) 51251

**5180 Eschweiler**
Zweirad Henrotte
Röthgener Straße 23
Tel. (02403) 23483

**4300 Essen**
Paul Sprenger
Moltkestraße 5, Tel. (0201) 224426

**4300 Essen 1**
Zweirad-Haus Oskar Tonding
Kennedyplatz 5, Tel. (0201) 230564

**7300 Esslingen 1-Berkheim**
Dietrich OHG
An der Aufstiegstraße 2
Tel. (0711) 345335

**6710 Frankenthal (Pf.)**
Fahrrad-Gruber, Inh. Hans Gruber
Speyerer Straße 37–39
Tel. (06233) 27101

**6000 Frankfurt 90**
Günter Storck
Burgfriedenstraße 10
Tel. (0611) 782816

**6000 Frankfurt am Main**
Fahrrad Thot, Carl Thot
Hasengasse 5–7
Tel. (0611) 283091/284992

**8228 Freilassing**
Karl Artmaier OHG
Hauptstraße 14, Tel. (08654) 9629

**8228 Freilassing**
Zweirad-Mentschel
Reichenhaller Straße 78
Tel. (08654) 9722

**8050 Freising**
Max Aumeier
Kirchgasse 1, Tel. (08161) 5558

**8050 Freising**
Anton Hübsch
Fabrikstraße 1, Tel. (08161) 1682

| | |
|---|---|
| **8510 Fürth** | Zweirad-Moser<br>Nürnberger Straße 7, Tel. (0911) 770091 |
| **8261 Garching (Alz)** | Otto Jetzlsperger<br>Adalbert-Stifter-Straße 4<br>Tel. (08634) 7574 |
| **4650 Gelsenkirchen** | Gebr. Giebel<br>Am Maibusch 31, Tel. (0209) 41313 |
| **4660 Gelsenkirchen-Buer** | A. Meinhövel<br>Dorstener Straße 17a–19<br>Tel. (0209) 32629 |
| **4660 Gelsenk.-Buer-Erle** | Zweirad-Center Roland Tertel<br>Oranger Str. 315, Tel. (0209) 73196 |
| **4650 Gelsenkirchen-Horst** | Zweirad-Auffenberg<br>Essener Str. 36, Tel. (0209) 55864 |
| **4650 Gelsenkirchen-Rotthausen** | Arno Fischer<br>Karl-Meyer-Straße 37<br>Tel. (0209) 136034 |
| **4390 Gladbeck** | Zweirad-Center H. Kleine-Gung<br>Sandstr. 39, Tel. (02143) 22628 |
| **8726 Gochsheim** | Heinrich Lamb<br>Am Plan 18, Tel. (09721) 61177 |
| **8484 Grafenwöhr/Opf.** | Therese Zeitler<br>Neue Amberger Straße 100 |
| **8082 Grafrath-Wildenroth** | Adolf Huber<br>Badstraße 2, Tel. (08144) 676 |
| **2433 Ostseebad Grömitz** | Robert Hoft, Inh. E. u. M. Woloch<br>Neustädter Straße 24, Postf. 2433<br>Tel. (04562) 7260 |
| **4830 Gütersloh 1** | Karl Wulfhorst<br>Herzebrocker Straße 5, Postf. 3410<br>Tel. (05241) 28038 |
| **5270 Gummersbach 1** | Zweirad-Zentrale Kurt Müller<br>Kaiserstr. 55–56, Tel. (02261) 22734 |
| **2000 Hamburg-Altona** | H. Diener<br>Bahrenfelder Straße 172<br>Tel. (040) 3901132 |
| **2000 Hamburg 62** | Fahrrad-Hertel, Gerda Hertel<br>Langenhorner Chaussee 677<br>Tel. (040) 5278080 |
| **2000 Hamburg 53** | Otto Lieb<br>Elbgaustr. 118, Tel. (040) 842741 |
| **2000 Hamburg 76** | Emil Löwe, Inh. W. Nothnagel<br>Wandsbeker Chaussee 13<br>Tel. (040) 255991 |
| **2050 Hamburg 80** | Fahrzeug-Marcks<br>Holtenklinker Straße 26–28<br>Tel. (040) 7214051 |
| **2000 Hamburg 62** | Wilhelm Melahn, Inh. R. Wagner<br>Langenhorner Chaussee 391<br>Tel. (040) 5314264 |
| **2000 Hamburg 70** | Fahrrad Nielandt<br>Straßenburger Straße 9–11<br>Tel. (040) 612280 |

| | |
|---|---|
| **2000 Hamburg 20** | Erwin Nitschke<br>Mansteinstr. 24, Tel. (040) 404651 |
| **2000 Hamburg 74** | Fahrrad Pagels<br>Horner Landstraße 191<br>Tel. (040) 6518386 |
| **2000 Hamburg 56** | Ilse Peters<br>Wedeler Landstraße 62<br>Tel. (040) 812604 |
| **2000 Hamburg 60 und 54** | Fahrrad-Richter<br>Barmbeker Straße 16<br>Eidelstedter Platz 15/16<br>Tel. (040) 273100/5709612 |
| **2000 Hamburg 73** | Zweirad-Centrum Rossol<br>Rahlstedter Straße 7<br>Tel. (040) 6724053–54<br>Schrankenweg 2<br>Tel. (040) 6725053–54 |
| **2000 Hamburg 70** | Zweirad-Centrum Rossol<br>Wandsbeker Zollstraße 170<br>Tel. (040) 685467 |
| **2000 Hamburg 11** | Radsporthaus Schatzlein & Co.<br>Michaelisbrücke 3, Tel. (040) 346130 |
| **3000 Hannover 1** | Friedrich Burckhardt<br>Podbielskistraße 183<br>Tel. (0511) 691771 |
| **8728 Haßfurt a. Main** | Hans Schnaus & Sohn<br>Obere Vorstadt 14<br>Tel. (09521) 1486 |
| **7100 Heilbronn** | Fahrradhaus Bender GmbH<br>Holzstr. 1/1, Tel. (07131) 85066 |
| **7922 Herbrechtingen-Bolheim** | Zweirad-Center Raymond Hechler<br>Heidenheimer Straße 43<br>Tel. (07324) 2109 |
| **4690 Herne 1** | HUMI<br>Bahnhofstraße 106, Tel. (02323) 57052 |
| **4691 Herne 2** | HUMI<br>Claudiusstraße 3, Tel. (02325) 73722 |
| **8562 Hersbruck** | Zweirad Maußner<br>Grabenstraße 10, Tel. (09151) 2829 |
| **7920 Heidenheim** | Zweirad-Center Raymond Hechler<br>St. Pöltener Straße 4, Tel. (07321) 23294 |
| **3200 Hildesheim** | Heyco GmbH<br>Bahnhofsallee 12, Postf. 330<br>Tel. (05121) 38058/38059 |
| **8670 Hof/Saale** | asb hobby + sport im EZO<br>Hans-Böckler-Straße 4<br>Tel. (09281) 93204 |
| **3520 Hofgeismar** | Günther Stolze<br>Brauhausstr. 1, Tel. (05671) 2383 |
| **8126 Hohenpeißenberg** | Michael Kiem<br>Hettenstr. 9, Tel. (08805) 337 |
| **2210 Itzehoe** | Johs. Koll<br>Breite Str. 51, Tel. (04821) 2345 |

| | |
|---|---|
| **4618 Kamen** | A. Karrenberg KG<br>Weststr. 75, Tel. (02307) 10335 |
| **3500 Kassel** | Th. Fiebig OHG<br>Leipziger Str. 1, Tel. (0561) 53197 |
| **8950 Kaufbeuren** | Zweirad-Neuner<br>Am Salzmarkt, Tel. (08341) 4088 |
| **2300 Kiel-Elmschenhagen** | Löhr<br>Andreas-Hofer-Platz 14<br>Tel. (0431) 781333 |
| **4190 Kleve 1** | Theodor Thissen<br>Siegertstr. 32, Tel. (02821) 24296 |
| **5400 Koblenz 1** | Fahrrad-Franz, Inh. Hans Schäfer<br>Hohenfelder Straße 7–9<br>Tel. (0261) 32420 |
| **5000 Köln/Weiden** | asb Hobbymeister<br>Aachener Str. 253, Tel. (02234) 72287 |
| **5000 Köln 60** | Zweiradcenter Adolf Pützfeld<br>Longericher Hauptstraße 67<br>Tel. (0221) 5991646 |
| **5000 Köln 90** | Ulrich Siedler<br>Frankfurter Straße 504<br>Tel. (02203) 31264 |
| **8901 Königsbrunn** | asb hobby + sport im Südmarkt<br>Germanenstr. 1, Tel. (08231) 2067 |
| **4150 Krefeld 12** | Horst Eickler<br>Rheinbabenstraße 189<br>Tel. (02151) 571774 |
| **4150 Krefeld-Uerdingen** | Henriette Wibbeling OHG<br>Oberstr. 18–21, Tel. (02151) 40619 |
| **8650 Kulmbach** | Schmiedels Sport-Haus<br>Am Schwimmbad 8, Tel. (09221) 4285 |
| **6740 Landau** | 2-Rad-Acker<br>Trappengasse, Postfach 1105<br>Tel. (06341) 86674 |
| **8910 Landsberg** | asb hobby + sport im Südmarkt<br>Bischoff-Riegg-Straße 19<br>Tel. (08191) 3148 |
| **8300 Landshut** | Fahrrad-Geißler<br>Ländgasse 126, Tel. (0871) 22519 |
| **6070 Langen (Hess.)** | Joh. Schneider II<br>Dorotheenstraße 8–10<br>Tel. (06103) 23739 |
| **8560 Lauf** | Zweirad Maußner<br>Weigmannstr. 35, Tel. (09123) 2537 |
| **8560 Lauf** | Karl Vogtmann<br>Mangplatz 4, Tel. (09123) 3353 |
| **2874 Lemwerder** | Gerhard Ammermann<br>Stedinger Straße 34, Postf. 26<br>Tel. (0421) 67753 |
| **5090 Leverkusen-Rheindorf** | Willi Mittelstädt<br>Felderstr. 121, Tel. (02172) 22400 |
| **6250 Limburg (L.)** | Zweirad-Center Meuer<br>Diezer Straße 51–53, Tel. (06431) 22260 |

| | |
|---|---|
| **2842 Lohne** | 2-Rad-Honkamp<br>Brinkstr. 44, Postfach 1245 |
| **2400 Lübeck** | Zweirad-Wöltjen<br>Hüxstraße 105–107<br>Gr. Burgstraße 19<br>Tel. (0451) 24891 |
| **7140 Ludwigsburg** | asb hobby + sport im Breuningeland<br>Tammerfeld, Tel. (07141) 36438 |
| **7140 Ludwigsburg** | Günter Klein<br>Seestr. 48, Tel. (07141) 25334 |
| **6700 Ludwigshafen** | Beyer-Kalker<br>Rohrlachstr. 79, Tel. (0621) 514834 |
| **4670 Lünen** | P. Mönninghoff & Co.<br>Lange Str. 31–33, Tel. (02306) 12708 |
| **6800 Mannheim** | Fahrradhaus Doppler<br>P4, 4/6 (Freßgasse)<br>Tel. (0621) 23703 |
| **6800 Mannheim 1** | K. Pfaffenhuber<br>H1, 14 (Am Marktplatz)<br>Tel. (0621) 22505 |
| **4370 Marl** | Peter Jepkens<br>Bergstr. 16, Tel. (02365) 42611 |
| **5440 Mayen** | Fahrrad-Franz<br>Marktstr. 56–58, Tel. (02651) 3754 |
| **8948 Mindelheim** | Zweirad Dischler<br>Am Unteren Tor, Tel. (08261) 4118 |
| **4950 Minden** | Zweirad-Center DORN<br>Friedrich-Wilhelm-Straße 85<br>Tel. (0571) 30133 + 31269 |
| **4950 Minden** | Fr. Struckmeyer Nachf.<br>Inh. H. u. H. Siegmann<br>Simeonsstr. 5, Tel. (0571) 22841 |
| **4050 Mönchengladbach** | 2-Rad-Pfennings<br>Aachener Straße 121<br>Tel. (02161) 32623 |
| **8052 Moosburg a. d. Isar** | Seidl + Braun<br>Stadtplatz 4, Tel. (08761) 2257 |
| **4330 Mühlheim (Ruhr) 12** | Zweirad-Spree<br>Paul-Kosmalla-Straße 5<br>Tel. (0208) 432558 |
| **8000 München 40** | Kallinger, Gudrun<br>Schellingstr. 51, Tel. (089) 289628 |
| **8000 München 40** | Zweirad Lilie OHG<br>Schleißheimer Straße 181b<br>Tel. (089) 307468 |
| **8000 München 40** | Fahrradhaus Schütz OHG<br>Belgradstr. 66, Tel. (089) 3009831 |
| **4400 Münster** | Fritz Hürter KG<br>Hammer Straße 52–54<br>Tel. (0251) 42251 |
| **7816 Münstertal (Schwarzwald)** | Karl-August Pfefferle<br>Wasenstr. 24,<br>Tel. (07636) 286 |

| | |
|---|---|
| **8591 Neualbenreuth** | Richard Plonner<br>Raiffeisenstr. 2, Tel. (09638) 268 |
| **8858 Neuburg** | asb hobby + sport im Neukauf<br>Ingolstädter Straße 36<br>Tel. (08431) 1844 |
| **2350 Neumünster** | Horns & Co.<br>Großflecken 22/26<br>Tel. (04321) 42762 |
| **2430 Neustadt (Ostsee)** | Ernst Keller<br>Brückenstr. 16, Tel. (04561) 4535 |
| **5466 Neustadt/Wied** | Peter Menzenbach<br>Wiedtalstr. 23, Tel. (02683) 31133 |
| **2970 Norden** | Zweirad-Thedinga<br>Klosterstr. 2, Tel. (04931) 12242 |
| **8860 Nördlingen** | asb hobby + sport im EGM<br>Auf der Kaiserwiese<br>Tel. (09081) 4071 |
| **8860 Nördlingen** | Fahrrad-Meyer, Inh. H. Meyer<br>Deininger Str. 20, Tel. (09081) 4412 |
| **8500 Nürnberg** | Emil Weigert<br>Ludwigstr. 48–50, Tel. (0911) 227712 |
| **4434 Ochtrup-Langenhorst** | Bau- u. Freizeitbedarf-Center<br>Richter GmbH + Co. KG<br>Hauptstr. 66, Tel. (02553) 4051 |
| **6050 Offenbach (Main)-Bürgel** | Fahrzeughaus Rosenberger OHG<br>Offenbacher Straße 27<br>Tel. (0611) 862606 |
| **2900 Oldenburg** | Heinrich Munderloh<br>Lange Straße 73, Postfach 3723<br>Tel. (0441) 27611 |
| **2900 Oldenburg** | Vosgerau am Damm<br>Damm 25, Tel. (0441) 27279 |
| **2900 Oldenburg** | H. Winkler<br>Alexanderstr. 115,<br>Tel. (0441) 62669 |
| **4500 Osnabrück** | Zweiradcenter Georg Bücker<br>Inh. Oswald Bücker<br>Johannisstr. 16, Tel. (0541) 21780 |
| **4500 Osnabrück** | Karl Göttgens<br>Johannisstraße 74 |
| **8012 Ottobrunn** | asb hobby + sport im Isar-Center<br>Unterachinger Straße 28<br>Tel. (089) 6093930 |
| **4790 Paderborn** | Zweiradhaus Peter Born<br>Inh. H. Knust<br>Grube 8–10, Tel. (05251) 22698 |
| **8031 Puchheim-Bhf.** | Fahrrad- u. Radsporthaus<br>H. Tschenscher KG<br>Alpenstr. 2, Tel. (089) 806622 |
| **4993 Rahden** | Heinrich Ortgies OHG<br>Gerichtsstr. 9, Tel. (05771) 2267 |
| **4350 Recklinghausen** | Daum, Zweirad-Spezialist<br>Herner Str. 23, Tel. (02361) 24674 |

| | |
|---|---|
| **4350 Recklinghausen** | Reinhold Schwarz<br>Bochumer Straße 89<br>Tel. (02361) 62385 |
| **2370 Büdelsdorf-Rendsburg** | Rosacker, Inh. W. Rosacker<br>Holler Str. 27, Tel. (04331) 31210 |
| **8721 Röthlein** | Brembs, Richard<br>Hauptstraße 44 |
| **6600 Saarbrücken 3** | Wolfgang Pfeifenberger GmbH<br>Großherzog-Friedrich-Straße 69–71<br>Tel. (0681) 68241 |
| **5510 Saarburg** | Ing. Fritz Schneider<br>Ockfener Straße 40, Postfach 140<br>Tel. (06581) 2980 |
| **7700 Singen/Htwl.** | Wolfgang Fendrich<br>Grubwaldstr. 14, Tel. (07731) 62598 |
| **7700 Singen/Htwl.** | Hans Holzer<br>Ecke Hadumoth-Romaiasstraße<br>Tel. (07731) 63130 |
| **7700 Singen/Htwl.** | Fahrrad Martin<br>Schwarzwaldstraße 26, Postf. 643<br>Tel. (07731) 62816 |
| **4475 Sögel** | Ferdinand Koopmann<br>Kolpingstraße 6, Postf. 1305<br>Tel. (05952) 388 |
| **5650 Solingen 11** | Hans Henkel<br>Hildener Str. 90, Tel. (02122) 76300 |
| **6720 Speyer** | Georg Stiller<br>Gilgenstr. 24, Tel. (06232) 75966 |
| **2380 Schleswig** | Emil Klinker, Inh. Franz Ries<br>Stadtweg 13, Tel. (04621) 23523 |
| **5840 Schwerte** | Willy Beer, Inh. W. Lohsträter<br>Mährstr. 1, Tel. (02304) 16830 |
| **2160 Stade** | Hans Hinck, Inh. Peter Hinck<br>Höckerstr. 42, Tel. (04141) 3193 |
| **7000 Stuttgart-Bad Cannstatt** | Dietrich<br>Brunnenstr. 51, Tel. (0711) 563163 |
| **7000 Stuttgart 1** | Kraft OHG<br>Hackstr. 12, Tel. (0711) 436596 |
| **2117 Tostedt** | Herbert Narten, Inh. Minna Huss<br>Kötnerstr. 14, Tel. (04182) 5568 |
| **5511 Trassen (Saarburg)** | Ing. F. Schneider<br>Kehrbachstr. 19, Tel. (06581) 3379 |
| **5500 Trier-Ehrang** | Carl Hommens<br>Kyllstr. 18, Tel. (0651) 6133 |
| **5500 Trier** | Fachgeschäft f. d. Zweirad<br>Otto Wagner<br>Karl-Marx-Straße 71<br>Tel. (0651) 76451 |
| **7400 Tübingen** | Julius Trautwein<br>Karlstr. 2, Tel. (07071) 32930 |
| **7770 Überlingen-Nußdorf** | Wolfgang Fendrich<br>Zum Hecht 4, Tel. (07551) 5737 |

| | |
|---|---|
| **3110 Uelzen 1** | Fahrradzentrale J. Cremans<br>Gudesstr. 26, Tel. (0581) 5667 |
| **7417 Urach (Wttbg.)** | A. Fischer, Inh. K. Petershans<br>Stuttgarter Straße 1–3<br>Tel. (07125) 70364 |
| **2848 Vechta** | Wilhelm J. Debring<br>Diepholzer Straße 33, Postf. 1206<br>Tel. (04441) 121 |
| **8436 Velburg-Finsterweiling 18** | Simon Blomenhofer<br>Tel. (09182) 400 |
| **3090 Verden** | Otto Pankratz<br>Marienstr. 2, Tel. (04231) 2520 |
| **4060 Viersen 1** | E. Pflaumbaum<br>Große Bruchstraße 32<br>Tel. (02162) 21991 |
| **4060 Viersen 1** | Radsporthaus Lankes, Inh. Bungardt<br>Heierstr. 3, Tel. (02162) 13302 |
| **7050 Waiblingen** | Herbert Seeger<br>Schmiedener Straße 47<br>Tel. (07151) 51706 |
| **8480 Weiden** | asb hobby + sport im DEZ<br>Ohmstr. 6, Tel. (0961) 43011 |
| **8480 Weiden** | Fahrrad Brunner<br>Inh. W. Schramek KG<br>Kurfürstenstraße 17<br>Tel. (0961) 32103 |
| **6940 Weinheim** | Zweirad-Center Honer GmbH<br>Hauptstr. 56, Tel. (06201) 12156 |
| **2910 Westerstede** | Otto Stamer<br>Poststraße 4, Postfach 1232<br>Tel. (04981) 2257 |
| **4832 Wiedenbrück** | Fahrradhaus Ottens<br>Lange Str. 38, Tel. (05242) 5355 |
| **2940 Wilhelmshaven** | Walter Dannmann KG<br>Marktstr. 81, Tel. (04421) 21678 |
| **2940 Wilhelmshaven** | Karl Jungmann & Sohn<br>Mühlenweg 93<br>Tel. (04421) 31539 |
| **2090 Winsen (Luhe)** | Timm Zweiräder<br>Luhdorfer Straße 27<br>Tel. (04171) 71247 |
| **3180 Wolfsburg 1** | Fritz Schael KG<br>Kleiststraße 5, Postf. 83<br>Tel. (05361) 13491 |
| **3180 Wolfsburg-Fallersleben** | Helmut Westhoff<br>Weststr. 30, Tel. (05362) 3046 |
| **6520 Worms (Rhein)** | E. u. H. Klöter Zweiräder<br>Ecke Friedrich-Ebert-/<br>Burckhardstraße 24/30<br>Tel. (06241) 25030 |
| **6520 Worms** | Fahrrad Kött & Co.<br>Am Lutherdenkmal<br>Tel. (06241) 22273 |

| | |
|---|---|
| **5600 Wuppertal 2** | Fahrzeuge Dickten<br>Klingelholl 107, Tel. (0202) 505469 |
| **5600 Wuppertal 1** | Technischer Kundendienst<br>Jürgen Otto<br>Briller Str. 20, Tel. (0202) 304455 |

## Bücher


Editors of Bicycling magazine, Bicycle Commuting, Rodale Press, Emmaus (USA) 1980, $ 2,95

Nicholas Crane (Hrsg.), International Cycling Guide 1980 und The Tantivy Press, London 1980, £ 3,95 und £ 4,50.

Fred Delong, Guide to Bicycles and Bicycling, Chilton Book Co., Radnor PA (USA) 1978, Paperback $ 9,95

Freimut Duve (Hrsg.), Technologie und Politik 14: Verkehr in der Sackgasse – Kritik und Alternative, (rororo aktuell), Reinbek 1979, DM 9,80

John Forester, Effective Cycling, 3. Aufl. 1978, $ 8 von Custom Cycle Fitments, 782 Allen Court, Palo Alto CA 94303, USA

Wolfgang Gronen, W. Lemke, Geschichte des Radsports und des Fahrrads – von den Anfängen bis 1939, Edition Doepgen, Verlag Eupen 1978, DM 34

Michael Höppner, Stadtverkehr mit dem Fahrrad – oder Mobilität ohne Schaden, Fahrradbüro Berlin 1978, DM 22,50

Mike Hudson, The Bicycle Planning Book, Open Books/Friends of the Earth, London 1978, £ 1,95

Hans-Erhard Lessing, Das Fahrradbuch (rororo-Sachbuch Nr. 7178), Rowohlt Taschenbuch Verlag, Reinbek 1978 ff, DM 8,80

Donald Pruden, Around-Town Cycling, World Publications, Mountain View (USA) 1975, £ 2,50

Max J. B. Rauck, Gerd Volke, Felix R. Paturi, Mit dem Rad durch zwei Jahrhunderte, Das Fahrrad und seine Geschichte, AT Verlag Aarau/Stuttgart 1979, DM 60

H. Richard (Hrsg.), Handbuch für Radverkehrsanlagen und Radverkehr, Otto Elsner Verlagsgesellschaft, Darmstadt 1981, DM 39

Paul von Salvisberg, Der Radfahrsport in Bild und Wort (Reprint der Ausgabe von 1897), Olms Presse, Hildesheim 1980, DM 29,80

Matthias Schmid, Vorfahrt für das Fahrrad (fischer alternativ), Fischer Taschenbuch Verlag, Frankfurt 1981, DM 6,80

Rob van der Tlas, Vom Fahrrad und Radfahren, Ravensburger Freizeit-Taschenbücher, Band 41, Otto Mair Verlag, Ravensburg 1981, DM 9,80

Wilhelm Wolf, Fahrrad und Radfahrer (Reprint der Ausgabe von 1890), Die bibliophilen Taschenbücher, Harenberg Kommunikation, Dortmund 1979, DM 9,80

Frederik L. Wolfe, The Bicycle – A Commuting Alternative, Signpost Books, Edmonds (USA) 1979, $ 7,95


## Zeitschriften

Bicycle Forum (4 Ausgaben pro Jahr $ 10) von Bicycle Forum, 317 Beverly St., Missoula MT 59801, USA (alle Aspekte der Fahrradförderung)

Bicycling (9 Ausgaben pro Jahr $ 14), Rodale Press, Emmaus PA 18049, USA (führende Fahrradzeitschrift)

Radfahren (4 Ausgaben pro Jahr DM 6), Bielefelder Verlagsanstalt, Postfach 1140, 4800 Bielefeld 1 (enthält ADFC-Mitteilungen)
Radwelt – Österreichs Radsport-Magazin (9 Ausgaben pro Jahr DM 23, Einzelheft DM 4) Radwelt, Postfach 64, A-5280 Braunau (rennsportorientiert)
tour – rund ums rad (6 Ausgaben pro Jahr DM 24) Einzelheft DM 4 am Kiosk (rennsport- und tourenorientiert)

## Broschüren und Stadtführer

BDKJ, Radeln in München, 1979, Bund der Deutschen Katholischen Jugend, Frauenplatz 13, 8000 München 2 (kostenlos)
Martin Fikke, Heiner Monheim, Konrad Otto, Das Fahrrad in der Stadt, Umweltbundesamt, Berlin 1980 (kostenlos)
Sabine Fischer et al., Berlin-Atlas für Fahrradfahrer, Fahrradbüro Berlin 1980, DM 12,60
Michael Höppner, Fahrradverkehr und Verkehrsberuhigung, Umweltbundesamt Berlin 1980 (kostenlos)
Mike Hudson, Way Ahead – The bicycle warriors handbook, Friends of the Earth Ltd., 9 Poland Street, London W; V 3DG, 1978, α 0,95
Horst Idelberger, Radwege in Berlin, Fahrradbüro Berlin 1980, DM 7,80
Beatrix Mohren, Konrad Otto, Modellvorhaben fahrradfreundliche Stadt, Umweltbundesamt Berlin 1980 (kostenlos)
Michael Schroeren und Burghard Seidel, Die Fahrradfibel – Steig um aufs Rad!, Umweltmagazin-Verlag, Berlin 1980, DM 3,80
Verbraucherzentrale Hamburg, Per Rad in die Zukunft – Sammelmappe für den Verbraucher, Hamburg 1980 (kostenlos), Große Bleichen 23, 2000 Hamburg 36

## Versandhandel

Anglo-Continental Cycles and Accessories Ltd. (Ron Kitching), Hookstone Park, Harrogate, England (Katalog £ 2)
Banana Equipment, 600 E. Rogers Rd., Longmont CA 80501
Benjamin Lindner, Inc., 1900 Avenue of the Stars, Los Angeles, CA 90067
Bikecology, P.O. Box 66909, Los Angeles CA 90066, USA (Katalog $ 1) honoriert Eurocard und VISA
Bike Warehouse, 215 Main St., Box 290, New Middletown OH 44442 USA (Katalog kostenlos), honoriert Eurocard und VISA
Early Winters, 110 Prefontaine Pl. South, Seattle WA 98104
Eastern Mountain Sports Inc., 14202 Vose Farm Rd., Peterborough NH 03458
Freewheel-Direct Cycle Supplies, 275 West End Lane, London NW 6 1QS (Katalog £ 0,50)
Fahrradladen im Fahrradbüro Berlin, Crellestr. 6, 1000 Berlin 62, Tel. 030–7845562 (hat gutes Stadtfahrrad-Zubehör)
Frostline, Frostline Circle, Denver CO 80241 (billiger zum Selbernähen)
Hersteller von Regenkleidung aus Gore-Tex für Velofahrer (Kataloge anfordern; honorieren größtenteils Eurocard):
International Pro Bike Shop/mc., 3733 Wilmington Pike Kettering, Ohio 45429 (Katalog 3), akzeptiert Eurocard und VISA

Lickton's Cykle City, 310 Lake Street, Oak Park, IL 60302 (Katalog 1), akzeptiert Eurocard und VISA

Marmot Mountain Works Ltd., 331 South 13th, Grand Junction, CO 81501

Michenon, 91, Rue des 4-Églises, F-54000 Nancy (Katalog Ffr. 5,–)

Originelles Fahrradzubehör aufzuspüren ist Detektiv-Arbeit. Am besten konsultiert man gleich die Kataloge des Versandhandels, die aber meist den Rennsportler vor Augen haben. An viele europäische Produkte kommt man nur über den US-Versandhandel heran, wo Vorauskasse üblich ist. Eine große Erleichterung sind beim Bestellen in den USA die Kreditkarten, z. B. Eurocard von Mastercharge.

Th. Mittendorf, Postfach 14, 6581 Herrstein (Katalog kostenlos, u. a. Tandem- und Tridembau)

Pacific/Ascente, 1766 N. Helm, Fresno CA 93727

Quelle Fahrzeugbetrieb, 8832 Weißenburg (Ersatzteilliste kostenlos)

Radsport-Leidlein, Wittelsbacherallee 93, 6000 Frankfurt

Radsportversand Brügelmann, Philipp-Reis-Straße 86, 6000 Frankfurt 90 (Katalog DM 2) (rennsportorientiert)

REI, 1535 11th Avenue, PO Box C 88125, Seattle WA 98140

Sojourn Designs, 2300 Central Ave., Boulder CO 80301

Velo-Tourist – Spezialausstatter für Radtourismus, Am Kätzenbach 95, 7050 Waiblingen, Tel. 07151–21480 (tourenorientiert, aber auch Körbe und Taschen)

## Organisationen

Allgemeiner Deutscher Fahrrad-Club e. V. (ADFC) Bundesgeschäftsstelle, Postfach 107744, 2800 Bremen 1, weist örtliche Mitglieder(gruppen) nach

Bundesverband Bürgerinitiativen Umweltschutz (BBU), Schelpsheide 39, 4800 Bielefeld) weist lokale Initiativen und Material seines Arbeitskreises Verkehr nach

IG Velo, c/o VCS Sektion Zürich, Rennweg 22, CH-8022 Zürich, weist örtliche Mitglieder(gruppen) nach

Arbeitsgemeinschaft Alternative Verkehrspolitik c/o G. Gogg, Untere Teichstr. 21, A-8010 Graz, weist örtliche Mitglieder(gruppen) nach

Bundesminister des Innern, Graurheindorfer Straße 198, 5300 Bonn 1, mit Umweltbundesamt I 2.2, Bismarckplatz 1, 1000 Berlin 33

Bundesminister für Verkehr, Kennedyallee 72, 5300 Bonn–Bad Godesberg, mit Bundesanstalt für das Straßenwesen (BASt), Brühler Str. 1, 5000 Köln, und Kraftfahrtbundesamt, Breite Str. 110, 5300 Bonn 1

Bundesminister für Raumordnung, Bauwesen und Städtebau, Deichmanns Aue, 5300 Bonn–Bad Godesberg, mit Bundesforschungsanstalt für Landeskunde und Raumordnung, Michaelstr. 8, 5300 Bonn–Bad Godesberg

Verband der Fahrrad- und Motorrad-Industrie e. V. (VFM), Postfach 1549, 6232 Bad Soden, mit Pressedienst «Zweirad-Report», Zweirad-Gesellschaft mbH und Arbeitskreis Motorrad-Sicherheit

Fachverband Fahrrad- und Kraftradteile-Industrie e. V. (FTV) Hofaue 95, 5600 Wuppertal-Elberfeld, mit Gruppe Radwegebau e. V.

Verband der Kraftfahrzeugteile- und Zweiradgroßhändler e. V. (VKG), Oberstr. 36–42, 4030 Ratingen

Verband des Deutschen Zweiradhandels e. V. (VDZ), Danziger Str. 1, 4800 Bielefeld 1